| 光明社科文库 |

石漠化地区绿色发展模式研究

柯水发 等◎著

光明日报出版社

图书在版编目（CIP）数据

石漠化地区绿色发展模式研究 / 柯水发等著 . -- 北

京：光明日报出版社，2019.12

（光明社科文库）

ISBN 978 - 7 - 5194 - 4980 - 3

Ⅰ.①石… Ⅱ.①柯… Ⅲ.①沙漠化—研究—中国②

绿色经济—经济发展—研究—中国 Ⅳ.①P942.073

②F124.5

中国版本图书馆 CIP 数据核字（2019）第 114098 号

石漠化地区绿色发展模式研究
SHIMOHUA DIQU LYUSE FAZHAN MOSHI YANJIU

著　者：柯水发　等

责任编辑：许　怡　　　　　　　　责任校对：董小花
封面设计：中联学林　　　　　　　责任印制：曹　净

出版发行：光明日报出版社

地　　址：北京市西城区永安路 106 号，100050

电　　话：010 - 63139890（咨询）　63131930（邮购）

传　　真：010 - 63131930

网　　址：http：//book. gmw. cn

E - mail：xuyi@ gmw. cn

法律顾问：北京德恒律师事务所龚柳方律师

印　　刷：三河市华东印刷有限公司

装　　订：三河市华东印刷有限公司

本书如有破损、缺页、装订错误，请与本社联系调换，电话：010 - 63131930

开　　本：170mm×240mm

字　　数：246 千字　　　　　　　印　　张：15. 5

版　　次：2020 年 1 月第 1 版　　　印　　次：2020 年 1 月第 1 次印刷

书　　号：ISBN 978 - 7 - 5194 - 4980 - 3

定　　价：93.00 元

参著人员

主要著者：柯水发　赵铁珍　宋增明

其他参著者：严如贺　冯琦雅　张晓晓

　　　　　　王宝锦　乔　丹　李乐晨

　　　　　　朱烈夫　李萌萌　郭乃铭

　　　　　　卢洋啸　马磊娜　高　林

前　序

　　"石漠化"是我国岩溶地区土地退化、生态恶化的一种极端形式，被称为"生态癌症"。党中央、国务院对生态建设和石漠化治理工作高度重视，明确指出"加强荒漠化石漠化治理，促进生态修复"。石漠化地区创新绿色发展模式具有重要的现实意义。

　　本书是中国——全球环境基金干旱生态系统土地退化防治伙伴关系中央项目执行办委托项目"石漠化地区绿色发展模式"的主要研究成果。本书基于大量的文献梳理和 GEF 三期项目示范村的调研，较为系统地揭示了石漠化地区绿色发展模式及实现机理。本书共包括九章。第一章为引言，主要介绍研究背景和研究意义；第二章为前人相关研究成果综述；第三章概述了石漠化地区概况及生产生活特点；第四章阐述了绿色发展的提出、内涵界定及特性，并提出西部地区引入绿色发展的必要性；第五章主要阐述了石漠化地区农业、林业、草畜行业的绿色发展模式，以及田园综合体和山水林田湖发展模式；第六章主要阐述了石漠化地区综合绿色发展模式，如生态移民模式、精准扶贫模式、乡村振兴模式、特色小镇建设模式和产业融合模式等；第七章基于成本效益理论和分析框架，以四川筠连县春风村李子树下种红薯替换为李子树下种黄精为例，进行成本效益比较分析，此外还对四川华蓥仁和村和贵州龙里茶香村的绿色种植模式进行了分析；第八章阐述了石漠化地区绿色发展的支撑保障体系，包括管理支持体系、资金支持体系、政策支持体系、组织支持体系和技术支持体系；第九章为结论与建议。

　　希望本书能为从事石漠化地区行政管理和相关研究的人员提供一些有益的参考或借鉴。

目 录
CONTENTS

第一章 引 言

一、项目背景

（一）石漠化治理背景

中国是世界上土地退化最为严重的国家之一，其主要表现形式为荒漠化、沙化和石漠化等。石漠化是我国岩溶地区土地退化、生态恶化的一种极端形式，被称为"生态癌症"，是岩溶地区最为严重的生态问题之一，严重制约了石漠化地区经济社会的发展，危及国土生态安全。据国家林业和草原局统计，截至2016年底，我国岩溶地区石漠化土地总面积为1007万公顷，占岩溶面积的22.3%，占区域国土面积的9.4%，涉及湖北、湖南、广东、广西、重庆、四川、贵州和云南8个省、自治区、直辖市（以下简称省）的457个县、市、区（以下简称县）。党中央、国务院对生态建设和石漠化治理工作高度重视，明确指出"加强荒漠化石漠化治理，促进生态修复"。

岩溶石漠化主要是在热带亚热带、湿润半湿润气候条件地区，以碳酸盐岩发育为主的喀斯特地貌上所发生的土地极端退化现象，被称为"地球癌症"，已成了灾害之源、贫困之因、落后之根，是影响当地社会经济发展和人民生活的最突出的环境灾害。由国务院同意的《石漠化综合治理规划(2008—2015)》划定的以西南片区为主的8省451个石漠化重点县中，涉及7个集中连片特困地区的扶贫县200个，及国家扶贫开发工作重点县166个。按2011年贫困标准计算，当地贫困人口占全国30%以上，人均GDP仅为全国平均水平的一半左右，是我国经济最不发达、"三农"问题最突出的地区，也是实现全面建设小康社会任务最艰巨的地区。

2016年4月，国家发展改革委会同林业局、农业部、水利部联合编制印发了《岩溶地区石漠化综合治理工程"十三五"建设规划》（以下简称《规划》）。《规划》系统总结和分析了2008年国务院批复《岩溶地区石漠化综合治理大纲（2006—2015）》以来，岩溶地区石漠化治理取得的主要成绩和面临的新形势，提出了新时期石漠化治理的指导思想、基本原则与目标，是当前和今后一个时期石漠化综合治理的行动纲领。《规划》提出了突出重点、统筹兼顾，因地制宜、综合治理，脱贫攻坚、绿色发展，加强科技、依法防治等四项工程治理基本原则，到2020年，治理岩溶土地面积不少于50000平方公里，治理石漠化面积不少于20000平方公里，林草植被建设与保护面积195万公顷，林草植被覆盖度提高2%以上，工程区农民人均纯收入增速高于全国平均水平，农村经济逐渐步入稳定协调可持续的良性发展轨道。

石漠化治理是一项综合性的系统工程，涉及多学科理论，尤其需要政府林业、水利、农业、环保、经济、民生等部门共同协作。由此决定了现阶段我国石漠化治理主体主要为政府各职能机构，社会资本及市场介入少，工程模式为政府主导型管理机制。即在石漠化治理过程中以各级政府的管理为主导，依靠政府推动、政府协调与政策保障对石漠化治理进行管理。截至2015年，国家已先后共启动了314个重点县石漠化综合治理工程，投入资金99亿元，治理石漠化面积10000平方公里以上。石漠化扩展趋势得到了有效遏制，生态环境有所改善，区域生态经济发展趋向平衡发展。

2002年10月，中国政府与全球环境基金（GEF）建立了干旱生态系统土地退化防治伙伴关系，它是二者在土地退化领域建立的第一个伙伴关系，旨在通过引入综合生态系统管理（IEM）理念和建立利益相关方的伙伴关系，促进生态与民生改善。伙伴关系第一阶段（2003—2012）成功执行了"土地退化防治能力建设"和"土地退化防治管理与政策支持"两期框架项目及其他六个分项目，取得了显著的生态、经济和社会效益。鉴于此，2015年5月，"中国西部适应气候变化的可持续土地管理项目"（GEF三期项目）正式启动，标志着伙伴关系进入了第二个发展阶段。三期项目新增四川和贵州两省，意图通过加强喀斯特石漠化地区机制和能力建设，推广可持续土地管理。其中，绿色发展活动是项目重要的内容构成。

（二）绿色发展背景

当今世界，绿色发展已经成为一个重要趋势，许多国家把发展绿色产业作为推动经济结构调整的重要举措。"绿色经济"最早是由经济学家皮尔斯于1989年出版的《绿色经济蓝皮书》中首先提出来的。传统经济发展模式多是以破坏生态平衡、大量消耗能源与资源的经济，常常导致资源过度开发和生态环境受到威胁。相比较，绿色经济则是以生态、环境、资源为要素，以维护人类生存环境为目标，以经济、社会、生态协调发展为目的，合理使用能源与资源为手段的一种平衡式经济形式，是符合现代社会需求与发展的一种新型经济发展模式与形态。

在2007年底联合国巴厘岛气候会议上，联合国秘书长潘基文指出："人类正面临着一次绿色经济时代的巨大变革，绿色经济和绿色发展是未来的道路。"联合国环境规划署于2011年将绿色经济定义为：有助于改善人类福祉和促进社会公平，同时显著降低环境风险和生态稀缺性的经济发展模式，是一种低碳、资源高效型和社会包容型的经济。党的十八届三中全会提出加强生态文明建设，"建立系统完整的生态文明制度体系，用制度保护生态环境"。绿色发展的首要任务应是协调经济发展和生态环境之间的关系，符合我国生态文明和美丽中国建设的需要。石漠化地区生态环境脆弱，经济发展相较全国水平差距较大，因此选择绿色发展路径，兼顾绿色生态需求和经济发展至关重要。

近些年，随着生活水平的提高，人民群众对干净水源、清新空气、洁净食品、优美环境等要求越来越高。党的十八大将生态文明建设上升到国家战略高度，并提出了建设生态文明的新要求。2014年，习近平总书记在参加十二届全国人大二次会议贵州代表团审议时强调："既要金山银山，也要绿水青山；绿水青山就是金山银山；绿水青山既是自然财富，又是社会财富、经济财富。"改善和保护生态，坚持走生产发展、生活富裕、生态良好的绿色发展道路，已成为社会主义现代化建设的必然选择。特别是我国广大岩溶石漠化地区，多集中于老、少、边、穷地区。涉及两亿多人口，贫困问题与石漠化问题交织，生态环境十分脆弱，又多为国家扶贫攻坚最难攻克的地区。因此，治理石漠化，不能只要"绿色"，不要"发展"；更不能只要"发展"，不要"绿色"。"绿色"是生态的根本体现，"发展"需要通过调整产业结构、转变经济发展方式等途径实现。

我国"十二五"规划专门论述了"绿色发展"，提出了绿色发展战略，党的十八大报告提出以绿色、循环、低碳发展为核心的生态文明建设；十八届三中全会指出要在紧紧围绕建设美丽中国深化生态文明体制改革的同时，推动经济更有效率、更可持续发展；党和国家领导人也先后多次就发展绿色经济发表了一系列重要讲话和指示，多次强调"既要 GDP，又要绿色 GDP"。

很多人对绿色经济有个认识误区，认为绿色与发展互为矛盾。在 2013 年召开的"APEC 中国工商领导人论坛"上，专家们就此专门研讨得出结论：绿色与快速发展并不矛盾，并列举了近些年中国发展的实践，证明了经济绿色和快速增长是可以同时实现的。2014 年全球绿色经济财富论坛解析了全球可持续发展趋势与中国经济发展形势，进一步推动了绿色经济的发展步伐。绿色经济已经成为我国国民经济中重要的组成部分，也将是中国经济未来发展的新思路和重要战略，对生态环境修复与生态文明建设必将有明显的推动作用。

由此看到，石漠化治理过程中大力发展绿色经济，恰好遇到良好的历史机遇。石漠化治理的根本目的就是保护和改善生态环境，使人民生活水平持续稳步提高，解决好生态建设与农民当前利益的矛盾，经济社会发展的迫切需求与当地资源承载力有限的矛盾，实现生态效益、经济效益与社会效益的协调统一。这也与我们发展绿色经济不谋而合。

岩溶石漠化地区蕴藏着丰富的生物、矿产、水能和旅游资源，但突出的人地矛盾、脆弱的生态环境及传统落后的生产方式严重制约着当地可持续发展。实施石漠化治理，不仅可以改善生态环境，而且可以与区域产业结构调整、经济发展方式转变、资源能源安全等结合起来，遵循自然规律，利用优势资源，培育和发展特色产业，以实现"绿色"与"经济"双增长，生态民生共赢。石漠化地区创新和推行绿色发展模式具有重要的意义。

二、研究目的和意义

受中国——全球环境基金干旱生态系统土地退化防治伙伴关系中央项目执行办委托，本研究旨在揭示石漠化地区绿色发展模式及实现机理。

　　本研究的价值和意义主要体现在：①本研究对于丰富我国岩溶地区生态治理理论和生态治理体系具有重要的理论意义。②本研究基于实证研究和理论探索的基础所形成的研究结论和对策建议，可以促进伙伴关系三期项目绿色发展组分的顺利实施，可为我国出台石漠化地区可持续土地管理提供决策参考，对于完善我国生态治理体系和治理机制，加强社区对自然资源可持续管理的能力、发展多功能林业和牧业具有重要的实践应用价值。

第二章　文献综述

一、绿色发展研究概况

随着全球经济的不断发展，资源环境问题逐渐突显，成为时代主题。传统发展观的功利主义将逼近、甚至超越生态边界，造成经济、社会、生态的不可持续。在此基础上绿色发展进入大众视野，并越来越多地被人们所认可。

多数学者认可绿色发展是国际社会广泛认可的"可持续发展"理念和战略的通俗代称，是第二代可持续发展观。可持续发展概念的正式提出可以追溯到 1987 年挪威首相布伦特兰夫人在联合国世界环境与发展委员会（WCED）上的报告《我们共同的未来》。她将可持续发展定义为"在满足当代人需要的同时，不对后代人满足其需要的能力构成危害的发展"。这个概念综合考虑了现在与未来，技术限制与基本需求，得到了广泛的认同。随后在 1992 年联合国所召开的"环境与发展大会"上通过了以可持续发展为核心的《里约环境与发展宣言》，这使得可持续发展理论由单纯的理论探讨成长为当今时代全球性的重大经济与社会问题。中国也在 1997 年的中共十五大上，将可持续发展战略确定为现代化建设必不可少的基本战略。绿色发展在可持续发展的基础上进一步加强了社会、生态与经济的联系。绿色发展的内涵定义是通过发展观念与发展模式的革新，从根本上解决人类正面临的日趋严重的生态环境与资源困境，更为关注创建可持续的经济、社会和生态系统。同时绿色发展的内涵具有包容性，既包括传统可持续发展中所关注的人口和经济增长与粮食和资源供给之间的矛盾，同时也强调气候变化对人类社会的整体性危机。总而言之，绿色发展是可持续发展的延续，强调了生态、社会、经济系统的共生与发展的多元化目标，其基础是绿色经济增长模式，并且需要全球的协同治理，共同实现现代化的绿色多样发展。

随着绿色经济发展的大趋势，绿色发展的研究也不断成熟与深入。世界已经进入了发展低碳经济、促进绿色发展的新时代，产业转型、优化结构和改善土地利用是实现绿色发展和低碳经济的有效方法。学者们在国际视野下探讨了欧洲和日、美、澳、加以及金砖国家的绿色发展模式，并对绿色发展的功能界定、机制分析以及发展战略进行系统性分析后，强调绿色发展在经济系统、社会系统和自然系统间的系统性、整体性和协调性，并且构建了绿色发展的"三圈模型"。这些研究都构建了绿色发展的理论框架和典型模式，为后续的研究与实践提供了方向性的指导。

对于绿色发展的研究主要分为定性与定量两个方向。部分学者采用定性分析方法，对绿色发展的路径模式进行阐述与解析。从特色地区现存发展模式的困境出发，对其绿色发展路径进行分析和总结，认为其发展路径并不是单一的，而是一个有机的整体，在结合国内外经验的基础上，提出了形成微观绿色产业与完善绿色发展机制的建议。也有学者结合国际经验，对西部的绿色发展提出了制定制度安排和路线图；开展动态的绩效监测评估与考核；建立生态产权、自然资源产权交易市场化激励机制，建立生态补偿机制；利益相关者主动参与绿色发展进程；提供绿色就业机会等五种建议，并以自然资本、经济资本、社会资本与人力资本四大资本为核心，提出了中国西部地区绿色发展概念框架，并提出相关的政策建议，如将保护生态环境与扶贫相结合，强化绿色基础建设和生态服务供给，开展财政体制机制改革，制定差异化的城镇化发展战略。也存在研究以微观细分领域为视角进行深入研究，如在绿色发展理念的框架下对完善消费税进行了政策建议，提倡及时扩大征税范围、适当提高适用税率、大力加强征管力度。这些研究让绿色发展继续扩展至了税制等细分领域，扩充了绿色发展的外延。这些研究针对中国西部的绿色发展进行了深入研究，为绿色发展的局部实践提供了大量资料。

也有大量学者采用定量方法对历史数据进行实证分析，对绿色发展的评价指数与经济关系进行总结。部分学者运用定性与定量相结合的方法，构建了绿色城市指数及其指标体系，对我国城市的绿色发展现状进行了国际比较分析，检验了我国城市绿色发展与国外城市的差距及其成因，指出了我国城市绿色发展存在的问题和未来的改进方向，丰富了绿色发展在城市发展方向上的研究。也有学者利用世界银行数据库分析了 1970—2001 年我国真实国民储蓄与自然资产损失之间的定量关系，并提出绿色发展是今后中国发展的必选之路，但不能沿袭传统苏联式的重工业化模式，也不能模仿和采用发达国家的现代化模式，必须独辟蹊径，寻求非传统的适合中国国情的社会主义现代化道路。这些研究采用定量方法对绿色发展进行核算，开辟了绿色发展的新路径。

二、石漠化地区绿色发展研究综述

（一）石漠化治理研究概述

我国石漠化区域国土面积达 105.9 万平方公里，占全国国土面积的 1/9；人口达 2.29 亿人，占全国人口的 1/6。2014 年人口密度为 217 人/平方公里，相当于全国人口密度的 1.56 倍，远超岩溶地区合理的生态环境承载力，人地关系高度紧张。石漠化区域耕地资源十分稀缺，人均耕地仅 1.7 亩，部分石漠化严重地区人均耕地不到 0.5 亩，其有限耕地大多属旱涝频发、收成难保的贫瘠山地。我国西南喀斯特地区的人口压力及不合理土地利用，导致了地区贫困与生态退化的恶性循环，缺乏经济支撑的人文状况和缺乏文化基石的经济行为相互促动、相互叠加，加剧并加深了喀斯特地区深层次的贫困，使人地关系恶化，且积重难返。

经过各地区的长期探索与治理，土地管理不断优化，针对不同强度的石漠化地区提出不同的管理措施。在强度、极强度石漠化地区，主要是通过封山育林、天然林草保护工程和退耕还林、还草等方式以生态修复与重建为主治理石漠化。对于中度石漠化地区采取治理为主的生态战略，采取土地平整、以坡改梯、多种经济林灌草配套种植等方式改善农业生产条件，以达到降低土壤侵蚀量、控制水土流失量、提高耕地质量和生产力的效果。对于轻度石漠化地区，结合环境特点实施以改土、配水、节水、配肥为主的耕地土地改造、坡改梯、退耕还林还草、水利水保工程等，大力推行包括立体农林复合型、林牧结合型、牧农结合型、节水型混农林业复合型等生态农业和草地畜牧业。潜在石漠化地区也属于农业集中区域，开展生态化坡改梯，实现水土保持和生物多样性保护，也成为本区域土地管理的重要目标。

我国西南地区石漠化研究与综合治理始于20世纪80年代中后期，进入21世纪后，研究与综合治理力度在不断加大，不同区域的各种石摸化治理模式不断涌现。学者们根据各地区不同的治理模式进行总结与归纳，在以贵州等西南喀斯特地区为例子，对山区乡村可持续发展的驱动因子及其导向模式进行分析后，学者们提出交通驱动、优势资源开发驱动、产业结构优化驱动、科技引领驱动等8个驱动因子，归纳提炼出农田水利导向模式、立体农业导向模式、草食型畜牧业发展导向、小流域综合治理导向等31种不同喀斯特地域类型区乡村可持续发展导向模式。在此基础上，部门学者将导向模式进行了归纳总结，提出4种治理模式，分别为小流域综合治理、生态经济型治理模式（在适宜地区种植经济作物并达到保持水土的目的）、封山育林模式（在生存环境恶劣或地质灾害频发区将农民集体迁出，自然恢复）、生态农业模式（开发农村新能源，节约薪柴）。喀斯特生态脆弱区可持续发展战略有人口战略、资源战略、生态环境建设战略，针对不同喀斯特环境类型，学者们制定具体治理方案，建立喀斯特生态环境治理典型示范试验区。不同于单一的以恢复植被为主的生态治理模式，生态经济模式是指从高效合理利用石漠化地区的水土资源解决基本生存问题，从以生态经济林草为主恢复植被，培植替代产业及产业化经营这三个层面治理石漠化；如以岩溶峰丛洼地区为代表的"湖南龙山县洛塔乡模式"、如以岩溶峰丛山区为代表的"贵州罗甸县大关村模式"、以干旱峰林平原区为代表的"广西来宾小平阳模式"等，包括地表水系为中心的小流域综合治理模式（全面规划，合理布局，综合防护体系和复合农业生产体系建设）、典型脆弱生态环境综合治理模式（发挥植被的水土保持作用，实施退耕还林还草政策，改良土壤的保水能力）、生态移民治理模式（将喀斯特生存环境恶劣或地质灾害频发区的农民集体迁出）这3种治理模式。

同时也有学者针对治理模式提出问题，认为现有的治理模式具有较大的局限，对于石漠化成因的环境地质背景一直缺乏足够的重视，特别是忽视喀斯特环境背景的时空差异性，以致导致治理模式的过分单一。

由于石漠化研究涉及自然、工程和经济等多领域科学问题，目前关于石漠化地区的管理对策的研究，不同学科背景的学者从多学科角度提出多样化的管理对策，主要可以概括为以下几个方面。

首先，治理石漠化以改善生态环境为核心。治理石漠化需要根据适生适种原则，因地制宜，具体措施包括通过封山管护、封山育林、人工造林、低效林改造的方式从而恢复森林植被、修复森林生态系统。以毕节市为例，有学者通过实验分析方法，对比分析了封山育林、人工种草、经果林治理和农林混合四种水土保持模式与原生样地在不同季节的土壤效应、植被效应和小气候效应，结果表明四种模式治理下均优于原生样地，治理效果最好的是农林混合模式。

其次，以解决基本生存问题为基础，"治石"与"治贫"相结合。第一，加强基本农田建设，在适宜地区建立一批高产稳产田土，以便降低土地的垦荒指数。通过采取土地平整、灌溉与排水、田间道路、农田防护的方法来提高耕地质量和生产力。第二，改变落后的生产与生活方式，改顺坡耕作为等高耕作，实行间作套种，提高坡耕地利用的复种指数。开发农村新能源，建设沼气池、节柴灶、小水电太阳能等，节约薪柴，改变落后的生活方式，减轻岩溶区农民对森林植被的索取压力。第三，培养替代产业，采用石漠化治理与产业化相结合的原则，既可提高本区农民的生活水平，又可为石漠化治理提供更多的资金投入。第四，生态移民，在生存环境恶劣或地质灾害频发区可以将农民集体迁出，在此基础上要确保移民有稳定的土地资源和经济来源，同时加强对原居住区域石漠化土地的治理。

再次，以多学科相结合为理论指导。以地球系统科学为基础，解决形成喀斯特生态系统脆弱性的动力机制问题；以生态经济学的理论为指导，探索喀斯特石漠化的外部驱动机制。在治理过程中，以小流域为治理单元，进行多学科交叉、多种技术集成的综合开发治理。

最后，以政策扶持、技术创新及有效监测为保障。石漠化治理是一项综合性的系统工程，涉及多学科理论，尤其需要政府林业、水利、农业、环保、经济、民生等部门等共同协作。另一方面政府也应进一步强化科技攻关，组织开展石漠化地区森林生态修复技术攻关。加大实用技术推广力度，建设石漠化治理科技示范基地。进一步加大监测经费支持力度，建立健全石漠化治理监测评估机制，从而为石漠化防治提供科学依据。

（二）绿色发展方法综述

石漠化的主要成因是人为活动，要想实现绿色发展也需要从人地关系入手，促进人与自然的和谐相处。石漠化绿色发展方法的研究较为丰富，但是主要的方法集中于生态旅游、退耕还草、开展沼气系统工程、薪炭林建设、封山育林、种植经济作物等。

许多学者在绿色发展方法上有新的尝试，例如通过对岩溶石漠化地区农村能源结构调查认为实施生态重建工程，开展沼气系统工程和薪炭林建设，节柴效果十分明显，有利于植被的冲减与石漠化地区的绿色发展。石漠化旅游作为新兴的旅游方式，被学者们认为是生态重建和修复的方法，利用经济反哺生态进行生态扶贫，促进当地绿色发展，缓解人地矛盾，既能解决当地居民生计、促进社会文化转型，又能改变当地产业结构和丰富小众旅游类型。大部分学者在对黔西南等案例地区进行石漠化现状进行考察后，均提出了种植药用植物资源与琵琶等经济作物、发展特色林产品、恢复植被，增加封育度、退耕还林，积极争取国家和省级退耕还林项目、农户现金补助以及整合各类项目资源，建设草畜、草路、草水、草电等基础设施配的绿色发展方法的建议，为石漠化地区绿色发展提供了方法与途径。

（三）绿色发展途径研究综述

在探索石漠化地区的绿色发展时，学者们进行了一定量的途径研究，主要分为传统途径和非传统途径。传统途径包括发展生态农业、加强技术研发、加强生态建设、生态移民等；非传统途径为参与式社区管理、CDM 林业碳汇、新型城镇化道路、建设完善农村金融制度等。

部分学者提出建设新型城镇化道路以及发展生态农业是实现石漠化地区退耕还林、绿色发展的基本途径，并在此基础上提出创新生态农业建设的投入机制、加快推进农村小城镇建设、加大生态农业建设关键技术的研究和推广力度、重点扶持生态农业建设的龙头大企业；实施"大县城"战略，大力增强县城集聚辐射功能；结合生态移民，建设"无土安置型"社区等一系列具体政策建议，为绿色发展的城镇化道路提供理论指导。

多数学者针对特定区域提出了针对性意见。对于整体的岩溶地区石漠化现状，部分学者通过对绿色经济内涵解读及其对石漠化治理的影响分析，提出坚持绿色发展，牢固树立中国特殊社会主义生态观；进行顶层设计、将绿色经济融入石漠化治理规划；加强科技研发与推广应用，以科技支持创新等绿色发展途径，为石漠化地区的发展提供理论支撑。在分析花江峡谷顶坛片区石漠化现状后，李阳兵等人提出应充分利用岩溶环境优势和当地的适生植物资源；注重经济、生态、社会文化可持续性发展；运用生态经济型反贫困模式的辐射效应等途径为石漠化地区绿色发展和精准扶贫提供建议。

结合广西喀斯特山区的自然、社会、经济发展实际情况，部分研究提出应以适生适种、生态补偿、综合开发为准则，突出主体，统筹人与自然的协调发展；增强内力，培植环境友好型替代产业；因地制宜，推广实用技术与工程措施等政策建议，为该地区的绿色发展提供了具体途径。

对于滇桂黔石漠化片区，大量学者进行了细化分析，在整体政策和环境方面提出强化组织领导、建立有效工作机制；整合资源治理，进一步加大投资力度；加强资金和项目管理，加大工程建设责任制落实力度；切实加强科技支撑等绿色发展途径，突出石漠化地区生态保护的重要性，为其绿色发展和缓解人地紧张关系提供政策性建议。在具体政策与实施方面，提出农民专业合作社可以作为石漠化地区绿色发展的新途径，并详细介绍了合作社 + 党支部 + 农户（基地）的产业化经营模式，提出推动农民专业合作社的自身建设、增强盈利能力，创新合作社的利益联结机制、加强风险防范，增强合作社的抗风险能力的途径，加强合作社的可持续性，为石漠化地区的绿色发展提供了新思路。

CDM 林业碳汇是石漠化绿色发展模式的新形势，部分学者建议采用以 CDM 林业碳汇途径促进石漠化地区植被再生，生态系统再造与防治水土流失，进一步提出了建立基于 CDM 的扶贫开发长效机制和合理运用清洁发展机制的具体政策建议。

（四）绿色发展模式研究

石漠化地区地形、植被情况复杂，学者针对绿色发展模式的研究比较丰富，但是针对性极强，有的甚至具体至相关县市总结和提出相关绿色发展模式。虽然绿色发展模式的具体内容千差万别，但基本上都是根据因地制宜的准则，针对当地的生态、社会、经济情况，采用经济林种植、退耕还林、涵养水土、政府财政和金融机制相结合的方式制定绿色发展模式。

大部分学者在特定地区石漠化及其环境影响效应基础上，对土地石漠化的时空特征、区域环境进行阐述，结合当地的自然、社会、经济发展实际情况，提出以适生适种、生态补偿、综合开发为准则，因地制宜地制定石漠化治理的模式及策略。在此基础上针对当地特有的物种提出了具体政策建议。

粤北典型石漠化地区秀水小流域兼具时段性干旱特点，在综合考虑流域地形、地貌、土地利用等自然地理情况后，以坡度、海拔高度和灌溉条件为标准，构建出坡度小于 10 度时等高耕作与覆盖耕作相结合、坡度在 10—25 度时设置植物篱，坡度大于 25 度时退耕还林，在下半年 400—500 米海拔的山地种植玉米等耐旱经济作物等一系列绿色发展模式，从而优化土地利用程度，实现生态和经济发展的平衡。

贵州省石漠化片区以及晴隆地区以畜牧业为特色。学者们就此提出草场畜牧业产业化模式，兼顾了减贫和绿色发展的双重目标，实现了生态和经济的同步增长，形成了绿色减贫发展模式成功突破了石漠化地区的"贫困陷阱"。该模式注重创新机制的作用、建立合理的技术——服务体系，联结土地和劳动要素、多方面资源投入与整合，从而打造出新型高效的绿色发展模式。并根据地理条件，提出在陡坡岩溶山地开展人工种植优质牧草，养殖优质肉羊，辐射带动全县农户发展草地畜牧业，并为农户提供种草、修建羊圈资金、农信社贷款贴息与相关技术支持的绿色发展模式。

部分学者在深入了解贵州省黔西南州兴仁县森林水文因素后，在宏观方面，提出通过调整传统农业种植生产结构并通过加工、销售环节延长产业链以提高产品附加值，改良畜牧品种、调整畜牧业饲养模式并提高肉类加工、储运能力以减少土地压力并提高收益，探索具有经济效益的石漠化林草治理模式；在具体操作层面，提出了在土层较厚区域种植五星大枇杷等经济树种；在土层较薄的草山进行草地改良、发展畜牧业；在封育度低区域采用灌木丛人工促进方式；在密度大的森林采用封育种植，发展生态旅游等，形成了多方位、全角度的绿色发展和生态经济治理模式。

综述前人相关研究成果，当前石漠化地区主要的治理及绿色发展模式有如下几点。

1. 林草植被恢复模式

基岩裸露、植被覆盖率低是石漠化地区最直观现象，所以林草植被恢复受到了许多学者的关注。苏维词等认为恢复植被是西南岩溶山区石漠化治理的关键环节，并提出四种不同岩溶石漠化地区治理模式：①岩溶石山封山育林恢复植被模式；②岩溶石山、半石山人工促进封山育林育灌恢复植被模式；③岩溶半石山乔灌混交防护林建植模式；④岩溶半石山生态经济林治理模式。林风华在其基础上提出岩溶半石山生态用材林治理模式和岩溶山地生态薪炭林型治理模式，来解决岩溶山区的能源问题。还有学者根据不同岩性、地貌和岩石裸露率，分别提出了各种类型区林草植被恢复治理模式。通过分析喀斯特山地环境特点，可以以区、亚区、小区的标准进行划分，并针对各区采用不同的治理模式，进一步拓宽治理模式研究的尺度范围，在此基础上分析评价人工造林（草）模式的生态、经济效应，寻求经济与生态的结合点。研究发现实施退耕还林还草必须与发展高效林业有机结合，林草结合，因地制宜，坚持长、中、短结合的原则，以短促中，以中保长。自然封育模式中形成的杂木林，有较大的凋落量和较强持水能力，且模式成本低廉，简单易行值得倡导。

研究从不同石漠化类型、不同地貌类型谈植被恢复模式，寻求生态效益，经济效益，社会效益的协调统一，但存在因地制宜的问题，不同环境先锋物种选择，植物群落配置，喀斯特地区的造林技术亟待深入研究。

2. 草食畜牧业发展模式

以草带林带粮，进行草农牧林结合，短期内可保持水土，远期则可开发林木资源。利用种草来发展畜牧业，并结合农作物秸秆和饲料，对牛马改放养为舍养，形成畜多——肥料多——收入多的良性循环，对喀斯特地区的生态治理、经济发展大有帮助。可以根据不同草地类型，组装配套草地畜牧业，劣质、低产草地进行草地改良；山顶种植优良牧草和水土保持林；山腰进行林下种草；山脚平地采用粮（油菜）草套种或果草套种，围栏划区轮牧＋控制放牧强度＋适当施用维持肥模式实现了草地的可持续利用。这一模式在贵州清镇轻取得了显著的成效。粮草间作能提高农田的综合产出率，经济收入比单种粮食作物增加 84.06%。覃宗泉等通过草地建设与养畜相结合，使草转化成畜产品，增加养殖户收入，再利用畜禽粪便生产沼气可解决农村能源短缺问题，形成可持续发展的草＋畜＋沼模式。杨振海将贵州省晴隆县种草养畜扶贫开发模式归纳为"四统一""三结合"和"四配套"的运行机制，总结了草食畜牧业发展模式理论基础。

从研究文献数量上看，对草食畜牧业发展模式研究的文献较少。发展草食畜牧业可有效调整石漠化地区单一的农业结构，减轻人口对土地资源的压力，增加农民收入，要积极推广，加强研究牧草种植、本地良种改良培育、草地围栏区划轮牧等关键技术。

3. 水土保持模式

喀斯特山区土层普遍较薄，岩石的裂隙发育，在降水的作用下容易发生土壤侵蚀，降水下渗，导致土地资源退化，地表严重干旱，所以必须强化水土保持。熊康宁等提出喀斯特地区水土保持应以小流域为单元进行综合治理，科学统一规划，实施生物措施、工程措施、耕作措施和管理措施。"三改一配套"工程是指坡改平、薄改厚、瘦改肥，配套拦水沟、排水沟、蓄水池相结合的排、蓄、灌功能齐全的坡面水系治理工程，丰富了水土保持模式的治理技术。水土保持模式主要指地头水柜、砌墙保土、坡改梯模式。在实施过程中，水土保持综合治理技术规范中的梯田建设技术指标可能不符合石漠化地区要求，需要对其进行修改。苏维词以德江县为例，提出喀斯特水资源合理开发利用模式，重点解决了喀斯特地区人畜用水问题。白晓永等以贵州省镇宁县为例提出水土保持模式的原则。

此外还有一些学者对水土保持模式理论和水土保持成功案例进行研究和探讨如：钟爱平等。水土保持模式研究比较深入，以"三改一配套"为典型代表，具有较为成熟的技术支撑，得到普遍推广。

4. 生态农业模式

在典型喀斯特石山脆弱生态环境治理与可持续发展中，通过示范研究建立既有生态效益又有经济效益的生态农业模式，猪——沼——椒（经果林）"三位一体"治理模式是较受认可的方式。多数学者认可石漠化治理要推行"种一片山，种一园果，养一栏猪"的模式。"猪——沼——椒"模式是将传统旱作玉米改种花椒，利用花椒的收入购进粮食和饲料养猪，猪粪制沼气，废渣还土，保证有足够有机肥回归土壤，形成植物——动物——土壤循环系统。专门有学者分析了此模式的生态、经济效益和存在的问题与对策，将

"猪——沼——椒"模式理论提升为"种植——养殖——农村能源建设"石漠化治理模式，涵盖了生态保护、生态经济建设和产业替代等多种治理方式。在其理论基础上提出以沼气为纽带的庭园生态经济模式，以农户为基本单元，充分尊重农户的发展意愿，调动农户参与的积极性，组装、集成现有的成熟庭园生态经济发展技术。熊康宁提出山上植树造林戴帽子，山腰坡改梯配经果林拴带子，陡坡土种植牧草和绿肥铺毯子，山下庭院经济多种经营抓票子，基本农田集约经营种谷子，即"五子登科"治理技术模式。此模式以生态经济可持续发展为目标，分带采取不同的生态工程治理，构造与自然带规律相适应的坡面生态经济系统。张菁等也总结了广西岩溶地区适合的立体生态开发模式，按照"山顶林，山腰竹，山脚药果，地上粮，低洼桑"立体布局，既治理了水土流失，涵养了水源，又增加经济收入，具有良好可行性。

研究生态农业模式的文献数量最多，且树立了一批生态农业模式治理的先进典范，如贵州毕节"开发扶贫，生态建设"试验区实施的"五子登科"治理技术模式；贵州花江实施的种植——养殖——农村能源建设"三位一体"治理模式；广西恭城"四位一体"治理模式，但这些模式的内涵、外延及技术支撑体系有待进一步完善。

5. 生态移民模式

环境移民是指由于资源匮乏、生存环境恶劣、生活贫困，不具备现有生产力诸要素合理结合的强度石漠化地区，无法吸收大量剩余劳动力而引发的人口迁移。环境移民的实质是人口分布结构的调整和环境资源的再分配，所以合理利用土地资源是喀斯特移民地区改善生态和解决贫苦问题的关键。对迁出区进行封山育林，自然生态的恢复和重建，在迁入地区，依照生态环境的自然结构情况进行景观生态规划及生产生活布局。在以广西喀斯特地区为例，讨论了贫困与环境移民形成的原因、迁入区域资源环境条件、移民安置方式及社区管理体制后，部分学者又总结了荔波、平塘移民模式，即在县内条件较好的乡镇修建移民新村，由移入地村组无偿划出部分耕地分发给移民耕种。平塘县将移民与县内茶场发展相结合，移民转产为茶场工人，承包茶园管理，有较稳定的经济收入（吕大明等）。环境移民主要是在国家的支助下完成的，在移民过程中，政府包揽过多，移民产生了"等、靠、要"的依赖思想，导致返贫率相当高。生态移民需加强运行机制、安置方式及社区管理体制的研究。

6. 建立生态保护区

开发旅游模式喀斯特景观具有许多开发利用价值：教育价值、探险价值、美学价值等。结合贵州喀斯特石漠化地区的实际，在有条件的地区建立多功能的"国家公园"式保护区。同时将石漠化地区丰富的旅游资源与多姿多彩的少数民族风情结合开展特色旅游业。学者们在此基础上针对特定案例提出了具有特色的生态好湖区政策建议。如在重庆三峡库区为代表的岩溶山区，大力发展生态旅游农业，喀斯特景观加茶、果园绿化休闲观光模式；利用姿态万千的半出露块石群和生特色花卉植物，构建了旅游观光石丛，"蜡梅＋石丛"景观林等旅游景观模式。旅游业发展能推动地方经济发展，并能有效带动服务、交通等第三产业的发展，促进了农业产业化，可对石漠化的治理起到治本的作用。

研究建立生态保护区开发旅游模式的文献数量较少，研究文献单从喀斯特地区建立生态保护区的重要性出发，分析了喀斯特景观保护、开发的价值。没能提出完整、系统的开发保护理论体系，为石漠化治理，地方经济发展提供理论指导，亟须深入研究。

7. 综合治理模式

综合治理模式是以水土资源的高效持续利用为基础，以生态经济型林草为核心，培植替代产业、寻求新的经济增长点，三个层面相互结合石漠化治理模式。此模式较以往单一的以植被恢复为主要内容的生态治理模式有显著差别。在此基础上，学者们认为以小流域为治理单元，针对不同石漠化等级类型区的基本特点，进行组装集成配套治理技术，开展山、水、田、林、路综合治理才是行之有效的治理方法，并针对不同等级石漠化提出治理思路和具体治理措施。学者通常根据石漠化地区的立体环境特点，总结不同地貌单元的石漠化综合治理模式，重点强调了不同区域的植被修复技术和树种配套。在喀斯特高原退化生态系统综合整治技术与模式的研究中，熊康宁等通过对贵州三个典型石漠化治理示范区进行分析后，提出了不同等级石漠化治理技术体系与模式，并对其效益、推广潜力和范围进行了示范研究，是目前较为完善的模式体系。

综合治理模式注重因地制宜，因害设防，采取相应的综合配套技术和措施对石漠化进行综合治理，形成多目标、多层次、多功能、高效益的综合防治体系，具有较成熟的理论体系和技术支撑。还需加强石漠化关键技术研发和石漠化综合治理效益评价指标体系构建。

（五）绿色发展成本效益研究

石漠化地区的绿色发展需要详细核算成本与效益，才能对具体项目与模式进行成本效益研究对比，做出科学高效的政策，真正缓解石漠化问题，实现绿色发展，利于民生。现阶段对绿色发展成本效益的研究较少，集中于选取经济、社会、生态三方面指标与层次分析法进行定量化指标构建，并以评价绿色发展项目和模式为主。

部分学者对石漠化地区的治理模式进行宏观研究，主要分为定量和定性两种方向。学者从定性角度对治理模式进行宏观研究时主要从生态、经济、社会三方面综合评价石漠化地区绿色发展和治理模式的效益，并在此基础上针对种草养畜提出"以畜定草"，实现草畜平衡；建立牧草病虫害与牲畜疾病综合防治体系；建立灾害应急机制等具体政策建议。在定量研究方面，学者们主要选取生态效益、社会经济效益和模式推广前景为评价指标，构建喀斯特石漠化治理模式效益评价指标体系进行量化研究，或者基于主成分分析模型，从生态效益、经济发展水平和社会发展水平出发选取 11 项具体指标构建石漠化绿色发展效益评价体系，评定案例地区实行的绿色发展措施的协调性和整体性；或者加入当地特色森林效益，将森林植被结构与生物多样性效益，涵养水源效益，释氧及碳汇效益，减轻水灾旱灾效益，经济作物种植效益，兴修水利效益，改善人居环境与增加就业机会效益作为考察指标，综合评价石漠化综合治理采取的"农、林、水"工程集成统筹模式，流域综合治理模式，管护、监测结合模式和循环经济产业模式，为发展绿色经济提供了量化信息。

大部分学者都以典型石漠化地区为案例进行具体问题分析，并根据当地的特色条件提出针对性建议。北盘江镇花江大峡谷右岸的顶坛片区具有独特的地理气候条件，在采用农民人均收入、儿童入学率、植被覆盖率等指标衡量经济、社会、生态效应后，部分研究了分析"花椒——养猪——沼气"模式、"砂仁——养猪——沼气"模式、"传统粮食经济作物（如玉米、花生等）——砂仁、花椒"套种模式等石漠化地区绿色发展模式，认为前两种模式经济效益较好，后一种模式产生更高的生态效益，并提出了发展多种经营，构筑复合产业等政策建议。

（六）绿色发展问题及建议

随着绿色发展概念地兴起，石漠化地区绿色发展的研究也不断丰富，但是石漠化地区实际情况千差万别，相关方法与模式具有极强的针对性，需要因地制宜地制定与规划，造成了各地区绿色发展情况差别较大，各自的问题不尽相同。

自然环境脆弱性、生境严酷性、产业基础和结构、区域发展成本、人口压力是石漠化地区绿色发展问题的主要原因，具体来说群山阻隔、交通不便、商品交换量小、市场发育迟缓以及对喀斯特地区适宜承载人口缺乏准确的定位造成人口压力较大是石漠化地区绿色发展迟缓的主要因素，针对此类情况政府需要进行生态移民和小城镇建设、实施生态补偿机制、加大对口帮扶力度、创新对口帮扶机制和进一步完善和落实差异化的扶持政策；认真做好规划；调整产业结构，提高治理效益；坚持科技引导，谋求综合效应；党委政府重视，部门集成服务等政策建议。

毕节市是西南典型的喀斯特地区，人口增长过快和落后的生产方式导致的资源和经济负荷加重是该地区制约绿色发展的主要因素，坚持科学发展观，大力促进地方经济发展；从控制人口数量、提高人口素质着手，综合采取增强全民族保护生态环境的意识；加快产业结构调整及基础设施建设；加大生态重建和环境保护力度；促进资源优势向经济优势的转变等是进行绿色发展的主要路径。广西"山——水——田——林——路综合治理"和"生态农业种植——农业观光旅游""三位一体"等是典型绿色发展治理模式，但在实施过程中防治机制不健全，缺少部门合力；资金投入量低，来源渠道单一；生存与生态矛盾突出；配套政策机制不完善，经济发展与生态保护不平衡是制约了绿色发展，强化协调管理；开展调查研究，制定科学规划；加强治理技术研究和推广；强化政策支持才能进一步推行和完善相关绿色发展模式。

通过综述前人的研究成果，我们不难发现，石漠化地区的绿色发展已引起了广泛关注，但前人的研究还不够系统和深入，在研究方法方面还有较大的提升和改进空间，在研究视角和绿色发展模式方面还有较大的创新空间。

第三章　喀斯特石漠化地区概述

一、喀斯特类型及分布

喀斯特（KARST）即岩溶，是水对可溶性岩石（碳酸盐岩、石膏、岩盐等）进行以化学溶蚀作用为主，流水的冲蚀、潜蚀和崩塌等机械作用为辅的地质作用，以及由这些作用所产生的现象的总称。由喀斯特作用所造成地貌，称喀斯特地貌（岩溶地貌）。

"喀斯特"原是南斯拉夫西北部伊斯特拉半岛上的石灰岩高原的地名，意思是岩石裸露的地方，那里有发育典型的岩溶地貌。"喀斯特"一词即为岩溶地貌的代称。中国是世界上对喀斯特地貌现象记述和研究最早的国家，早在晋代即有记载，尤以明徐宏祖（1586—1641）所著的《徐霞客游记》中的记述最为详尽。

喀斯特可划分许多不同的类型。按出露条件分为裸露型喀斯特、覆盖型喀斯特、埋藏型喀斯特；按气候带分为热带喀斯特、亚热带喀斯特、温带喀斯特、寒带喀斯特、干旱区喀斯特；按岩性分为石灰岩喀斯特、白云岩喀斯特、石膏喀斯特、盐喀斯特。此外，还有按海拔高度、发育程度、水文特征、形成时期等不同的划分等。由其他不同成因而产生形态上类似喀斯特的现象，统称为假喀斯特，包括碎屑喀斯特、黄土和粘土喀斯特、热融喀斯特和火山岩区的熔岩喀斯特等。它们不是由可溶性岩石所构成，在本质上不同于喀斯特。

中国现代喀斯特是在燕山运动以后准平原的基础上发展起来的。老第三纪时，华南为热带气候，峰林开始发育；华北则为亚热带气候，至今在晋中山地和太行山南段的一些分水岭地区还遗留有缓丘洼地地貌。但当时长江南北却为荒漠地带,是喀斯特发育很弱的地区。新第三纪时,中国季风气候形成,奠定了现今喀斯特地带性的基础,华南保持了湿热气候,华中变得湿润,喀斯特发育转向强烈。尤其是第四纪以来,地壳迅速上升,喀斯特地貌随之迅速发育,类型复杂多样。随冰期与间冰期的交替,气候带频繁变动,但在交替变动中气候带有逐步南移的特点,华南热带峰林的北界达南岭、苗岭一线,在湖南道县为北纬25°40′。在贵州为北纬26°左右。

这一界线较现今热带界线偏北约3—4个纬度,可见峰林的北界不是在现代气候条件下形成的。中国东部气温和雨量虽是向北渐变,但喀斯特地带性的差异却非常明显。这是因为受冰期与间冰期气候的影响,间冰期时中国的气温和雨量都较高,有利于喀斯特发育。而冰期时寒冷少雨,强烈地抑制了喀斯特的发育。但越往热带其影响越小。在热带峰林区域,保持了峰林得以断续发育的条件,而从华中向东北则影响越来越大,喀斯特作用的强度向北迅速降低,使类型发生明显的变化。广大的西北地区,从第三纪以来均处于干燥气候条件下,是喀斯特几乎不发育的地区。

中国喀斯特地貌分布之广泛,类型之多,为世界所罕见,主要集中在云贵高原和四川西南部。在中国,作为喀斯特地貌发育的物质基础——碳酸盐类岩石(如石灰石、白云岩、石膏和岩盐等)分布很广。据不完全统计,总面积达200万平方公里,其中裸露的碳酸盐类岩石面积约130万平方公里,约占全国总面积的1/7;埋藏的碳酸盐岩石面积约70万平方公里。碳酸盐岩石在全国各省区均有分布,但以桂、黔和滇东部地区分布最广。湘西、鄂西、川东、鲁、晋等地,碳酸盐岩石分布的面积也较广。

2014年6月23日,以桂林喀斯特(广西)、施秉喀斯特(贵州)、金佛山喀斯特(重庆)和环江喀斯特(广西)组成的中国南方喀斯特第二期在第38届世界遗产大会上获准列入世界遗产名录。

二、石漠化界定

石漠化起源于荒漠化研究,1949年,法国科学家A. Aubrevile在研究非洲热带和亚热带森林的稀树草原化过程时,首次提出了荒漠化(Desertification)的概念。1977年召开的联合国荒漠化会议(UNCOD)诞生了荒漠化的定义:"荒漠化是土地生物潜力的下降或破坏,并最终导致类似于荒漠景观条件的出现。" Desertification 作为第一个荒漠化定义被联合国正式采纳。后来，国内部分学者提出了湿润地区荒漠化问题，并指出石灰岩风化壳上发育的荒漠化土地主要分布在四川、贵州、云南、广东、广西、湖南，又称石漠化土地。

袁道先采用石漠化概念来表征植被、土壤覆盖的喀斯特地区转变为岩石裸露的喀斯特景观的过程，并指出石漠化是中国南方亚热带喀斯特地区严峻的生态问题，导致了喀斯特风化残积层土的迅速贫瘠化。

肖华、熊康宁等认为，喀斯特石漠化是在喀斯特脆弱生态环境下，人类不合理的社会经济活动，造成人地矛盾突出、植被破坏、水土流失、岩石逐渐裸露、土地生产力衰退丧失，地表在视觉上呈现类似于荒漠化景观的演变过程。

王世杰认为喀斯特石漠化是指在亚热带脆弱的喀斯特环境背景下，受人类不合理社会经济活动的干扰破坏，造成土壤严重侵蚀，基岩大面积出露，土地生产力严重下降，地表出现类似荒漠景观的土地退化过程。

刘丛强等认为，喀斯特石漠化可简单理解为植被、土壤覆盖高的喀斯特景观转变为岩石裸露率高的喀斯特景观的过程。人类活动、活动断裂、冻融作用、水土流失、地震、滑坡、崩塌、泥石流等及与之相关地球化学过程均可促使植被、土壤高覆盖的喀斯特地区转变为岩石裸露的喀斯特景观。

石漠化是指碳酸盐岩地区生态地质脆弱环境下，干扰（人类、地质变化、自然灾害等）和岩溶相互作用而造成的植被破坏、水土流失、土地质量下降直至岩石裸露、出现类似荒漠化景观的生态系统复合退化过程。其中脆弱的生态地质环境为基础，干扰特别是人类不合理的经济活动为驱动力，植被退化为诱因，土地生产力下降为本质，荒漠化景观为标志。

三、石漠化状况

我国石漠化主要发生在以云贵高原为中心，北起秦岭山脉南麓，南至广西盆地，西至横断山脉，东抵罗霄山脉西侧的岩溶地区。行政范围涉及黔、滇、桂、湘、鄂、渝、川和粤八省（区、市）463个县，国土面积107.1万平方公里，岩溶面积45.2万平方公里。该区域是珠江的源头，长江水源的重要补给区，也是南水北调水源区、三峡库区，生态区位十分重要。石漠化是该地区最为严重的生态问题，影响着珠江、长江的生态安全，制约区域经济社会可持续发展。

（一）石漠化土地现状

根据国家林业和草原局于 2018 年 12 月最新发布的《中国岩溶地区石漠化状况公报》，截至 2016 年底，岩溶地区石漠化土地总面积为 1007 万公顷，占岩溶面积的 22.3%，占区域国土面积的 9.4%，涉及湖北、湖南、广东、广西、重庆、四川、贵州和云南 8 个省、自治区、直辖市（以下简称省）的 457 个县、市、区（以下简称县）。

1. 按省分布状况

贵州省石漠化土地面积最大，为 247 万公顷，占石漠化土地总面积的 24.5%；其他依次为：云南、广西、湖南、湖北、重庆、四川和广东，面积分别为 235.2 万公顷、153.3 万公顷、125.1 万公顷、96.2 万公顷、77.3 万公顷、67 万公顷和 5.9 万公顷，分别占石漠化土地总面积的 23.4%、15.2%、12.4%、9.5%、7.7%、6.7% 和 0.6%。

2. 按流域分布状况

长江流域石漠化土地面积为 599.3 万公顷，占石漠化土地总面积的 59.5%；珠江流域石漠化土地面积为 343.8 万公顷，占 34.1%；红河流域石漠化土地面积为 45.9 万公顷，占 4.6%；怒江流域石漠化土地面积为 12.3 万公顷，占 1.2%；澜沧江流域石漠化土地面积为 5.7 万公顷，占 0.6%。

3. 按程度分布状况

轻度石漠化土地面积为 391.3 万公顷，占石漠化土地总面积的 38.8%；中度石漠化土地面积为 432.6 万公顷，占 43%；重度石漠化土地面积为 166.2 万公顷，占 16.5%；极重度石漠化土地面积为 16.9 万公顷，占 1.7%。

（二）潜在石漠化土地现状

截至 2016 年底，岩溶地区潜在石漠化土地总面积为 1466.9 万公顷，占岩溶面积的 32.4%，占区域国土面积的 13.6%，涉及湖北、湖南、广东、广西、重庆、四川、贵州和云南 8 个省 463 个县。

1. 按省分布状况

贵州省潜在石漠化土地面积最大，为 363.8 万公顷，占潜在石漠化土地总面积的 24.8%；其他依次为广西、湖北、云南、湖南、重庆、四川和广东，面积分别为 267 万公顷、249.2 万公顷、204.2 万公顷、163.4 万公顷、94.9 万公顷、82.1 万公顷和 42.3 万公顷，分别占 18.2%、17.0%、13.9%、11.1%、6.5%、5.6% 和 2.9%。

2. 按流域分布状况

长江流域潜在石漠化土地面积最大，为 931.1 万公顷，占潜在石漠化土地总面积的 63.5%；珠江流域潜在石漠化土地面积为 474.7 万公顷，占 32.4%；红河流域潜在石漠化土地面积为 32.4 万公顷，占 2.2%；怒江流域潜在石漠化土地面积为 13.8 万公顷，占 0.9%；澜沧江流域潜在石漠化土地面积为 14.9 万公顷，占 1%。

（三）石漠化土地动态变化

监测显示，截至 2016 年底，岩溶地区有石漠化面积 1007 万公顷，与 2011 年相比，岩溶地区石漠化土地总面积净减少 193.2 万公顷，减少了 16.1%，年均减少 38.6 万公顷（3860 平方公里），年均缩减率为 3.45%。

1. 各省石漠化土地动态变化

与 2011 年相比，8 省石漠化土地面积均为净减少。其中，贵州减少 55.4 万公顷、云南减少 48.8 万公顷、广西减少 39.3 万公顷、湖南减少 17.9 万公顷、湖北减少 12.9 万公顷、重庆减少 12.3 万公顷、四川减少 6.2 万公顷、广东减少 0.4 万公顷；面积减少率分别为 18.3%、17.2%、20.4%、12.5%、11.9%、13.7%、8.5%、6.8%。

2. 不同程度的石漠化土地动态变化

与 2011 年相比，各石漠化程度的土地面积均出现减少，轻度石漠化减少 40.3 万公顷，减少了 9.3%；中度减少 86.2 万公顷，减少了 16.6%；重度减少 51.6 万公顷，减少了 23.7%；极重度减少 15.1 万公顷，减少了 47.1%。

（四）潜在石漠化土地动态变化

与 2011 年相比，潜在石漠化土地面积增加 135.1 万公顷，增加了 10.1%，年均增加 27 万公顷（主要为石漠化土地治理后演变的）。从潜在石漠化面积变化情况来看，各省均有所增加，其中贵州省增加面积最大，为 38.3 万公顷，占潜在石漠化土地面积增加量的 28.3%；其他依次为广西

37.6 万公顷，占 27.8%；云南 27.1 万公顷，占 20%；湖北 11.4 万公顷，占 8.4%；重庆 7.8 万公顷，占 5.8%；湖南 6.9 万公顷，占 5.2%；四川 5.3 万公顷，占 3.9%；广东 0.7 万公顷，占 0.6%。

（五）石漠化总体变化趋势

连续三次监测结果显示，石漠化扩展趋势整体得到有效遏制，岩溶地区石漠化土地面积持续减少、危害不断减轻、生态状况稳步好转。

1. 石漠化面积持续减少，缩减速度加快

三次监测结果显示，2005—2011 年间，石漠化土地面积减少了 96 万公顷，减少率为 7.4%，年均缩减率为 1.27%；2011—2016 年间，石漠化土地面积减少了 193.2 万公顷，减少率为 16.1%，年均缩减率为 3.45%。20 世纪 90 年代，石漠化土地面积年均扩展速率为 1.86%，21 世纪初，石漠化土地面积年均扩展速率为 1.37%。

2. 石漠化程度持续减轻，重度和极重度减少明显

综合三次监测结果分析，石漠化程度呈现逐步减轻的趋势，轻度石漠化的占比逐渐增加，由 2005 年的 27.5%，上升到 2011 年的 36% 和 2016 年的 38.8%；极重度与重度石漠化土地面积逐步下降，占比由 2005 年的 26.8%，降到 2011 年的 20.9% 和 2016 年的 18.2%。

3. 水土流失面积减少，侵蚀强度减弱

与 2011 年相比，石漠化耕地面积减少 13.4 万公顷，岩溶地区水土流失面积减少 8.2%，土壤侵蚀模数下降 4.2%，土壤流失量减少 12%。据长江和珠江流域主要水文站观测显示，珠江流域泥沙减少量在 10.7%—38.4% 之间，长江流域泥沙减少量达 40% 以上。

4. 石漠化发生率下降，敏感性降低

2016 年，岩溶地区石漠化发生率为 22.3%，较 2011 年下降 4.2 个百分点、较 2005 年下降 6.4 个百分点，石漠化发生率持续下降。同时，石漠化敏感性监测结果显示，2016 年易发生石漠化的高敏感区域为 1527.1 万公顷，较 2011 年减少 111.1 万公顷，高敏感区所占比例降低了 2.5 个百分点，较 2005 年下降 6.3 个百分点，石漠化敏感性在逐步降低。

5. 林草植被结构改善，生态系统稳步好转

岩溶地区植被盖度逐步增加，2016 年，植被综合盖度为 61.4%，较 2011 年增长 3.9 个百分点，较 2005 年增长 7.9 个百分点。同时，灌木型向乔木型演变，乔木型植被较 2011 年增加 145 万公顷，乔木型植被占岩溶地区面积比例增加了 3.5 个百分点。对岩溶地区石漠化演变规律研究显示：演变类型以稳定型为主，稳定型面积占 88.5%，改善型面积占 8.9%，退化型面积占 2.6%，表明岩溶地区整体生态状况趋于稳步好转的态势。

6. 区域经济发展加快，贫困程度减轻

与 2011 年相比，2015 年岩溶地区生产总值增长 65.3%，高于全国同期的 43.5%，农村居民人均纯收入增长 79.9%，高于全国同期的 54.4%。5 年间，区域贫困人口减少 3803 万人，贫困发生率由 21.1% 下降到 7.7%，下降 13.4 个百分点。

四、石漠化影响

石漠化改变土壤原有理化性质及生境中植被种类和结构，破坏生物多样性，难以治理与恢复。由于石漠化的发展导致土壤理化性质恶化主要有：土壤沙化、容重增加，土壤黏性增强、酸度降低、团粒体结构破坏、毛管孔隙度下降、蓄水能力减弱、有机质、腐殖质减少、肥力下降，侵蚀和淋溶程度加强、生物富集作用减弱、土地垦殖率增加，引起土壤质量明显退化，改变生境中生物多样性，植物群落退化度提高，植物可利用的养分含量减少，植被覆盖率下降。

石漠化进程中植被从以乔木为主退化为以灌木、草丛为主，甚至是无植被覆盖的荒漠，而枯枝落叶的减少会削弱地表的保水性能。对石漠化地区干旱期的土壤进行剖面含水量研究表明：以灌木、草丛等低矮、零星分布的植被为主的石漠化地区，表层、中层、深层土壤的含水量比以高大乔木为主的非石漠化地区分别低 65%、48%、26%。石漠化造成的水土流失导致大部分泥沙进入河流并在下游淤积，导致河道泥沙淤积、河床变窄、湖泊面积缩小，使河道湖泊蓄水、泄洪能力下降，最终威胁到中下游地区的生态安全和经济发展，制约地区经济和社会发展。石漠化是导致"三农"问题突出和地区贫困的根源，石漠化地区的人地矛盾突出，居民生活水平低，是我国经济

发展最为落后、贫困程度最深、贫困人口最多的地区，即"老、少、边、穷"地区。

可见，石漠化导致生态环境更加脆弱、生物多样性减少、水土流失加剧，水土流失加剧反过来促进石漠化的进程，形成一个"水土流失→石漠化→水土流失"的恶性循环模式。因此，石漠化问题的研究与治理、生态系统的恢复与重建对西南地区社会经济环境的可持续发展具有紧迫性和重要的现实意义。

五、石漠化地区的农村生产生活特点

（一）生态脆弱，资源稀缺

西南地区喀斯特石漠化已经成为我国土地荒漠化的一种生态恶化典型形态，是西南地区的头号生态灾难。石漠化不仅使西南地区泥石流和滑坡等灾害频繁发生，冲走珍贵的土壤和农作物，还给中下游的水利设施造成危害，西南石漠化地区每年流进长江、珠江及其支流、湖泊的泥沙强度为东部流失土壤平均侵蚀模数的近五倍。石漠化造成的水土流失，已经严重危及珠江、长江通道安全和"两江"中下游人民群众的生产和生活。中国工程院的专家分析认为，西南地区石漠化土地如不及时治理，按照现在的推进速度，其规模在25年内还将使整个西南地区石漠化的面积翻一番。云南省喀斯特石漠化面积现有2120万亩，占全省喀斯特地貌总面积之比已由中华人民共和国成立初期的7%上升到现在的30%，石漠化引发的水土流失面积已达14万多平方公里，占全省土地总面积的37%，其中中度以上达6万多平方公里，每年流失土壤5亿多吨。

（二）耕地面积不足，人地矛盾、人粮矛盾突出

从石漠化的地理分布来看，贵州省处于我国西南地区石漠化的几何中心，是我国石漠化面积最大、灾害最严重的省份。以贵州省为例，绝大多数农业人口生存于自然环境十分恶劣的喀斯特石漠化地区。贵州省的石漠化面积非常大，轻度以上石漠化面积为35920平方公里，占国土总面积的20.39%，中度和重度石漠化面积分别为10518平方公里和2669平方公里，而且土地石漠化还以每年900平方公里的速度扩展，相当于一年要吞噬一个

中等县的面积。由于土地的严重石漠化，使本来耕地面积就少的贵州农村地区更显得人多耕地少。目前全国有 9 亿多农民，占全国总人口的 75%；而 2001 年年末贵州省农业人口为 3249.24 万人，占全省总人口 3798.51 万人的 85.5%，高出全国 10 个百分点；同年年末贵州省实有耕地面积 2748.42 万亩，人均耕地面积仅为 0.73 亩，大大低于全国人均耕地面积 1.36 亩的平均水平，且自 1997 年以来，全省耕地每年约以 50 万亩的速度递减。

众所周知，贵州省是我国唯一没有平原支撑的地处云贵高原的浅内陆山区省份，历史上被称为"地无三尺平""八山一水一分田"。2010 年全省农业人口（按常住人口统计）比重为 66.19%，人均水田面积仅为 0.033 公顷，且坡耕地面积比重大，其中旱耕地中大于 5° 以上的坡耕地占 84%，土壤瘦薄，土地生产力低下。贵州省适于耕作的平坝耕地面积（坡度小于 6°）仅占全省土地总面积的 8.05%。为保护脆弱的生态环境，贵州于 2002 年开始全面实施退耕还林工程，截至 2011 年全省退耕地造林 43.80 万公顷，使耕地进一步减少，造成劳动力剩余，人地矛盾、人粮矛盾更加尖锐。由于土地严重石漠化，贵州喀斯特石漠化地区满山遍野都是石旮旯，几乎不见片土，如石漠化比较严重的麻山、瑶山地区，要几十块甚至上百块石旮旯才能拼凑成一亩地。当地农民要在石旮旯即"草帽地"里种庄稼，广种薄收，产量非常低，"种了几片坡，还不够煮一锅"，是贵州土地石漠化的一个真实写照。可见，贵州石漠化地区几乎丧失了生态功能和土地生产力，造成贵州山区群众的生产和生活极为困难，这无疑是贵州农村贫困最直接、最根本的原因。

（三）农村产业结构单一、农业人口比重大，农民收入低

贵州作为我国典型的山区农业省份，在全省 3555 万人口中，农业人口占比超过 80%（2016 年）。根据贵州省统计年鉴数据：近几年全省农林牧副渔总产值中，农业产值占 60% 左右，且以种植水稻、玉米、小麦和油菜为主；牧业产值占 20% 左右，其余产业产值很低；在农村人均纯收入低下，大部分来自第一产业，二、三产业占比较少，二、三产业很不发达。各地州市农村劳动力中从事第一产业的占 80% 以上，有些地州县在 90% 以上，大量的农业劳动力被束缚在分散陡峭瘠薄的土地上，不仅对土地造成了极大的压力，而且也使农村经济发展缺乏活力，发展速度滞后。2011 年贵州农村人均收入仅

4145.35 元，仅为同期全国平均水平的 59.41%，且差距有不断拉大的趋势。显见，贵州喀斯特退耕山区正面临着农业生态环境脆弱、水土流失与石漠化问题加剧，人地矛盾日趋尖锐，农村产业结构单一、经济增长乏力与全国差距拉大的沉重压力。

（四）经济发展滞后，经济增长乏力

土地石漠化是贵州省"三农"问题产生的主要根源。从纵向发展来看，自中华人民共和国建立特别是党的十一届三中全会以来，贵州省的农业和农村经济取得了令人瞩目的成就，农民生活水平有了很大改善。但从横向比较来看，由于土地严重石漠化，加上农业结构调整滞后，城镇化和工业化进程缓慢，城乡分配体制不合理以及城乡分治政策导向偏差等诸多因素，使得贵州农村经济发展滞后，经济增长乏力。

目前，在贵州许多农村地区，土地生产力低下，农业结构不合理，农产品市场竞争力不强，农民收入增长十分困难，农民人均纯收入增长远远落后于全国平均增长水平，而教育、科技、文化、卫生、体育等现代文明条件，甚至交通、供水、供电基础设施都远远落后于全国农村平均水平。广西石漠化引发的自然灾害已由过去的八九年一遇变成现在的两三年一遇，平均每年经济损失达四亿多元。

（五）生活性基础设施匮乏，公共事业滞后

喀斯特地区生活性基础设施匮乏，超过 50% 的新政村组没有通公路、通自来水，大约 60% 的用户没有用上卫生的厕所，甚至有一部分人口没有用上电，有的地区连饮水都困难，人们的生活质量低下。公共事业严重滞后，喀斯特地区农村的教育资源分配不公，义务教育水平低，影响到农村人口人才的培养和农民综合素质的提高。

（六）农民素质不高，思想观念保守

农民自身素质不高，思想观念保守和思维方式单一，制约喀斯特地区社会发展水平，制约农村经济发展。喀斯特地区农村人口受教育时间短、质量差，文盲、半文盲比例高。虽然国家实行了免费的义务教育，但是由于教育资源分配不均，喀斯特地区教育资源短缺，完成义务教育的水平低下。低水平的教育使农民无法掌握先进的生产技术，劳动生产率非常低，农业商品率

低，很难带动农民劳动收入的快速增长。有些群众思想保守、落后，对于贫困落后，一些人安于现状，不思进取，把脱贫与发展寄托于政府，对于现状听之任之。

（七）教育资源短缺、传统文化习俗影响较深

石漠化地区由于地理条件较差，交通闭塞，教育资源短缺，且分配不公，义务教育水平低，影响到农村人口人才的培养和农民综合素质的提高，进而影响了当地经济的发展，无法吸引人才，造成了恶性循环。随着喀斯特地区农村生活水平的提高和农村居民对公共服务需求的增加，教育等民生工程的建设有一定的滞后性，当地民众对教育民生项目的需求强烈。由于没有较好的教育资源与外界干预，喀斯特农村地区居民仍深受当地传统习俗与文化的影响，可以说恶劣的自然环境成了传统文化习俗生存的保护伞，使当地特色的人文习俗得以流传。

第四章 绿色发展的提出与内涵界定

一、绿色发展的提出

(一) 中国绿色发展的思想源泉及理论基础

人类文明在经历了狩猎文明（红色文明）、农耕文明（黄色文明）、工业文明（黑色文明）之后，进入了新的文明时代——绿色文明。绿色文明是以绿色发展为主要模式的社会文明，是当下所面对的环境污染、资源浪费现状的解决法宝。资源节约型、环境友好型的绿色经济发展模式符合我国十三五规划"创新、协调、绿色、开放、共享"的五大发展理念，是我国走向生态文明、走向伟大复兴的一大助力。

中国绿色发展理念的思想来源主要包括如下几个方面。

一是可追根溯源到中国古代的传统文化。春秋战国时期出现的"百家争鸣"的文化学术繁荣局面使各学派都留下灿烂辉煌的理论思想。一直以来，儒家学派的"天人合一"生态伦理思想、道家学派"道法自然"的思想及佛教"众生平等"的思想是中国传统生态思想的精髓，这是影响中国民众认识和改造自然的文化基因。天人合一思想是中国传统文化的核心思想，是中国古代朴素唯物论和朴素辩证法结合的世界观和自然观。天人合一思想主张天、地、人、万物处于同一个生命有机系统中，形成了一个不可分割的整体，其所倡导的天地人的统一，人与天地道自然之间相通无碍、彼此交融的特殊关系，蕴涵着自然界和人类社会之间存在着的整体性、协调性和互动性关系，萌生着绿色发展的思想智慧，对中国近现代价值观产生了深远的影响。

二是以马克思主义系统生态自然观、自然物质循环理论、以实现人与自然和谐统一为主要特征的马克思主义的环境哲学思想。在马克思、恩格斯所建构的辩证唯物主义自然观中，蕴含着丰富的以绿色发展推动社会进步的思想。他们强调人与自然的不可分离、相互依存的关系，把人作为自然存在物来看待。他们认为保持人与自然和谐相处，是人类社会存在和发展不可缺少的重要条件。马克思关于人在自然面前具有的能动性和受动性相统一的关系，对于我们领会绿色发展具有重要意义。人在自然面前的能动性，使绿色发展具有可能性和现实性，绿色发展需要人的能动性的充分发挥。人在自然面前的受动性，是绿色发展的根据之所在，需要人对自然具有敬畏之心，在探索和遵循自然规律的前提条件下发挥能动性。

三是西方生态理论。西方生态理论反对将人视为自然的中心，主张把对道德的关怀扩展到整个自然界，肯定自然界中一切生命具有的内在价值和生存权利，强调在生态系统中人与自然应相互依存并协同进化。西方生态理论中注重提高自然资源的生产率、建立在自然资本稀缺基础上的生态经济学，为中国绿色发展理论和模式的构建提供了重要的理论视角和研究工具。西方生态社会主义致力于生态原则和社会主义的结合，对我国社会主义和谐社会建设和绿色发展提供了宝贵的经验。产生于20世纪70年代的生态女性主义作为女性解放运动与环境保护运动相结合的生态哲学流派之一，其提出的绿色发展主张越来越受到人们的重视，对推进全球绿色发展发挥着重大影响作用。

四是可持续发展理论，绿色发展与可持续发展理论既一脉相承又与时俱进，不断创新发展的产物，将发展的领域扩宽到经济、资源、环境、社会生活的方方面面。可持续发展理论最早来自1987年世界环境与发展委员会报据为期三年的调查汇总的一份报告《我们共同的未来》。这份报告充分地展现了当时世界各国经济发展和资源利用情况，还涉及日益严重的环境问题，报告中世界环境与发展委员会以联合国的名义向世界各国提出了可持续发展战略。所谓"可持续发展"是指"既满足当代人的需要，又不对后代人满足其需要的能力构成危害的发展"。中国根据这份报告，响应联合国的号召，也提出了我国的可持续发展战略。1994年中国编制完成了《中国21世纪议程》，该议程从中国具体国情出发，将人口增长与经济 、环境发展相联系，提出了经济、人口、资源、环境相协调、可持续发展的总体战略。

五是其他一些经济发展理论，如全面发展理论，该理论最初来源于1988年世界银行向世界各国提出的发展思路。全面综合发展是指社会原有的各种传统关系、传统思维方式、传统生产方式朝着现代化的方向转变。21世纪，对于世界各国，无论是发达国家还是发展中国家，所要面临的首要问题就是促进社会的转型，促进人类的不断发展。这种发展不仅仅是提高一个国家的GDP水平，而是要将发展落实到提高以健康、教育、文化水平为标志的生活质量上，以基本消除绝对贫困，改善生态环境，促进人类可持续发展为目标。

（二）中国绿色发展的简要历程

中国绿色发展的历程有两条主线贯穿始终，一是理论萌芽、形成、发展及创新；二是绿色发展理念逐步上升为国家治国理政方略并积极实践的历程。

（1）绿色发展理论形成与发展

以改革开放为界，在此之前国内学术界对环境保护方面的关注较少，研究成果也较少。代表作主要有王振德的《地理环境、人口和社会发展的关系》等；改革开放后，中国各界对环境、资源、发展等方面的研究不断深化并取得重要成果，可将其具体分为两个时期。第一个时期是绿色发展问题广泛受到关注时期（1978—2000），从环境科学、经济学的角度指出中国日益严重的环境污染对经济社会的可持续发展带来的严重危害，以中国环境保护局发表的《中国环境保护事（1981—1985）》、马洪等发表的《中国发展研究》等研究成果为代表；第二阶段是绿色发展理论体系初步形成与发展时期（2000—至今），主要研究绿色发展的三个方面，一是研究绿色发展的理论来源、概念、特征、实现途径等方面；二是主要研究绿色发展与法律法规、财税政策、城镇化、科技创新、产业等相关关系；三是衡量绿色发展效益的指标体系及方法。

（2）绿色发展上升为国家治国方略

1996年，中国在"九五"计划和"2010年远景目标纲要"中正式开始实施"可持续发展战略"。2003年十六届三中全会上明确提出了"科学发展观"，即坚持以人为本，树立全面、协调、持续的发展观，促进经济社会和人的全面发展，同时提出"统筹城乡发展、统筹区域发展、经济社会发展、统筹人与自然和谐发展、统筹国内和对外开放"五大"协调发展战略"。可以看出，我国的绿色发展理论，实质上是科学发展观的进一步具体化和深化。2006 年，"十一五"规划指出我国土地、淡水、能源、矿产资源和环境状况对经济发展已经构成实质上的制约，应将节约资源作为基本国策，发展循环经济保护生态环境，加强建设资源节约型、环境友好型社会。党的十六大、十七大报告中创造性地提出"生产发展、生活富裕、生态良好的文明发展道路"。2007 年，作为绿色发展的前身，科学发展观①在中国共产党第十七次全国代表大会上被确定为指导思想；与此同时，绿色发展的核心要义——生态文明第一次写入中国共产党的重要文献，并作为全面建成小康社会②的基本要求之一。中国科学院《2010 中国可持续发展战略报告》中提出，要以"绿色发展与创新"来应对我国推进可持续发展过程中面临的各种挑战。该报告指出国内资源环境问题是我国新时期可持续发展三重挑战之一。因此我国重新提出要发展绿色经济，实现绿色发展，力求达到发展与环境双赢。"十二五"规划中明确提出绿色发展战略。2011 年，中国的《第十二个五年规划纲要》③针对绿色发展、建设资源节约型、环境友好型社会专设一篇，明确提出：面对日趋强化的资源环境约束，必须增强危机意识，树立绿色、低碳发展理念，以节能减排为重点，健全激励与约束机制，加快构

---

① 科学发展观：由时任中国共产党中央总书记胡锦涛同志在 2003 年 7 月 28 日的讲话中提出的"坚持以人为本，树立全面、协调、可持续的发展观，促进经济社会和人的全面发展"，按照"统筹城乡发展、统筹区域发展、统筹经济社会发展、统筹人与自然和谐发展、统筹国内发展和对外开放"的要求推进各项事业的改革和发展的一种方法论，也是中国共产党的重大战略思想。

② 全面建成小康社会：目标为一是经济发展方式得到根本转变，建成世界经济强国；二是社会建设取得显著进展，建成社会主义和谐社会；三是政治文明建设取得重要进展，建成社会主义民主国家；四是文化建设大繁荣、大发展，建成社会主义文化强国；五是生态文明建设进入新阶段，初步建成绿色中国。而小康社会：由邓小平在 20 世纪 70 年代末 80 年代初在规划中国经济社会发展蓝图时提出，本质是共同发展社会和共同富裕社会。

③ 中国《第十二个五年规划纲要》：中国以五年一个时间段制定的国家中短期规划文本，该纲要起止时间为 2011—2015 年。

建资源节约! 环境友好的生产方式和消费模式,增强可持续发展能力,提高生态文明水平。在"十二五"规划中,将绿色发展作为生态建设的原则,提出要把大幅降低能源消耗强度和二氧化碳排放强度作为约束性指标,合理控制能源消费总量,提高能源利用效率,调整能源消费结构,提高森林覆盖率,增强固碳能力,促使"经济——自然——社会"系统全面转向绿色发展。"十二五"期间,我国 GDP 能耗、水耗分别下降了 13% 和 24%,二氧化碳的排放量累计下降 15%,化学需氧量、氨氮、二氧化硫等也都有较大幅度的下降,主要污染物排放总量得到有效控制。2012 年,中国共产党第十八次代表大会大是全面推进绿色发展进程的关键转折点,这次大会将生态文明建设纳入国家层面的发展战略。2013 年,十八届三中全会提出推动形成人与自然和谐发展的现代化建设新格局,加快建立系统完整的生态文明制度体系。2013 年,中国共产党第十八届中央委员会第六次全体会议进一步强调了生态文明建设的重要性。2015 年 4 月,中共中央、国务院发布《关于加快推进生态文明建设的意见》,这是中央对生态文明建设的一次全面部署。建设生态文明,实现永续发展,已经成为当今中国经济社会发展的主旋律,构成"中国梦"的重要组成部分。2016 年,中国共产党第十八届中央委员会第六次全体会议提出,将创新、协调、绿色、开放、共享五大发展理念作为中国第十三个五年规划①时期经济社会发展的指导思想,绿色发展理念成为是中国经济、政治、文化、社会健康发展的必然要求。2017 年,中国共产党第十九次全国代表大会的报告中强调坚决执行创新、协调、绿色、开放、共享的发展理念,推动新型工业化、信息化、城镇化、农业现代化同步发展,主动参与和推动经济全球化进程;坚持人与自然和谐共生。坚持和实践绿水青山就是金山银山的绿色发展理念,促进山地、河流、森林、农田、湖泊、草地生态系统综合治理,实行最严格的生态环境保护制度,形成绿色发展方式和生活方式,形成一种促进生产力发展,提高居民生活水平,实现良好生态环境的发展模式,建设美丽中国。当前,中国的绿色发展实践正在各个区域、各个领域、各个行业广泛深入地开展。

---

① 中国第十三个五年规划:中国以五年一个时间段制定的国家中短期规划,该规划起止时间为 2016—2020 年。

十八大以来，我国生态文明建设取得了丰硕成果，在建成"美丽中国"的目标上向前迈进了一大步。除了颁布"史上最严"的新环保法，《大气污染防治行动计划》《水污染防治行动计划》《土壤污染防治行动计划》也陆续出台。中央环保督察实现了 31 个省区市全覆盖。近五年，中国治理沙化土地 1.26 亿亩，劣 V 类水体比例下降到 8.6%，年均新增造林超过面积 9000 万亩，"绿水青山"的面貌日益显现。

在探索建设"美丽中国"的同时，在国际上，中国也积极参与全球气候与环境治理，主动承担国际责任，努力为"美丽世界"贡献中国智慧和中国方案。目前，中国已批准加入了 30 多项与生态环境有关的多边公约和议定书。在推动全球气候谈判、促进《巴黎气候协定》的通过、生效和落实上发挥着积极的建设性作用。中国正在积极筹建气候变化南南合作基金，帮助发展中国家提高应对气候变化的适应和减缓能力、管理能力和融资能力。"一带一路"倡议秉持"共商、共建、共享"理念，为沿线国家创造了 10 亿多美元税收和 16 万多个就业岗位。中国积极推广在清洁能源投融资、技术转让和能力建设方面的经验，正在对沿线国家的绿色发展做出良好示范。

中国建设生态文明、实施绿色发展战略是一项长期艰巨复杂的任务。未来中国的绿色发展可以大致划分为如下三个阶段：第一阶段为绿色发展的初始阶段（2017—2020 年），是中国应对深化经济改革、生态环境问题突出、资源约束趋紧、社会矛盾多发的阶段，要发挥建设中国特色社会积累的实践经验，制定并形成完整的绿色发展框架和发展途径，并积极开展相应的实践和行动；第二阶段为绿色发展的成熟阶段（2020—2035 年），是中国建成中等发达国家的关键时期，是绿色发展初现成效的时期，实现经济平稳、健康、较快发展，生态环境优美，资源得到集约、有效利用，人民安居乐业，基本实现美丽中国的奋斗目标；第三阶段为绿色发展成果巩固和全面提升阶段（2035—2050 年），是达到发达国家现代化水平时期，该阶段建成富强民主文明和谐美丽的社会主义现代化强国，共享绿色发展成果。

二、绿色发展的内涵

（一）国际上有关绿色经济和绿色增长的内涵界定

2002 年联合国开发计划署发表了《2002 年中国人类发展报告：让绿色

发展成为一种选择》，首次在全球范围内提出在中国应当选择绿色发展之路。2005 年，绿色增长的概念在联合国亚太经济与社会委员会（UNESCAP）环境与发展部长会议上被正式提出，被定义为：为推动低碳、惠及社会所有成员的发展而采取的环境可持续的经济过程。2007 年，UNEP 将"绿色经济"定义为"重视人与自然、能创造体面高薪工作的经济"，并在 2011 年的报告中对定义进行了修正即"改善人类福利和社会公平，同时极大降低环境危害和生态稀缺性的经济发展模式"。2011 年，OECD 进一步将绿色增长定义为"在确保自然资产持续提高人类社会所依赖的资源和环境服务的同时，促进经济增长和发展"。2012 年，WB 将绿色增长定义为"在经济增长不放缓的前提下，实现生产过程高效、清洁和弹性化"。

（二）中国相关学者对绿色发展的内涵界定

1995 年，著名学者戴星翼在《走向绿色的发展》一书中首次从"经济学理解绿色发展"的角度，明确使用"绿色发展"这一词汇，并认为"通往绿色发展之路"的根本途径在于"可持续性的不断增加"。

1994 年刘思华在《当代中国的绿色道路》一书中，阐述了绿色发展的一系列主要理论与实践问题，明确提出中国绿色发展道路的核心问题是"经济发展生态化之路"，"一切都应当围绕着改善生态环境而发展，使市场经济发展建立在生态环境资源的承载力所允许的牢固基础之上，达到有益于生态环境的经济社会发展"。

胡鞍钢将绿色发展界定为经济、社会、生态三位一体的新型发展道路，以合理消费、低消耗、低排放、生态资本不断增加为主要特征，以绿色创新为基本途径，以积累绿色财富和增加人类绿色福利为根本目标，以实现人与人之间和谐、人与自然之间和谐为根本宗旨。胡鞍钢认为所谓绿色发展，就是强调经济发展与保护环境的统一与协调，即更加积极的、以人为本的可持续发展之路。绿色发展要求既要改善能源资源的利用方式，还应保护和恢复自然生态系统与生态过程，实现人与自然的和谐共处和共同进化。

张哲强认为，绿色发展是在循环经济、绿色经济、可持续发展、低碳经济等热门概念的基础上衍生的，是对以上词汇的综合归纳和高度概括。绿色发展是资源节约型、环境友好型、社会进步型的可持续发展，它不同于高消耗、高污染、低效率、低效益的传统发展模式，而是在考虑全球气候变化及生态危机的情况下，强调经济发展与社会进步及生态建设的统一与协调。它表明我国在实现和平崛起的过程中，应对自然资源做到最优化的高效利用，使用清洁能源，进行清洁生产，尽最大可能减少碳排放，把对环境的污染破坏降到最低限度，同时人们素质得到提高，社会得到进步的发展。

刘学敏教授认为，绿色发展有三层要义，首先是要构建绿色、低碳、可循环、可持续的产业和产品体系，彻底改变以资源消耗和环境污染为基础的经济发展方式；其次，要建设绿色能源体系，积极发展可再生能源和清洁能源等能源多元化；最后，应把绿色发展作为城市化中的应有之义，贯穿于城市建设中。

谷树忠等认为"绿色发展是以资源节约、环境友好、生态保育为主要特征的发展（理念、路径和模式）"。

关成华等认为"绿色发展是将资源环境作为经济社会发展的内生变量，以制度创新和技术创新为发展的根本动力，以资源节约、环境友好的方式获得经济增长，关注社会福祉，实现可持续增长的一种发展模式"。

周宏春等（2018）认为绿色发展要求资源利用的公平性。绿色经济发展要求自然资源的可持续利用，最大限度地提高资源利用率、环境容量和生态的再生能力，兼顾当代人之间的区域利益平衡和代际的权益平衡。

至今学术界尚未对绿色发展的概念给出统一而精确的界定，但从内涵和外延两方面来看，绿色发展包括以下两层含义：其一是将生态环境容量和资源承载力作为社会经济发展的要素，使生态资源发挥经济效益和社会效益；其二是提高能源和物资的使用效率，发展循环经济，促进低碳经济和清洁发展，使人与自然和谐发展、经济社会与生态平衡相协调。不管绿色发展的定义如何，上述概念都体现了合理消费、低耗能、低排放的特征，是经济、政治、文化、社会、生态五位一体和谐发展的新要求，在增加人类绿色福利的同时，实现人与自然和谐共处。

（三）绿色发展的新界定

绿色发展是将经济系统、资源系统、环境系统和社会系统四位一体的有机相结合的发展理论，是建立在生态环境容量和资源承载力的约束条件下，以经济绿色、资源节约、环境友好、社会和谐为主要内容，以绿色创新为基本途径，以实现经济可持续发展、资源利用效益最大化、环境保护最优化、社会福利分配最佳为根本目标的发展模式，如图4－1所示。形象地讲，绿色发展就是"前人种树，后人乘凉"；辩证地说，绿色发展就是"既要绿水青山，又要金山银山；绿水青山就是金山银山"。

绿色发展系统是由经济绿色发展、资源节约、环境友好和社会和谐四部分内容有机构成，缺一不可。值得强调的是，本章中社会和谐仅指狭义上社会系统良好运行。其中，资源节约和环境友好为经济绿色发展提供初始财富和良好的外部环境，是经济绿色健康发展的前提条件，而经济绿色发展为资源节约利用和环境保护提供技术、资本等方面的支撑；环境友好是资源节约的外在约束，只有在实现环境友好，资源节约才有实际意义，而资源节约又是环境友好的重要组成部分，不能实现资源节约就不能实现环境友好；经济绿色发展是和谐社会实现的动力，反之，社会和谐又为绿色经济发展提供智力支持和社会保障；环境友好、资源节约为构建和谐社会的前提条件，而环境友好、资源节约是构建和谐社会为必然要求。

绿色发展以绿色经济、循环经济、低碳经济为主要发展方式，把对单一的经济增长的追求变为实现社会永续发展的动力和支撑，将重点放在经济发展和环境资源的协调性上，要求经济发展的速度和规模必须在生态可以承担的范围之内，强调发展的合理性、持续性。绿色发展重视经济发展的同时调整经济结构，使经济结构更加合理，并且将环境保护和资源节约融入经济、政治、文化、社会建设的各个环节，追求一种发展和生态双赢的发展方式。

绿色发展要实现生态系统由生态赤字到生态盈余，经济系统由粗放增长到集约发展，社会由不均衡、不充分的发展到实现公平正义，坚持人本思想、共享发展成果。人具有主观能动性，是最具创造力的生产力形式。实现绿色发展离不开人类的勤劳努力和聪明才智，同时实现人的发展是绿色发展的根本出发点和落脚点。推动绿色发展能有效提高经济发展质量，实现人们对于幸福生活的向往，使人能在更好的自然环境和社会环境中工作生活，享受绿色发展所带来的优美环境、公平公正待遇等各项绿色福利，从而改善民生，提高幸福指数。

经济系统强调由"黑色增长"转变为"绿色增长"。"黑色增长"强调

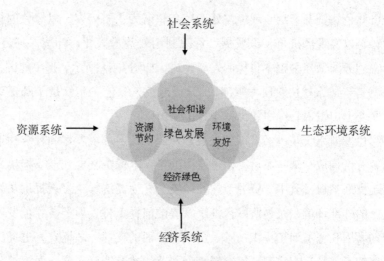

图 4 - 1　绿色发展的含义

经济规模的扩张和物质产品的增长，在一定程度上忽视了经济增长的质量与成本。"绿色增长"则意味着经济系统的发展目标不再片面追求经济规模、增速和物质财富，而是统筹考虑经济增长的质量与成本，在技术创新和产业转型升级的基础上，构建绿色低碳循环发展的经济体系。

　　生态环境系统强调由"污染破坏"转变为"绿色永续"。人类社会在长期的发展中，对自然资源无节制索取，向自然环境中排放大量污染物，从而对自然生态环境系统造成了严重的污染与破坏。而"绿色永续"则是在反思人与自然关系的基础上，要求通过资源节约和循环利用、污染防治、降低能耗物耗等措施，构筑尊崇自然、绿色发展的生态体系，实现经济社会系统与自然生态系统共同迈向可持续发展的"双赢"。

　　资源系统强调由"低效粗放高消耗"转向"高效集约循环低碳"，长期以来，我国的经济增长长期依靠资源的"高投入和高消耗"，资源粗放利用，资源过度开发，造成了资源系统的高排放和过度消耗。而"高效集约循环低碳"则倡导在生产领域、流通领域、消费领域中，通过发展高效经济、集约经济、循环经济和低碳经济，提高资源的利用率，降低资源能源消耗量，促进生产资料的循环再利用，降低能耗水平和碳排放总量等。

　　社会系统强调由"权利不公"转变为"绿色公平"。在不公正、不平衡的发展状态下，既存在着同代人在地域、城乡等方面的发展权利不平衡问题，也存在着当代人为眼前利益而剥夺后代人发展权利的不公平问题。而在"绿色公平"体系下，则既要通过消除贫困、减少城乡差距、保护弱势群体等措施，保证当代人之间的横向公平发展，也要通过节约资源、减少浪费，实现代际之间的纵向公平发展。

三、绿色发展的特性

绿色发展是"绿色"与"发展"的有机统一，"绿色"即是还原自然生态的底色，强调资源与环境问题；而"发展"即是经济有质量的增长和社会进步。绿色发展的最终目标是发展，约束条件是绿色，绿色发展具有安全性、健康性、环保性、生态性、经济性、可承受性、包容性、和谐性、持续性等特性（图4-2）。

（1）绿色发展的安全性：绿色发展首先应该是安全的发展，发展不应该也不能以威胁生命安全、环境安全和生态安全为代价，绿色发展应该产出更多更好的安全产品来满足人们日益增长的需求。

（2）绿色发展的健康性：绿色发展应该是健康的发展，发展不应该也不能以牺牲生态系统、经济系统、资源系统和生态环境系统的健康性为代价，绿色发展应该促进各个系统的健康协同发展。

（3）绿色发展的环保性：绿色发展应该是环保的发展，绿色发展应该尽可能消除发展对环境的负面影响，注重环境保护工作，持续提升环境福利。

（4）绿色发展的生态性：绿色发展应该生态的发展，绿色发展应该尽可能通过发展生态经济和循环经济，高效充分利用生态系统的综合产出，注重生态保育，通过发展促进生态系统的良性循环。

（5）绿色发展的经济性：绿色发展的最终目标是实现发展，绿色发展通过在综合考虑资源、生态和环境承载力前提下努力提高经济系统的边际产出效率，力争实现投入产出的最大化。

（6）绿色发展的可承受性：绿色发展要考虑生态系统、资源系统、环境系统和社会系统的可承受性，超出承受力范围的发展不是绿色的发展。

（7）绿色发展的包容性：绿色发展应该关注贫困弱势群体、妇女群体等的发展，关注社会公平、平等与正义，促进社会包容发展、公平发展和平等发展。

（8）绿色发展的和谐性：绿色发展强调人与自然的和谐、自然与自然的和谐、人与人的和谐，强调经济系统、资源系统、生态系统和环境系统的和谐。

（9）绿色发展的持续性：绿色发展要强调绿色的可持续性，也强调发展的可持续性，强调经济系统的可持续性，也强调资源系统、生态系统和环境系统的动态可持续性。

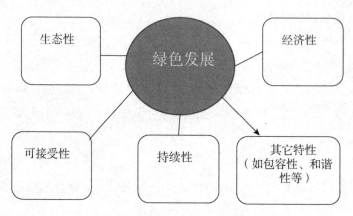

图 4 – 2　绿色发展的重要特性

总之，绿色发展具体可体现为安全发展、健康发展、生态发展、包容发展、和谐发展、共享发展和持续发展等。绿色发展可分等级，如根据发展的绿化度可分为深绿、中绿和浅绿，或也可分为绿色发展不同版本，如绿色发展1.0至绿色发展5.0版，或1星级绿色发展至5星级绿色发展。此外，还可引申出"绿色发展＋"和"绿色发展＋＋"概念，如"绿色发展＋减贫""绿色发展＋可持续土地管理""绿色发展＋生产＋生活"等。绿色发展的分析可以有不同视角，如全球、区域、国别、省域、市域、县域、乡、村、农户（居民）等维度，也可以从流域、单个生态系统、种群等维度。

四、石漠化地区需要引入绿色发展理论

党中央提出的"绿色发展"遵循的是人与自然和谐相处的基本原理，与中国古代"天人合一"的哲学思想一脉相承。绿色发展是建设生态文明的必然要求，也是世界各国人民的共同愿景。绿色发展着眼全球，是解决快速发展与环境承载力矛盾、物质丰富与群众对碧水蓝天渴望的矛盾的必由之路。石漠化防治也应从国家发展战略与建设生态文明的角度，用绿色发展的眼光来思考。

（一）绿色发展有利于在石漠化防治中促进人与自然和谐共处

石漠化不仅造成生态恶化、生物多样性锐减、自然灾害频发，严重制约了区域经济社会的发展，更使得我们的子孙后代将失去赖以生存和发展的基础，在未来的发展中和其他地区间的差距势必拉大。当前，中国正以历史上最脆弱的生态环境承载着历史上最多的人口，担负着历史上最空前的资源消耗和经济活动，面临着历史上最为突出的生态环境挑战，这迫使必须遵循绿色发展之路。坚持绿色发展，必须坚定走生产发展、生活富裕、生态良好的文明发展道路，形成人与自然和谐发展的现代化建设新格局。从"五位一体"的整体布局出发，把绿色发展理念摆在突出位置，在石漠化防治的供给侧调整结构的各方面，彻底纠正"唯GDP"式粗放型发展。

（二）绿色发展有利于在石漠化防治中全面建成小康社会、实现伟大中国梦

党的十八大提出了在2020年全面建成小康社会这一宏伟目标，"十三五"时期是关键的决胜阶段。经济结构的优化、生态环境改善是全面建成小康社会的重要考核内容。然而，这两方面都已成为显著的"短板"。目前，我国粗放式的发展方式和不合理的经济结构尚未得到根本改变，生态环境虽局部有改善但总体依然在恶化。实际上，不合理的经济结构与恶化的生态状况存在着密切的关系，两者互相影响。"绿色发展理念"的提出和实施，有助于从根本上优化经济结构和改善生态环境。该理念将经济发展和生态环境保护结合起来，在优先保护生态环境的硬要求面前，高投入、高消耗、高污染、低效益的传统发展方式难以为继，这必然倒逼发展方式的转型升级，从而使经济结构优化并淘汰落后产能。实现经济结构的优化，不仅提高了经济效益，更减少或消除了对环境的破坏。同时，发展绿色科技和绿色行业，对优化经济结构和生态保护都有裨益，从而对全面建成小康社会提供了重要保障。

实现国家富强、民族振兴、人民幸福的伟大中国梦，是党的重要历史使命。中国梦的实现，需要坚实的生态支撑，需要绿色发展提供保障。习近平总书记指出："生态兴则文明兴、生态衰则文明衰。"离开了绿色发展，国家的强盛、民族的复兴就无法真正实现。优良的自然环境是人民最热切的期

盼，也是人民幸福感提升的重要源泉。环保优先的经济发展关乎美丽中国的建设，关乎人民群众的切身幸福，关乎子孙后代的发展繁荣，因此，践行绿色发展理念是实现伟大中国梦的重要生态保障。

（三）绿色发展有利于在石漠化防治中坚持走生态文明建设道路

石漠化地区是经济欠发达地区，必须坚持走生产发展、生活富裕、生态良好的文明发展道路。这既是长期经济社会发展实践的经验总结，更是政府政治智慧和核心价值观的集中体现；既是发展的方向，也是实现目标的路径。当前，石漠化地区正面临经济下行带来的负面影响和冲击，政府提出：调结构、保增长、保民生、保稳定，投巨资加大基础设施建设、产业结构和消费结构跨越式升级改造、精准扶贫、环境保护，以促进生态建设和社会事业全面高效发展，这为加快石漠化防治和生态恢复重建带来新的机遇。结合建设西南生态安全屏障，要进一步加强石漠化综合治理、天然林保护、生物多样性保护等生态工程建设，以乡土树种为主开展人工造林，不断提高工程封山育林水平，逐步培育稳定的乔木型森林生态系统，提高林草植被生态经济功能，推进以坡改梯为重点的土地整治和小流域综合治理，加大植被保护力度，合理控制野外放牧，全面实行生态公益林补偿机制，提高各项生态工程投资标准，加快石漠化地区劳务输出和农村人口转移，优化经济结构，减轻土地压力，促进岩溶地区生态恢复，全面加快石漠化治理步伐，加快森林建设。

（四）绿色发展有利于石漠化防治中健全和完善生态制度政策与考核

强化立法——进一步建立和完善石漠化防治的生态制度，特别是强化对石漠化防治的生态、环境、资源保护与利用的立法、执法和普法，防止地方保护主义，杜绝"以 GDP 论英雄"的现象，刚柔并济，以提高环境质量为核心，实行最严格的环境保护制度，坚持保护优先、自然恢复为主，实施山水林田湖生态保护和修复工程。实现绿色发展，必须彻底告别简单"以 GDP论英雄"的传统政绩观，树立尊重自然、顺应自然、保护自然的生态文明理念，把生态文明建设放到更加突出的位置，坚决守住生态底线，建立完整的石漠化防治生态、资源与环境保护法律法规体系。

完善政策——建立石漠化防治可持续发展基金，专项用于支持石漠化地区生态恢复、污染治理、环境保护和资源综合利用；对石漠化防治中开展生物资源综合利用的企业实行税收减免政策；在条件成熟时，出台"资源税、生态补偿税"政策，构建"两型社会"的平台，使石漠化防治尽快走上协调、和谐、绿色发展的生态良好之路。

建立绿色考核——对石漠化地区各级政府，建立全覆盖的绿色国民经济核算体系和政绩业绩考评体系。实行由石漠化末端治理到源头控制，进一步落实石漠化综合治理责任。建立健全各级政府领导防治石漠化任期目标责任制，层层落实目标任务，严格考核奖惩。将石漠化防治纳入地方国民经济和社会发展规划，强化部门协调配合与责任落实。加大石漠化治理科技支撑力度，扩大治理范围，加强普法教育和宣传，加大对破坏生态行为的执法力度，增强生态意识，不断巩固和提升治理成效。大力发展石漠化地区的生物循环经济和生态产业，构建"两型社会"，促进绿色发展。

（五）绿色发展有利于在石漠化防治中让生态文化融入社会生活

绿色发展重在全面、协调、可持续的发展，功在当代，利及千秋，从根本上可提升石漠化地区小康社会建设的质量。绿色发展针对经济发展与生态文明建设之间的矛盾，平衡"经济发展"与"环境保护"之间的关系。人与自然和谐是生态文化的本质与精髓，也是绿色发展的核心和价值取向。"让生态融入生活，用文化凝聚力量"，就是要牢固树立生态文明观念，促进经济社会和谐发展、科学发展、绿色发展，就是要大力发展绿色产品与生态服务，倡导绿色生活、绿色消费，营造从人的心态到人的行为，从人的思想观念到社会发展状态，都追求健康、绿色、环保，实现人与自然的协调和谐、共存共荣。

绿色发展是实现生产发展、生活富裕、生态良好的文明发展道路的历史选择，是通往人与自然和谐境界的必由之路。"绿色发展理念"更多对应的是可持续发展，核心是处理好发展与资源环境之间的关系，是发展理念和方式的根本转变。"绿色发展理念"是以习近平同志为总书记的党中央运用唯物辩证法的矛盾观、联系观处理人与自然关系形成的重大理念，体现了人与自然的和谐共生，体现了绿色与发展之间的辩证统一。绿色，是实现中华民族永续发展的必要条件。坚持"绿色发展"，突出生态文明的统领作用，不以牺牲环境为代价来谋求发展。

第五章　石漠化地区农林草畜行业绿色发展模式分析

石漠化地区地形、植被情况复杂，学者针对绿色发展模式的研究比较丰富，针对性极强，有的甚至具体至相关县市总结和提出相关绿色发展模式。虽然绿色发展模式的具体内容千差万别，但基本上都是根据因地制宜的准则，针对当地的生态、社会、经济情况，在农业、林业、畜牧业以及田园综合发展、山水田林湖综合治理等方面制定绿色发展模式。

一、农业绿色发展模式

（一）绿色农业的概念

绿色农业是指将农业生产和环境保护协调起来，在促进农业发展、增加农户收入的同时保护环境、保证农产品的绿色无污染的农业发展类型。绿色农业涉及生态物质循环、农业生物学技术、营养物综合管理技术、轮耕技术等多个方面，是一个涉及面很广的综合概念。

1. 绿色农业及其产品出自良好的生态环境

地球为人类活动提供了适宜的气候、新鲜的空气、丰富的水源、肥沃的土壤，使人类能够世代繁衍生息。但是，人口剧增和经济发展使资源遭到了浪费与破坏，环境受到了污染，这种对自然资源和生态环境的伤害，按反馈规律最终都回报给行动主体的人类本身，随之而来的是环境综合征、"文明病"及各种怪病在折磨着人们。于是，出于本能和对科学的认识，人们开始越来越关心自身健康，注重食品安全，加强对生态环境的保护，特别是对来自没有被污染、没有公害环境的农产品倍加青睐。在这样的背景下，绿色农业及绿色农业产品以其固有的优势被广大消费者认同和接受，成为具有时代特色的必然产物。

2. 绿色农业是受到保护的农业

绿色农业既是改善生态环境、提高人们健康水平的环保产业，同时也是需要支援、加以保护的弱质产业。绿色农业尽管没有立法，但是作为绿色农业的特殊产品——绿色农业产品是在质量标准全程控制下进行生产的。绿色农业产品认证除要求产地环境、生产资料投入品的正确和合理使用外，还对产品内在质量、执行生产技术操作规程等方面都有极其严格的质量要求标准，可以说从土地到餐桌，从产前、产中、产后的生产、加工、管理、储运、包装、销售的全过程都是靠监控来实现的。因此，较之其他农产品，绿色农业及其产品更具有生态性、优质性和安全性，也是我国政府在努力追求的食物发展目标。

3. 绿色农业是与传统农业有机结合的农业模式

传统农业是自给自足型的小农业，其优势是节约能源、节约资源、节约资金、精耕细作、人畜结合、施有机肥、不造成环境污染，但也存在低投入、低产出、低效益、种植单一、抗灾能力弱、劳动生产率低等弊端。绿色农业是传统农业和现代农业的有机结合，以高产、稳产、高效、生态、安全为目标，不仅增加了劳力、农肥、畜力、机械、设备等农用生产资料的投入，还增加了科学技术、智力、信息、人才等软投入，使绿色农业发展更具有鲜明的时代特征。

4. 绿色农业是多元结合的综合性大农业

绿色农业融第一、二、三产业为一体，以农、林、牧、渔业为主体，农工商、产加销、贸工农、运建服等产业链为外延，大搞农田基础设施建设，提高了农业抗灾能力与农民运用先进科学技术水平，体现了多种生态工程元件复式组合。

5. 绿色农业是贫困地区脱贫致富的有效途径

1996—2000 年，联合国工业发展组织中国投资促进处曾多次组织专家到绿色产业项目所在地进行实地考察。多数项目地区水质、土壤、大气环境质量良好，绿色食品原料资源丰富。但由于缺少科学规划、市场信息不灵、科技素质低下，一些贫困地区只能出售绿色食品原料，产品深加工不足，附加值没有得到有效体现，产品效益不高。实施绿色食品开发之后，贫困地区发挥了受工农业污染程度轻、环境相对洁净的资源优势，原料转化为产品，高科技、高附加值、高市场占有率拉动了贫困地区绿色产业的快速发展，促进了区域经济的振兴。这一点对我国边远山区、经济不发达和欠发达地区有很强的借鉴意义。

（二）农业绿色发展政策概况

2017 年 9 月，中共中央办公厅、国务院办公厅印发了《关于创新体制机制推进农业绿色发展的意见》，强调以绿水青山就是金山银山理念为指引，以资源环境承载力为基准，以推进农业供给侧结构性改革为主线，尊重农业发展规律，强化改革创新、激励约束和政府监管，转变农业发展方式，优化空间布局，节约利用资源，保护产地环境，提升生态服务功能，全力构建人与自然和谐共生的农业发展新格局，推动形成绿色生产方式和生活方式，实现农业强、农民富、农村美，为建设美丽中国、增进民生福祉、实现经济社会可持续发展提供坚实支撑。2018 年 7 月，农业农村部组织编写了《农业绿色发展技术导则（2018—2030 年）》，坚持绿水青山就是金山银山的理念，坚持节约优先、保护优先、自然恢复为主的方针，以支撑引领农业绿色发展为主线，以绿色投入品、节本增效技术、生态循环模式、绿色标准规范为主攻方向，全面构建高效、安全、低碳、循环、智能、集成的农业绿色发展技术体系，推动农业科技创新方向和重点实现"三个转变"。项目区内省份也积极响应号召，纷纷出台相关政策以促进农业绿色发展。

表 5 - 1　四川和贵州农业绿色发展相关文件

地区	政策性文件名称
贵州省	省农委关于印发《2017 年贵州省绿色农产品"泉涌"攻略》的通知
	省农委关于下达《2017 年贵州省绿色高产高效创建年工作方案》的通知
	《关于开展以无公害绿色有机农产品为标准的现代山地高效农业统计监测工作的通知》
	《贵州省现代高效农业示范园区建设规划编制导则》
	《贵州省现代高效农业示范园区建设标准》

续表

地区	政策性文件名称
四川省	《四川省农业厅关于加快发展稻渔综合种养的指导意见》
	《中共四川省委 四川省人民政府关于以绿色发展理念引领农业供给侧结构性改革切实增强农业农村发展新动力的意见》
四川省	《四川省推进农业供给侧结构性改革加快四川农业创新绿色发展行动方案》
	《关于深入推进农业领域政府和社会资本合作的实施意见》

(三) 农业绿色发展模式

1. 节水农业模式

节水农业是提高用水有效性的农业，是水、土、作物资源综合开发利用的系统工程。衡量节水农业的标准是作物的产量及其品质，用水的利用率及其生产率。

节水农业包括节水灌溉农业和旱地农业。节水灌溉农业是指合理开发利用水资源，用工程技术、农业技术及管理技术达到提高农业用水效益的目的。旱地农业是指降水偏少而灌溉条件有限而从事的农业生产。

节水农业是随着节水观念的加强和具体实践而逐渐形成的。它包括四个方面的内容。

一是农艺节水，即农学范畴的节水，如调整农业结构、作物结构，改进作物布局，改善耕作制度、调整熟制、发展间套作等，改进耕作技术、整地、覆盖等。

二是生理节水，即植物生理范畴的节水，如培育耐旱抗逆的作物品种等。

三是管理节水，即农业管理范畴的节水，包括管理措施、管理体制与机构，水价与水费政策，配水的控制与调节，节水措施的推广应用等。

四是工程节水，即灌溉工程范畴的节水，包括灌溉工程的节水措施和节水灌溉技术，如精准灌溉、微喷灌、滴灌、涌泉根灌等。

节水农业是根据农作物生长发育的需水规律以及当地自然条件下的供水能力，为有效利用天空降雨和灌溉水来达到农作物最好的增产效果和经济效益而采取的各种措施，节水不是最终的目的，准确的说法是高效用水。而节水灌溉是节水农业的中心，是水利现代化的重要组成部分，也是农业现代化的重要组成部分，是农村可持续发展的有机组成部分。

2. 生态农业模式

生态农业，又称生态循环农业，是按照生态学原理和经济学原理，运用现代科学技术成果和现代管理手段，以及传统农业的有效经验建立起来的，能获得较高的经济效益、生态效益和社会效益的现代化农业。生态农业是按照生态学原理和经济学原理，运用现代科学技术成果和现代管理手段，以及传统农业的有效经验建立起来的，能获得较高的经济效益、生态效益和社会效益的现代化高效农业。它具体体现在把发展粮食与多种经济作物生产，发展大田种植与林、牧、副、渔业，发展大农业与第二、三产业结合起来，实现经济、生态、社会三大效益的统一。它通过在时间和空间上多序列、多层次的结构，更加充分的利用太阳能、水分和矿物质营养元素，使得食物链网络化、农业废弃物资源化，如稻田养鱼、林药间、农林牧结合、粮桑渔结合、鸡猪粪喂猪等生态模式。

随着中国城市化的进程加速和交通快速发展，生态农业的发展空间将得到进一步深化发展。如图 5－1 所示，它能充分保护和改善生态环境，防治污染，维护生态平衡，提高农产品的安全性，变农业和农村经济的常规发展为持续发展，把环境建设同经济发展紧密结合起来，在最大限度地满足人们对农产品日益增长的需求的同时，提高生态系统的稳定性和持续性，增强农业发展后劲。是位列绿色产业中的第一产业，也是基础产业。生态农业采用先进的现代科学成果，运用现代化的科学管理手段，注重经济效益、社会效益和生态效益的现代化农业。生态农业的根本目标是实现经济与生态的良性循环。

根据因地制宜的原则，生态农业可以分为以下几种模式。

（1）生物物种共生模式

该模式是按照生态经济学原理把两种或两种以上相互促进的物种组合在一个系统内，使生物种群之间存在互惠互利关系，加强了物质内循环作用，达到共同增产，改善生态环境，实现良性循环的目的。稻萍鱼模式等均属此列。

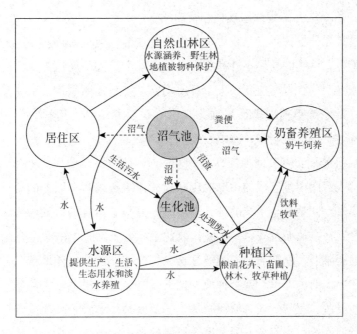

图 5 – 1　生态农业模式示意图

（2）农田合理间套的结构优化模式

该模式利用了生态学上种群演替原理，在自然生态系统或生物群落中，某一生物群落总是不断地造成对其自身不利的生境，而最终被另一生物群落所代替，这种由一种群落被另一种群落所代替的现象叫演替。这一规律在农业上也不例外。例如，每年重茬某一作物使土壤某些元素失调，病虫害及田间杂草增多而迫使人们去改茬轮作；对沙地的利用一开始用某一先锋植物定居裸地，但几年后就得人工辅助演替另一类植物，否则这一类植物会自动衰落。我国的轮作间套制是农田人工演替的一种常规途径。

如麦棉套、瓜棉套、豆稻轮作、棉麦绿肥间套作、棉油间作、水旱轮作等。生态农业要求不仅是一般性轮作，而且要通过多熟间套耕作，从而对自然资源能更加充分持续地利用且能保持地力。对旱作农业而言，这种多熟制的时间结构更具有增产意义，一般都与降水资源在年度变化节律上相吻合，使天然降水利用率提高。合理的轮作、间作和套种是我国传统农业的精华之一，各地的自然条件不同，形式各异。

（3）用养结合的集约型规模经营模式

该模式充分发挥生态系统中人的作用和功能，通过人类对系统的合理干预，改善生态系统的环境条件和生产条件，以求最大限度地提高太阳能利用率和土地生产率，以解决我国人口日益增长、耕地不断减少、地力日趋衰竭和粮食产量停滞不前的严峻局面。其核心是用养结合、集约农作、规模经营、高效增收、保护资源、持续发展。

（4）种养配套互补的循环模式

该模式运用了生态学的边缘效应原理，将两个或两个以上的子系统有机地联系起来，使某个子系统的部分输出成为另一子系统的有效输入，取长补短，配套互补，从而发挥系统的整体效益。江南水网平原的桑基鱼塘便是该模式的发展雏形，就是当地农民通过长期生产实践，把低洼地挖深为塘，塘泥覆于四周，塘内养鱼，基上种桑，把桑、蚕、鱼有机地联系起来，桑叶喂蚕、蚕沙养鱼、鱼粪肥塘、塘泥肥基、基肥促桑，形成了高效益良性循环的可持续发展模式。近年来，随着市场经济的发展，现代科学技术的进步，尤其是生态农业理论体系的形成和完善，该模式在结构上、组分上、规模上、效益上都有了很大的提高和改善。

（5）农林间作或混林农业模式

该模式主要运用了生态学上的地域性原理和生态位原理，也就是在大地域上依据水、温、土、地貌等条件确定适宜树种及其密度，而在具体小地块上则按种群生态与生态位原理加以合理配置，使林粮之间相居而安，互不矛盾，协调发展。林农种群配置在面积上应有一定的比例，如林地占用面积过大，则会影响生产，特别是对光和水的竞争，过稀则对自然资源利用不充分，经济效益也相应降低。而生态位原理是指庞大的农业生态系统中存在着多种生物种群的生态位，如果生态位丰富充实则有利于组分多样化与功能高效率。在常规农业上常因种群单一而使农业生态系统存在许多生态虚位，功能削弱，抗灾力差，需由人工去填补，而这种填补是否成功，取决于人们对生态位的生态条件及其周围环境条件的认识程度。目前常见模式有果粮间作、林草间作、枣粮间作、桐粮间作、林药间作等。

（6）生物能多层次再生利用模式

该模式利用了生态学的食物链原理及物质循环再生原理，在自然生态系统中生产者、消费者与还原者组成了平衡的关系，因此系统稳定，周而复始，循环不已。而农业生态系统中由于其强烈的开放性，消费者大多成为第二性生产者，还原者因条件不正常而受到抑制，常使三者组成的关系失调，因此，首先要在食物链关系上协调营养平衡关系。例如，以沼气为例子：鸡——猪——沼——鱼——粮模式便是典型的一例，不仅有利于减少环境污染，提供农村能源，而且能提高资源利用率，形成低投高效农业。

（7）小流域综合治理的立体农业模式

该模式利用生态系统中环境组分的差异和不同生物种群自身的特点，结合小流域综合治理，在空间的立体结构上进行合理布局，发挥小流域的整合效应，从而使生态效益、经济效益和社会效益得到有机的统一。例如，"山顶松柏戴帽，山间果竹缠腰，山下水稻鱼跃，田埂种桑放哨"，"山顶种树种草，山腰种茶种药，山下养鱼放牧"，"松槐帽，干果腰，水果脚"等都是对依据当地的资源状况和农民长期实践中总结归纳出来的小流域综合利用立体模式的形象表述。该模式在江南丘陵山地小流域开发中具有很大的潜力。

（8）庭院经济模式

这是我国最近几年迅速发展起来的一种生态农业模式，特别是家庭联产承包责任制实施以后，广大农民自觉或不自觉地运用了生态经济学原理，利用房前屋后的空闲庭院进行"水陆空"立体经营，把居住环境与生产环境有机地结合起来，以达到充分利用每一寸土地资源和光能资源，既美化了生活环境又增加了经济收入。其主要类型有集约种植型（因地制宜，多种经营）；种养立体型（巧用空间，多层经营）；生态循环型（巧借食物链，多次增值）。

3. 有机农业模式

有机农业的定义有很多种，目前要用一个简短、准确的语句来表达其概念很难。IFOAM 把有机农业描述为，一种包括所有能促进环境、社会和经济良性发展的农业生产系统。欧洲把有机农业描述为，一种通过使用有机肥料和适当的耕作和养殖措施，以达到提高土壤长效肥力的系统。美国农业部把有机农业定义为：一种完全不用或基本不用人工合成的肥料、农药、生产调节剂和畜禽饲料添加剂的生产体系。我国有机农业工作者将有机农业定义为：遵照有机农业生产标准，在生产中不采用基因工程获得的生物及其产

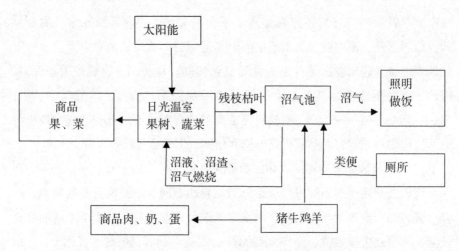

图5-2 种、养、沼、厕"四位一体型"庭院经济模式

物，不使用化学合成的农药、化肥、生长调节剂、饲料添加剂等物质，遵循自然规律和生态学原理，协调种植业和养殖业的平衡，采用一系列可持续发展的农业技术，维持持续稳定的农业生产体系。有机农业的内涵解释了其本质，即以自然为主要主体，以和谐相处为宗旨，尊重和顺应其原本的秩序和规律。以建立良好的农业生态体系为核心的有机农业，在建立过程中，需要经历过渡或者有机转换环节。有机农业具有以下六大特点：①标准的规范性；②资源的循环性；③发展的可持续性；④技术的先进性；⑤生产的惠民性；⑥产出的高效性。

有机农业发展模式可以概括为以下几种：一是"公司＋农户"模式。由于我国农村人口众多，但是各自的耕地面积较小，决定了其发展规模小、经营分散等特点，因而出现了这种模式，主要体现为订单式、合作社式、反租倒包式，从而保证了有机农产品的质量，又确保农户发展有机农业的积极性。二是以单个有机农产品为主的生产模式。因地制宜，地方的土质和政府的支持决定了现阶段的生产主要是以单个农产品为主、其他为辅的形式，类似于传统的农业发展模式。三是复合型生态模式。种养结合是现阶段的有机农业倡导的方式，其充分利用了当地的资源优势，促进和谐的生态循环发展。

4. 观光农业模式

观光农业又称观光旅游农业、休闲农业、乡村旅游，是近期世界上开始流行的一种新型交叉产业。观光农业是城市化负效应加剧的补偿产物之一，它以高科技的农业生产为依托、旅游休闲为包装，其有旅游生态化、农业产业化、管理高科技化等综合特点。观光农业遵循的是生态规划的发展方式：即通过协调而非改造的方式重建人与自然的关系，采取多目标而非单目标的途径解决环境问题，从时间上而非空间上安排景观资源的充分利用，从生态上而非视觉质量上构建景观元素的理想品质。根据不同发展侧重，可以将观光农业分为以下几种类型。

（1）科教型观光农业

科教型观光农业的主要体现方式是农业科教观光园，一种集高新技术研究、示范和产业孵化于一体的农业园区，对促进农业结构调整、加快科技成果转化、加强科普教育宣传、提高农民收入等方面作用显著。农业科教观光园是利用现代科技改造传统农业的重要途径，可作为研发、推广、培训的基地，也可作为提供农业知识科普教育的窗口，是观光农业中不可或缺的组成部分。

（2）养殖型观光农业

养殖型观光农业是在初级生产原料基础上演变为具有第二、第三产业特征的产业，常见的有以观光、体验为主的牧场、养殖场、狩猎场等养殖型农业园。养殖型农业园是提供观光游览和参与牧业生活的场所，融合"生产、生活、生态"于一体，具有可订制、精细化的产品与服务，实现了观光体验、养殖农业园可持续经营以及自然生态保育目标的同步推进。

（3）绿色生态型观光农业

绿色生态农业是一种新型农业发展模式，通过农业资源与不同生物的互补效应，实现了资源和环境的永续利用。在此基础上，加以生态旅游业态，从而形成绿色生态型观光农业，典型代表是绿色生态园。绿色生态园具有多重基础，包括农业资源、田园景观、生产内容、名特优产品等，能够提供观光、旅游、休养、教育等服务，具体形式可分为农业生产区、自然保护区、园林风景名胜区和森林公园等。

（4）参与型观光农业

我国拥有广袤的地形地貌，物产极为丰富，参与型观光农业资源充足，发展参与型观光农业具有先天优势。例如，紧紧围绕茶文化的茶艺型农业园，便是参与型观光农业的重要组成部分之一。我国是世界主要产茶国，茶文化历史悠久。茶艺型农业园正是建立在茶文化上，集茶叶生产、茶山旅游、茶艺表演、茶文化传播于一体的农业园，可参与内容包括茶叶采摘、制作、品尝、购买等。

5. 示范农业模式

农业示范园，也可称农业示范区。在我国农业示范园多为科技示范园，是以科技为支撑的农业发展的新型模式，是农业技术组装集成的载体，是市场与农户连接的纽带，是现代农业科技的辐射源，是人才培养和技术培训的基地，对周边地区农业产业升级和农村经济发展具有示范与推动作用。

农业示范园休闲提升就是由旅游的观光、住宿、餐饮、购物、娱乐等消费带动农业景观建设、农产品生产加工、乡村田园环境改善，并由此形成示范区生产、生活（休闲）与生态三位一体功能的园区综合发展模式。

（1）园区农业景观

园区农业生物资源与气候、水文、土壤、地貌等景观要素相组合，构筑了园区内独具观赏性的种植业景观，并且受多样自然环境及不同耕作习俗的综合影响，形成了各种不同风格和特色的农业景观。

（2）乡村田园环境

多数农业示范园都建设在乡村或城乡接合部，沿园区周边或者具有原始的自然村落，或者沿河、沿山、环景区周边发展。园区综合了植被、村庄、房屋、人家等乡村田园生活环境。

（3）绿色农产品和经济作物

园区一般都具有较大规模的农业产业资源或特色经济作物，是绿色产品、经济作物生产的"仓库"。

6. 退耕还林模式

喀斯特坡耕地的治理，一般采取退耕还林、封山绿化的措施，要有计划、有步骤、有组织地开展退耕还林还草，根据各地的具体情况分别采取林草结合、林药结合、林农结合和封山育林等形式进行退耕治理。

（1）退耕还林还草

在坡耕地退耕后，植树种草，可以改变土地利用结构，恢复植被，减少水土流失，改善生态环境，并通过割草养畜，促进畜牧业的发展。退耕还林应在保证基本口粮的基础上，尽快营造生态林和生态经济林，在林下种草，满足当地退耕户养牛发展畜牧业的要求，形成生态经济型防护林体系的同时，通过种植生长快、质量高的牧草发展养殖业，使植被形成复层结构。还林后实行封山禁牧，还草后实行围栏封育，形成稳定高效的森林生态群落，以改善生态环境，实现可持续发展。

在退耕还林时根据区域特点，林草结合建设不同的模式，在丘陵区一般是林下种草方式，在盆周山地一般为林带与草带结合配置方式。①林草类型结构：针对干旱的实际，以还生态林为主，间还部分经济林、饲料林草，以保证退耕还林户的生活、生产和生态需要，生态林饲料林草、经济林相结合。②树种选择。林下种草方式，在树种选择时应本着因地制宜、适地适树的原则，宜选择落叶少且易腐烂的树种，如柏木、杉木、各种阔叶树种等；而不宜选择落叶丰富且腐烂慢的树种，如马尾松、云南松等。林草带配置方式，在树种选择方面不受落叶限制，可选择各类树种。③草种选择。选用根系发达、固土抗旱耐瘠薄能力强的树种、草种，合理选择有经济价值的牧草，宜选择优质的多年生牧草，有百喜草、黑麦草、聚合草、三叶草、皇竹草、苜蓿草、白花草木樨、香根草等。④林草模式营建关键技术。采用灌草、乔草、乔灌草相结合的方式恢复植被，造林整地要以保水保土蓄水为主，采用块状或反坡整地，提前一个季节或在头年秋季进行，灌木采用小坑整地。造林季节宜雨季造林为主，造林方式为人工造林，大力推广容器苗、覆盖、直壁靠边、生物埂、生根粉、保水剂等抗旱造林种草实用技术，促进苗木成活、保证工程质量。林下种草方式，造林株行距宜大些，可选择 1.5 米×2.5 米、1.5 米×3.0 米、林分郁闭度维持在 0.5—0.7。采用林草带配置方式，宜选择林带宽度 30—50 米，草带宽度 50—70 米。为了消除和防止杂草生长，可采用除草剂如 10% 草甘膦、20% 百草枯等。

（2）退耕还林林药结合治理模式

采用林下种植具有药用价值的灌木和草本植物的模式，能减少水土流失、改善生态环境，是一种较好的退耕还林模式。在退耕还林中，为确保生态优先，合理选择生态特性互补或种间竞争不强的木本药材树种作为混交林的伴生树种，是实现生态经济效益双赢的有效措施。

在药用植物种选择条件方面，一是要选择具有耐荫性且药用价值高的植物种；二是选择不需耕作的植物种，以免耕作时产生水土流失。如山药、西洋参、黄连、连翘。在树种选择方面，可选择杉木、柳杉、马尾松、湿地松柏等。在技术要求方面，为了便于药用植物种植管理，造林株行距采用株距1.0—1.5米，行距2.0—3.0米，并在成林后郁闭度控制在0.5—0.7，以满足药用植物对光照的需求，并及时进行除草、施肥。如果以采收根为主的多施磷、钾肥，利用枝叶为主的则应施氮肥。

（3）林农结合治理模式

林农结合治理模式是指经济林树种与粮食作物间作的模式，是一种先还林后退耕的模式，对一次性退耕有困难的，可采用本模式先还上林，套种粮食等农作物，待成林后退耕，能较好地缓解因一次性退耕所造成粮食需求压力。因此，林粮模式是一种过渡性的退耕还林模式，适宜选坡中下部、土层深厚、水肥条件好的退耕地。

宜选择品质优良、市场前景好的名优新经济林树种或品种，有板栗、核桃、银杏、柠檬、脐橙、柚、枣、柿、桃、李等。经济林苗木应采用嫁接苗，造林后2—3年能开花挂果。合理进行施肥、修枝定型、灌水，提高经营管理水平，缩短培育周期，尽早见效，尽快退耕。苗木规格视具体品种而定。造林时经济林株距应较窄，行距实较宽，一般为2米×4米，利于经营管理。大穴整地，施基肥。农作物间作，以不影响经济林树种正常生长为原则，不宜种植高秆作物和攀缘作物，宜选择农作物，有豆科作物、花生、薯类等。

（4）退耕封育自然恢复植被治理模式

主要是指退耕后还生态林的坡耕地。对坡耕地进行封山育林是通过自然力恢复森林植被最经济而又有效的途径，对于通过天然更新或人工促进能恢复植被的坡耕地，采取封山育林措施，能较快达到提高森林和灌木覆盖率的目的。适用于边远山区，长期以来植被破坏、水土流失严重，坡耕地退耕后，人工林还草较难，但有天然下种更新条件的地区，采取封山育林措施，可逐步恢复林草植被。

先停止耕种，实行封禁，禁止人畜进入封山林区。①停止耕种。符合退耕还林还草的坡耕地，停止耕作，逐步恢复植被。②封山育林。树立封山育林标志，严禁人畜进入封山区活动。一般封山后当年长草，5年后长灌，10年后开始有乔木侵入，植被基本恢复，从而达到治理目的。③人工辅助促进更新。在交通便利、土层深厚的退耕还林地，采用人工促进更新技术，实行"封、造"结合，促进退耕地植被恢复，早日成林。其技术要点是选择更新能力强，生长快的适宜树种，进行点播、撒播、埋条等造林育灌育草。

7. 休耕模式

休耕是对肥力不足、地力较差的耕地在一定时期内不种农作物，但仍进行管理以恢复地力的方法。休耕制度，既可以让过于紧张、疲惫的耕地休养生息，让生态得到治理修复；也可以通过改良土壤相应出现的问题，增强农业发展后劲，实现真正的"藏粮于地"。技术路径为调整种植结构，改种防风固沙、涵养水分、保护耕作层的植物，同时减少农事活动，促进生态环境改善。

石漠化是西南喀斯特生态脆弱区农业可持续发展面临的最大挑战。结合石漠化治理的实践，贵州石漠化地区耕地实行轮作休耕结合多种治理模式进行：坡度大于25°的强度石漠化耕地，应采取退耕还林还草措施，封山育林或种植生态经济林草，增加地表植被覆盖；坡度小于25°石漠化较严重的耕地，实行耕地多年休耕，以恢复土壤地力，但休耕期间应加强管理，如松土（改变土壤耕性）、有机培肥（有机肥、生物菌肥、秸秆还田、绿肥、生物炭）及地表覆盖（秸秆或绿肥和豆科类植物），也可种植水保型牧草，发展畜牧业，实现农牧结合；石漠化程度相对较轻的耕地，实行轮作和季节性休耕相结合，充分利用耕地轮作休耕，提高耕地质量和作物产量，同时应加强保护性耕作（免耕、少耕、轮耕、横坡植物篱、秸秆覆盖还田等）的研究应用，防止土壤进一步退化。此外，应加强石漠化地区替代产业的培植及其产业化经营，提高农民经济收益。一是发展绿色产品加工业，加强地道中药材产业化经营（杜仲、黄檗、石斛、五倍子、金银花、天麻）、牛羊肉系列产品开发（关岭、惠水等地的黄牛，沿河、望谟、威宁等地的黑山羊等）、优势的经果林系列产品开发（刺梨、猕猴桃、香椿籽、火龙果等）。二是充分利用喀斯特地区独特的地形地貌，利用轮作休耕，合理搭配或种植农经作物，开展乡村旅游。例如毕节市威宁县在休耕工作中，因地制宜选择免耕种植绿肥、少耕种植豆类、肥草植物混间种等模式，实行耕地休息保护与培肥地力结合、免耕与少耕结合；减少化肥农药施用及缓解连作障碍，缓解和治理农业面源污染问题。

二、林业绿色发展模式

（一）GEF 三期项目省区林业绿色发展状况

林业在过去一直是培育森林以利用木材的行业，随着生态危机的出现，林业的重点工作转换到保护生态上来。绿色发展的理念，极大地扩充了林业在发展中的地位和作用。森林、湿地、荒漠是构成环境容量和资源承载力的三个最大的生态系统。因此，投资林业，扩大森林和湿地面积、减少荒漠面积就可以为经济发展提供更大的生态环境容量。而森林资源的增长可以提高生态功能和木材供应量，不仅会实现财富增长，特别是生态共有资源或自然资本的增值，还会产生更高的国内生产总值，这就说明，林业也可以和其他产业一样为经济发展做出直接和间接的贡献。我国的贫困地区多是在偏远山区、沙区，投资林业，可以为当地贫困人口增加就业机会，使他们通过劳动增加收入，改善生活，同时增加他们的绿色资产。

绿色发展迫切要求林业承担起创造绿色财富、积累生态资本的重大使命，林业要提供更加优质的生态产品，不断提高森林、湿地、荒漠、生物多样性等生态服务价值和公共服务能力，引领绿色理念、繁荣生态文化的重大使命，林业要大力提升保护森林、爱护动物、亲近自然的生态意识，培育公民生态价值观，推动全社会形成绿色发展方式和生活方式，努力创造人与自然和谐共生的人文财富。

1. 林业工程实施情况

由表5-2可知，西部6省区5年内均实施了天然林保护工程和退耕还林工程，而京津风沙治理及三北及长江中下游防护林工程则由于特定实施区域限制的原因，部分省区没有实施。"天保工程"方面，6省区实施面积各不相同，其中2015年，陕西省实施面积最大，贵州省则最少；退耕还林工程方面，陕西省最多，青海省最少；京津风沙治理工程方面，参与省区都呈现下降态势；三北及长江中下游防护林工程方面，参与省区除内蒙古自治区外，均呈现下降态势。

表 5 - 2 2011—2015 年西部六省林业工程实施情况一览表

单位：公顷

指标	年份	内蒙古	四川	贵州	陕西	甘肃	青海
天然林保护工程	2011	87317	78199	19336	88634	50311	28132
	2012	116496	51997	19333	74930	44474	22664
	2013	88297	52103	19113	89550	40340	21290
	2014	91515	29327	16887	62033	40463	15600
	2015	161008	51319	12600	379086	319364	112668
退耕还林工程	2011	39696	26897	18667	59356	22164	22516
	2012	39972	16334	15333	47764	20937	16200
	2013	42159	20661	12000	45385	19634	16000
	2014	16399	15708	4667	3928	6835	18667
	2015	18949	72364	48887	58686	43470	–
京津风沙治理工程	2011	407999	–	–	–	–	–
	2012	421558	–	–	–	–	–
	2013	468988	–	–	18219	–	–
	2014	132578	–	–	17553	–	–
	2015	124484	–	–	11364	–	–
三北及长江中下游防护林	2011	125380	–	13283	83086	68848	51059
	2012	122916	–	6667	70471	57010	42847
	2013	85592	–	4000	41363	58661	41595
	2014	123405	–	–	52477	48775	26934
	2015	150896	–	2200	51186	43462	55280

来源：中国林业统计年鉴 2011—2015，整理可得。

2. 造林面积

如表 5 - 3 所示，5 年间西部 6 省的造林面积呈现不同的变化趋势。其中，内蒙古、贵州总体呈现上升态势，四川、陕西、甘肃和青海总体呈现下降趋势；5 年末造林面积最大的是内蒙古自治区，最小的则为青海省。

表 5 – 3 **2011—2015 年西部六省总造林面积一览表**

单位：公顷

年份	内蒙古	四川	贵州	陕西	甘肃	青海
2011	733562	251962	202409	325752	189807	177492
2012	781962	112159	147704	320287	177330	135644
2013	806594	126191	340000	343981	174470	152755
2014	562195	98226	320000	335326	214025	132044
2015	888027	160913	307333	152946	169493	24200

来源：中国林业统计年鉴 2011—2015，整理可得。

3. 荒漠化土地治理面积

如表 5 – 4 所示，10 年间西部 6 省区沙化治理面积总体呈现不同程度的增长。其中，治沙面积增加最大的是陕西省，达到 2027.11 公顷，同时也是涨幅最大的，达到 93.48%；治沙面积最小的是贵州省，仅为 0.05 公顷，但涨幅最小的为四川省，仅为 0.007%。

表 5 – 4 **2004—2013 年西部六省沙化治理情况一览表**

年份	内蒙古	四川	贵州	陕西	甘肃	青海
十年间增长面积（公顷）	12.53	0.06	0.05	2027.11	11.22	5.48
十年末增长率（%）	0.30%	0.07%	7.46%	93.48%	0.93%	0.44%

来源：中国林业统计年鉴 2011—2015，整理可得。

4. 湿地恢复面积

据表 5 – 5 可知，5 年间，西部 6 省区的湿地恢复面积呈现不同程度的增长。其中，湿地恢复面积最大的是青海省，达到 401.76 公顷，面积最小的是陕西省，仅为 156 公顷；5 年末，湿地恢复面积增幅最大的是贵州省，达到 164.07%，增幅最小的是陕西省，仅为 5.33%。

表5-5 2011—2015年西部六省湿地恢复情况一览表

年份	内蒙古	四川	贵州	陕西	甘肃	青海
五年间增长面积（公顷）	176.56	78.61	13.03	1.56	43.58	401.76
五年末增长率（%）	41.59%	81.74%	164.07%	5.33%	34.64%	97.37%

来源：中国林业统计年鉴2011—2015，整理可得。

5. 绿色产业转型

如表5-6所示，第一产业占比方面，5年内6省区呈现出不同的变化趋势。从横向比较可知，青海省的占比最大，四川省的占比一直最小；从纵向比较可知，内蒙古自治区呈现持续递减趋势，四川省则呈现持续小幅度增加态势，贵州省、陕西省则呈现总体递减趋势，青海省几乎没有什么变化。

第二产业占比方面，从横向比较可知，四川省占比最大，青海省占比最小；从纵向分析可知，内蒙古自治区、四川省、贵州省、青海省的占比总体呈现下降态势，陕西省和甘肃省则总体呈现不同程度增长。

第三产业方面，从横向比较可知，占比最大的是四川省，占比最小的是青海省；从纵向分析可知，除甘肃省外，其他省区总体呈现逐年递增态势。

林业三大产业占比变化方面，内蒙古自治区、贵州省呈现一、二产业比重下降，三产比重上升的态势；四川省出现二产减少、一、三产增长趋势；陕西省表现为一产下降，二、三产上升的特点；甘肃省形成一产稍有下降、二产小幅度上升，三产基本不变的状态；青海省三大产业占比均未显著变化。

表5-6 2011—2015年三大产业占林业总产值比重

指标	年份	内蒙古	四川	贵州	陕西	甘肃	青海
第一产业占比（%）	2011	53.80	36.78	53.10	85.53	88.20	98.48
	2012	55.85	36.73	47.03	79.08	87.08	99.08
	2013	53.24	37.87	46.90	79.17	88.20	98.59
	2014	47.96	37.76	39.85	79.30	87.32	98.49
	2015	44.22	37.83	42.54	77.81	87.16	98.38

续表

指标	年份	内蒙古	四川	贵州	陕西	甘肃	青海
第二产业 占比 （%）	2011	26.95	38.43	20.11	7.82	3.89	0.03
	2012	24.21	35.87	18.91	13.46	4.86	0.05
	2013	24.86	34.85	16.77	12.99	5.02	0.05
	2014	27.20	33.89	14.97	11.80	4.42	0.12
	2015	25.93	32.85	13.56	11.61	4.98	0
第三产业 占比 （%）	2011	19.25	24.79	26.79	6.66	7.91	1.49
	2012	19.84	27.41	34.07	7.46	8.06	0.87
	2013	21.90	27.28	36.33	7.84	6.78	1.36
	2014	24.85	28.36	45.17	8.90	8.25	1.39
	2015	29.84	29.32	43.90	10.58	7.86	1.62

来源：中国林业统计年鉴 2011—2015，整理可得。

由表 5 - 7 可知，就育种育苗在第一产业中占比情况而言，不同省区呈现不同的特点。内蒙古自治区、陕西省、甘肃省的占比呈现上升态势，四川省、贵州省略有下降，青海省在 2014 年占比猛增为 28.48%，之后又急剧减少为 2.01%。

表 5 - 7　育种育苗与造林及更新行业产值占第一产业比重

指标	年份	内蒙古	四川	贵州	陕西	甘肃	青海
育种及育 苗占比 （%）	2011	9.03	3.32	8.86	6.25	4.50	3.71
	2012	9.07	2.79	6.53	9.28	5.28	1.87
	2013	10.17	3.47	9.23	8.50	5.20	2.39
	2014	13.40	3.46	7.70	7.63	5.11	28.48
	2015	14.63	3.27	6.90	7.21	5.19	2.01

续表

指标	年份	内蒙古	四川	贵州	陕西	甘肃	青海
造林及更新占比（%）	2011	22.31	5.35	14.06	8.31	4.37	22.98
	2012	17.74	4.29	15.13	6.99	4.29	60.45
	2013	19.87	3.85	12.75	6.99	4.31	57.32
	2014	21.49	3.57	11.65	6.11	4.05	11.58
	2015	41.13	6.47	18.74	7.94	8.47	12.49

来源：中国林业统计年鉴2011—2015，整理可得。

　　就造林及更新行业产值占比情况而言，不同省区也呈现出不同变化趋势。其中，内蒙古自治区、四川省、贵州省及甘肃省总体呈现递增态势，而陕西省、青海省则总体出现下降趋势。

　　如表5-8可知，5年间，6省区的非木质林产品产值呈现不同程度的递增态势（青海省数据缺失）。其中，涨幅最大的是甘肃省，占比增长了涨幅最小的是内蒙古自治区（除青海省外）。5年末，占比最大的仍旧是甘肃省，占比最小的也依旧是内蒙古自治区。

表5-8　非木质林产品行业产值占第二产业比重

单位:%

年份	内蒙古	四川	贵州	陕西	甘肃	青海
2011	0.65	2.37	10.55	4.40	4.55	–
2012	2.39	7.45	13.54	21.71	7.97	–
2013	1.13	7.57	18.07	35.71	11.62	–
2014	0.13	10.44	22.99	41.68	59.69	–
2015	3.88	13.52	23.01	48.08	81.77	–

来源：中国林业统计年鉴2011—2015，整理可得。

　　据表5-9可知，在林业生态及专业技术服务产值占比中，6省区呈现不同的变化态势。内蒙古自治区、四川省、贵州省均出现小幅度的增长态势，陕西省、甘肃省则总体呈现出不同程度的减小趋势，青海省在2013—2014年出现较大幅度的增长，但在2015年又出现较大的幅度的减小，5年间的变化幅度最大。

65

表5-9　林业生态及专业技术服务占第三产业比重

单位:%

年份	内蒙古	四川	贵州	陕西	甘肃	青海
2011	2.38	1.89	3.51	52.01	15.08	7.02
2012	1.97	1.91	3.48	20.69	10.51	-
2013	1.55	2.78	5.32	21.23	11.58	32.98
2014	2.68	2.58	4.06	21.32	12.36	29.33
2015	4.79	3.00	5.18	22.66	13.33	1.57

来源:中国林业统计年鉴2011—2015,整理可得。

6.森林旅游业及休闲产业发展概况

据表5-10可知,西部6省区的旅游及休闲产业产值均呈现不同程度的增长态势。其中,5年间产值增加最大的是四川省,约增加了394.65亿元;产值增长最小的是青海省,仅为6473亿元。5年末,产值最大及产值最小的省区分别也是四川省和青海省。

表5-10　2011—2015年西部六省林业旅游与休闲服务行业的产值

单位:万元

年份	内蒙古	四川	贵州	陕西	甘肃	青海
2011	138029	2997899	654809	66087	24768	1412
2012	160450	4101165	1267135	230217	44469	2977
2013	178092	4814383	1632369	318589	53247	3254
2014	282910	5907100	2547201	432904	63191	3923
2015	393231	6944386	2958645	681451	76860	7885

来源:中国林业统计年鉴2011—2015,整理可得。

由表5-11可知,5年间,西部6省区的森林公园建设呈现增加态势,其中,增加数量最多的是四川省,达到10个,其后依次是甘肃省(8个)、陕西省(7个)、贵州省(6个)、内蒙古自治区(3个),增加数量最小的青海省仅为1个。

从森林建设总面积方面看,6省区总体均呈现小幅度增长趋势。面积增长最多的是甘肃省，达到 76845 公顷，面积增加最小的是贵州省，仅为 12853 公顷；5 年末，面积最大的是内蒙古自治区达到 1616199 公顷，面积最小的是贵州省仅为 272307 公顷。

表 5 - 11　2011—2015 年西部六省森林公园的建设情况

指标	年份	内蒙古	四川	贵州	陕西	甘肃	青海
森林公园建设个数（个）	2011	61	116	72	82	83	17
	2012	61	119	74	83	93	17
	2013	61	121	74	86	93	17
	2014	62	123	78	87	94	18
	2015	64	126	78	89	91	18
森林公园建设总面积（公顷）	2011	1552612	743118	259454	317513	908642	462278
	2012	1552612	748411	261513	314532	959098	462278
	2013	1552612	750877	261513	340455	959230	462278
	2014	1553689	766705	264955	351642	967977	475078
	2015	1616199	788034	272307	345949	985487	502910

来源：中国林业统计年鉴 2011—2015，整理可得。

7. 森林火灾病虫鼠害防治

据表 5 - 12 可知，森林火灾发生次数方面，不同省区呈现不同变化态势。其中内蒙古自治区、四川省、甘肃省总体呈现增长态势，贵州省、陕西省及青海省则总体呈现不同幅度的减小趋势。值得注意的是，2012—2014 年间，四川省、甘肃省的火灾发生情况高于其他年份。遭受火灾的森林面积方面，内蒙古自治区及青海总体呈现增长的趋势，而四川省、贵州省、陕西省、甘肃省总体呈现减少趋势。从人员伤亡情况看，6 省区总体呈现减少态势。同时，2012—2014 年间，由于四川省、贵州省及陕西省的森林火灾发生次数高于其他年份，因而人员伤亡也高于其他年份。

森林病虫害发生方面，内蒙古自治区、四川省、陕西省、甘肃省等总体呈现增长态势，贵州省、青海省呈现下降态势。森林病虫害防治方面，除青海省外，其他省区总体呈现增长态势。青海省则呈现先下降后上升的趋势，但总体处于下降趋势。病虫害防治率方面，除青海省外，其他省区总体均呈现上升态势。其中，上升幅度最大的是贵州省，上升幅度最小的是陕西省。青海省总体呈现下降态势。

表 5 - 12　2011—2015 年森林火灾病虫害防治状况一览报

指标	年份	内蒙古	四川	贵州	陕西	甘肃	青海
森林火灾次数（次）	2011	57	309	309	125	7	7
	2012	57	486	275	67	11	6
	2013	78	447	208	187	16	7
	2014	160	442	201	109	21	8
	2015	123	220	153	53	8	6
受灾森林面积（公顷）	2011	1089	551	910	265	24	88
	2012	650	815	502	16	8	108
	2013	287	811	411	374	9	65
	2014	3426	766	488	288	37	38
	2015	3254	303	607	85	11	143
人员伤亡（个）	2011	–	4	10	3	–	–
	2012	–	7	–	–	–	–
	2013	–	12	2	19	–	–
	2014	1	3	7	9	–	–
	2015	–	–	2	1	–	–
森林病虫鼠害发生面积（公顷）	2011	1157556	698971	271803	416533	298238	293439
	2012	1203280	726973	208223	413886	299656	278673
	2013	1206678	765998	235633	437560	314847	304711
	2014	1227272	743962	234565	429513	354643	225235
	2015	1228426	716091	200383	424777	374645	284245
森林病虫鼠害防治面积（公顷）	2011	432820	341546	119014	250009	141203	174375
	2012	621517	558158	144578	284566	145726	163566
	2013	596010	317934	184567	309593	202147	92755
	2014	526410	520947	205213	342295	200634	92752
	2015	645576	506860	186953	327049	202086	109606

指标	年份	内蒙古	四川	贵州	陕西	甘肃	青海
防治率 （%）	2011	37.39	48.86	43.79	60.02	47.35	59.42
	2012	51.65	76.78	69.43	68.75	48.63	58.69
	2013	49.39	41.51	78.33	70.75	64.2	30.44
	2014	42.89	70.02	87.49	79.69	56.57	41.18
	2015	52.55	70.78	93.3	76.99	53.94	38.56

来源：中国林业统计年鉴2011—2015，整理可得。

8. 林业扶贫

我国广袤的林区、山区、沙区，有着丰富的自然资源，但也集中了全国60%的贫困人口。这些地区既是发展林业的重点地区，又是脱贫攻坚的主战场。应根据林业的特点和优势，开展林业精准扶贫脱贫工作，助力打赢脱贫攻坚战。

经历了体制改革推动扶贫（1978—1985年）、大规模开发式扶贫（1986—1993年）、扶贫攻坚（1994—2000年）和扶贫开发新阶段（2001—2010年）后，我国于2011年进入了扶贫开发巩固阶段。林业扶贫作为一种手段，在扶贫开发巩固阶段的目标任务具体为"到2015年，贫困地区森林覆盖率比2010年底增加1.5个百分点，到2020年森林覆盖率比2010年底增加3.5个百分点"。

国家林业局以《中国农村扶贫开发纲要（2011—2020年）》及片区区域发展与扶贫攻坚规划为基础，于2012年6月启动集中连片困难地区林业扶贫攻坚规划编制工作，涉及河北、山西、内蒙古等21个省（区、市）的14个片区，主要依托林业重点工程和集体林权制度改革来提高贫困地区的森林覆盖率、生态状况和发展特色优势产业，最终推动农民脱贫。

国家林业局采取如下一系列林业扶贫行动：①按照"县管、乡建、站聘、村用"的原则，通过逐级分解落实名额和选聘，将建档立卡的28.8万贫困人口就地转化为生态护林员；②新一轮退耕还林工程和国家储备林建设项目进一步向贫困地区倾斜，新增任务的80%安排到贫困县，增量任务优先安排给建档立卡贫困户；③国家林业局有4个定点帮扶的贫困县——广西龙胜、罗城，贵州独山、荔波，将符合条件的天然林全部纳入天然林保护工程，实现2020年脱贫摘帽目标。④积极支持贫困地区发展木本油料、森林旅游、经济林、林下经济等绿色富民产业，把林业补助资金、林地作为贫困户股份，投向龙头企业或合作社，贫困户通过参加劳动，按股分红、按劳取酬，35万户、110万贫困人口实现增收。未来几年，还将通过实施重大生态工程、加大生态补偿力度、大力发展生态产业、创新生态扶贫方式等助力精准扶贫。力争到2020年吸纳10万贫困人口参与生态工程建设；新增生态管护员岗位40万个；通过发展生态产业，带动约1500万贫困人口增收。

（二）林业绿色发展政策概况

《林业发展"十三五"规划》中指出，深入实施以生态建设为主的林业发展战略，以维护森林生态安全为主攻方向，以增绿增质增效为基本要求，深化改革创新，加强资源保护，加快国土绿化，增进绿色惠民，强化基础保障，扩大开放合作，加快推进林业现代化建设。始终坚持把改善生态作为林业发展的根本方向，始终坚持把做强产业作为林业发展的强大活力，始终坚持把保护资源和维护生物多样性作为林业发展的基本任务，始终坚持把改革创新作为林业发展的关键动力，始终坚持把依法治林作为林业发展的可靠保障，始终坚持把开放合作作为林业发展的重要路径。项目区域省份在林业绿色发展方面也做出努力。

表5-13　项目省份林业绿色发展相关文件

地区	政策性文件名称
青海省	《黄土高原地区综合治理规划大纲》
甘肃省	《甘肃省农牧厅 甘肃省林业厅关于印发甘肃省果品产业精准扶贫三年行动工作方案的通知》
	《黄土高原地区综合治理规划大纲》
陕西省	《黄土高原地区综合治理规划大纲》
贵州省	《贵州省贯彻落实〈国家生态文明试验区（贵州）实施方案〉任务分工方案》
	《2018年贵州省耕地休耕制度试点工作实施方案》
	《"十三五"特色产业精准扶贫规划》

地区	政策性文件名称
四川省	《四川省人民政府于探索建立涉农资金统筹整合长效机制的实施意见》
	《四川现代农业园区建设推进方案》
	《四川省人民政府办公厅关于印发 2018 年县域经济改革发展重点工作推进方案的通知》

（三）林业绿色发展模式

1. 林下经济模式

（1）概念及内涵

杜德鱼认为，林下经济是借助林地的生态环境，充分利用林下的自然条件，土地资源和林荫空间，在林冠下开展林、农、牧等多种活动的复合式经营，或者林粮、药、菜、茶等间作经营，充分发挥林木与其他经济生物的综合效益的一种与传统林业和现代农业并存的新的林业经济业态。从而成为林业经济的新增长点。

翁翊和杜德鱼研究均指出林下经济包括三方面特征：①在充分保护和利用林地资源的基础上建立的内部循环生物链的循环经济，构建稳定的生态系统，又可增加林地生物多样性；②科学、合理地开发利用林地资源和林荫空间发展的林业产业经济；③实现林地资源的经济效益、生态效益和社会效益的统一，是一种高效经济和富民经济。

（2）类型及适应条件

林下经济有多种模式，按照经营对象及利用林下空间不同，可分为：一是林下种植模式，林菌模式、林药模式、林粮（油）模式、林草模式、林菜等模式、林果、林苗、林花等经营模式；二是林下养殖，主要包括林禽模式、林畜模式、特色养殖模式；三是森林景观利用，包括森林游憩等；四是林下产品采集加工。

促进林下经济持续、健康、有序发展，有利于充分利用林地空间，立体开发林下经济，提高林地利用效率，有利于协调生态、经济和社会效益的统一。在发挥森林生态效益的同时，农民关注的核心还是追求土地经济效益的最大化，如果不能保障农民持续增收，或土地上的比较收益下降，农民就会依据现实利益改变选择。因此，林下经济集经济、社会和生态效益于一身，利用林下空间发展投资周期短、见效快的种植和养殖产业，可以有效提高林业的比较效益，增加农民收入；有利于提高了复种指数，充分利用了林地资源，而且增加了林地生物多样性，缓解土地利用矛盾；有利于解决充分就业和农民增收致富。由于林下经济是综合管理型经济，涉及林业、农业、畜牧业、科技、医药、工商等多个相关部门，需要的专业技术达几十种，要有千家万户农民的参与和支持，从而间接拓宽了相关行业领域的就业渠道，有助于实现整体区域人口的充分就业。

发展林下经济必须坚持的四项基本原则：①坚持生态优先，保护第一。在确保森林资源安全的前提下，重点开发利用经济林地和用材林地林下资源，科学合理地利用生态公益林发展林下经济；②坚持突出特色，分类实施。合理选择发展模式，因地制宜，科学规划，重点培育区域化的林下特色产业；③坚持政策扶持，农民增收。制定完善各项政策，在项目和资金安排上对林下经济发展给予扶持，确保农民得到实惠；④坚持机制创新，示范引导。大力推进基层林业专业合作组织和市场流通体系建设，充分发挥龙头企业、示范基地（示范点）的示范带动作用，注重生产、加工、销售环节的配套发展。

2. 农林复合模式

（1）概念及内涵

农林复合系统源于 Agroforestry 一词，由国际农林复合生态系统研究中心（ICRAF）定义的概念：农林复合生态系统作为一种适应当地栽培实践的经营方式，是在同一土地单位内将农作物生产与林业（畜牧业）生产同时或交替地结合进行，使土地的全部生产力得以提高的持续性土地经营体系。

其内涵是依据不同的自然条件，按照生态系统和系统工程的原理，在不同的区域实现农、林、牧、副、渔各业的有机结合和协调发展，发挥其正向作用，追求单位面积上最大生态效益、经济效益和社会效益，实现农林产业的可持续发展。主要特征包括以下几个方面：①为提高对土地，空间、光、热、水、肥的利用率，提高边际土地的生产力，保护水土资源，使单位土地上获得最大的经济、生态和社会效益。②在同一土地上的林业与农、牧业相结合的复合经营体系，是一种土地利用的特殊技术和经营体系。③基础是生态经济学和系统工程方法。④在农林复合生态系统中，林与农或林与牧的结合可以是长期的也可以是短期的。

（2）类型及适应条件

严忠海根据不同地域条件将农林复合经营模式分为以下类别：①林——药间作型：在用材林、经济林或薪炭林下，利用其阴湿环境种植药材，可以达到"以短养长"的目的；②林——茶间作型：在林下间种茶树，以改善茶园光照条件；③林——粮间作型：树木与粮食作物间作。如华北中原地带大面积的桐粮间作及杨麦间作、枣粮间作等；④林——牧间作型：植树造林与发展畜牧业相结合。如新疆喀什地区以沙枣为主的人工薪炭养畜林；⑤林——副间作型：林下种植经济作物、药材，栽培食用菌等；⑥林——渔复合型：鱼池边种植树木和鱼饲草，池中养鱼。

发展农林复合经营必须把握好四大结构：①物种结构，指农林复合系统中的生物物种的组成数量及彼此之间的关系。物种的多样性是农林复合系统的重要特征；②空间结构，指农林复合系统各物种之间的搭配的层次和密度。层次越厚，空间容量越大，资源利用率就越高。空间结构是一种动态结构，随着时序的变化，物种的消长具有"空间互补""时间互补""交替嵌合"的特点。③时间结构，是利用资源因子的周期性和生物生长发育周期性的关系，充分利用自然资源，使得农林复合系统物质生产持续、稳定、有序、高效地运行。根据系统中生物共处时间的长短可分为短期复合性和长期复合型。④食物链结构，是生态系统内物质生产和物质转化的链环。在农林复合系统中，通过增加生产环（称为加环），把初级产品的有机质充分转化为经济价值更高的产品。而物质循环多级利用，是农林复合区别于传统农业的重要标志。

刘丽颖研究指出对农林复合经营模式设计的基本原则：①系统性方法原则。农林复合经营系统，是一种相互作用着的子系统所组成的复杂的土地利用系统。它追求整体效益，注意组分间的相互关系，这种复杂体系的组分以及管理措施必须与特殊的环境以及社会需要相适应，因而必须采取系统论的原则和方法作为指导；②因地制宜原则。我国幅员辽阔，各地自然条件不同，树木与作物品种的生态学和生物学特性差别很大。适宜一个地区的发展的某种农林复合模式并不一定适应其他地区。要依据该地区的光、热、水、气、上、肥、植被状况以及地貌类型等具体因素而定，及一系列的社会、经济和历史因素而定。③社会经济条件可行性原则。强调的是农林复合经营生产系统投入产出之间的良好的比例关系，考虑到生产者自身的财力、物力与人力的投入能力。④经济、社会、生态效益综合性原则。通过加强农林复合系统规划设计的科学性和系统性是可以实现这种和谐统一的。这是农林复合系统固有的属性决定的。⑤当前与长远效益相结合的原则。农林复合经营系统由木本植物与草本农作物组成。木本植物包括用材树种、果树与经济树种，包括一些经济作物（包括中草药）还都是多年生的，意味着在时序上要坚持短、中、长的结合。

3. 节水林业模式

当前尚未有节水林业的具体概念，但可以借鉴节水农业的概念。其实质是提高水资源利用的有效性，即提高灌溉水和自然降水的利用率和利用效率。根据雷波的研究，本书认为节水林业是指为了实现预期林业生产目标和水资源的高效利用而采用一系列节水技术生产方式和节水型管理体系进行林业生产活动的一种可持续生产方式。

（1）节水灌溉造林

节水灌溉造林就是在天然降水不能满足树木需要时，采用灌溉技术措施，从农林牧灌溉制度、造林地灌水技术和灌溉管理等各方面，力求以尽可能少的水量投入，进行适水种植，获得尽可能大的林木高产（产材、产薪和覆盖度等）、优质和高效的产出。

①节水灌溉技术包括计划用水、渠道防渗、管道输水、低压管灌、喷灌、微灌、膜孔灌和优化栽培制度等。

a. 计划用水，针对多种植物的水分利用率，对水资源进行优化配置，适水种植，建立优化种植结构，在保证水资源利用的前提下，使本区水资源发挥最大的经济、社会和生态效益。

b. 渠道防渗，新疆塔里木垦区采用渠道防渗措施后，自渠首至斗门的水利用率由 0.5—0.62 提高到 0.75—0.81，所节约水量每年可扩灌 7334 公顷耐耕地，且使地下水位下降约 1 米，碱害面积缩减 10%。

c. 管道输水，采用管道输水可有效地避免输水过程中的水资源浪费和渠道两旁土地次生盐渍化，但在干旱区也存在沿原输水渠道两侧植被由于得不到水量补充而死亡的问题。我国目前管道设计主要采用软硬管相结合，地下主管道在方田中通过，出水口接软管，双向控制，直接输水到田的方法。

d. 低压管灌，又称渗灌，水在地下封闭的低压管网内运行，湿润根系层土壤，与明水灌溉相比，可节水约80%；在井灌区，同样灌溉面积可少采地下水4/5。投资额为1500元/公顷，平均每公顷节水180吨左右，节能30%—50%，少占耕地1.5%—3.5%，由于免去了护渠，每公顷年可省工3180个，可增产20%—30%，我国现在采用这一技术的农灌区约234万公顷，山东、河南和河北三省均超过66.7万公顷。1989年山东大旱，但85.9万公顷耐管灌区反而增产粮食9.35亿公斤，现正以每年33.3万公顷的速度推广。

e. 喷灌，全国喷灌面积约73.4万公顷，其中85%布局在北方旱区，仅山东省就占全国的38%；北京市有10多万公顷，占全市有效灌溉面积的30%，每年比畦灌少开采地下水4.12亿吨，土地利用率提高近20%。

f. 滴灌，主要有露天及膜下铺设两种形式。我国于1979年引进这一技术，1981年提出了我国的燕山滴灌技术，使投资较国外同类工程降低80%，现已在国内10多个省市试点推广，比传统地面灌溉节水80%，比喷灌节水40%，节能760%以上，投资为1800—3750元/公顷。

g. 微灌，目前在我国该项技术主要用于苗圃育苗，国外如澳大利亚已经用于大规粮食生产。

h. 膜孔灌，是近年农业部门创造的灌溉技术，节水效果也在50%以上。

i. 优化栽培制度，根据当地主要种植制度，调整播期、树种（品种）搭配、科学施肥和浇关键水等一系列技术措施，进一步发挥植物品种、气候和水资源潜力，既可提高产量和水分利用率，也可错开农时，缓解劳动力紧张问题。

②节水保墒技术：指耕松土壤与免耕土壤立体并存的一种独特耕层结构。

③深浅井结合扩源技术：在某些地区可将深层淡水与浅层咸水混合作用，既节水又扩源。

④水肥配合化学物质应用技术。

（2）不灌溉节水造林

不灌溉节水造林就是在无灌溉条件下，一方面根据土壤水库用补平衡的原则进行造林，另一方面充分汇集径流水、露水等进行造林。

①适水选种造林技术根据干旱区不灌溉造林区土壤水库状况和土壤水库补与供的平衡原则，选择耗水量少的植物种和可维持土壤水库水平的造林密度，以有效地提高水利用率。

②集水造林是指相对径流水与露水等流失与蒸发而言，是一种节约利用水资源的造林方法。黄土区通过建造不透水层铺面等，使集水效果提高150倍。在灌溉造林地应用，可省水70%左右。利用塑料膜铺盖还可在干旱区汇集大量露水，是另一种节水扩源途径。

4. 循环林业模式

（1）概念及内涵

循环经济是为实现人类社会可持续发展而采取的一种保护生态环境以及维护生态平衡的物质循环流动的经济模式。它使人类经济活动由传统的"资源——产品——废弃物"的单向线性流动方式转变成"资源——产品——再生资源"的循环反馈流动方式。

循环林业是林业循环经济发展的载体和具体形式，不仅运用了循环经济理念来促进林业发展，还将可持续发展思想、产业链延伸理念、产业网拓展理念相融合，通过林业技术创新，调整和优化林业生态系统结构、产业结构，延长产业链，从林业生产的各个环节实现物质资源的多级利用，减轻环境污染和生态破坏。

循环林业的核心内涵是森林资源的循环利用，由联结要素、主体要素、支撑要素等构成，通过一种特殊的作用机制在空间、时间、数量方面实现最佳组合，发挥各自不同的功能，是一种新型的、技术型的符合林业历史规律，最终实现社会、经济和生态效益的协调统一发展的模式。

（2）适应条件及类别

张金环的研究可知，循环林业在林业三大产业中的具体应用所示。具体而言，林业第一产业自循环模式主要包括森林培育系统的循环林业模式和森林采运系统的循环林业模式，其中前者包含节水型林业培育模式、节地型森林培育模式、节肥型林业培育模式，后者包括森林采运系统的无害化和森林采运系统生育物林内循环利用模式；林业第二自循环模式包括林产工业企业内部循环模式和林产工业企业间循环模式，前者包含对林产品的绿色设计、林产品生产阶段的减量化、无害化和循环利用，后者包含纵向链状耦合结构模式和横向网状耦合结构模式；林业第三产业自循环模式主要包括林业旅游景区规划与开发；此外，还有产业间森林资源循环利用模式。

（3）遵循的原则

构建循环林业模式应遵循减量化、循环利用及入无害化原则。

①减量化原则，相对一般循环经济减量化原则，强调林业经济系统全程减量化、"开源"意义的减量化和相对减量化，包括末端物质减量化与源头物质减量化并重；"开源"意义的减量化与"节流"意义的减量化并重；相对减量化与绝对减量化并重。

②循环利用原则，要求在林业种植、采伐、加工生产和消费中，遵循对森林资源、木质和非木质林产品和废弃物的循环利用，具体可以解析成木质林产品和废弃物的多次利用和非木质资源的循环利用。

③无害化原则，主要是指生产和消费过程中所产生的废弃物应首先通过无害化处理后再资源化利用，对于那些不能被循环再利用的废弃物（没有经济价值的副产品），也要通过无害化处理后再排入自然生态系统中，以确保人类及自然生态系统的安全，且主要体现在产品生产和消费的末端治理方面。由于林业经济系统循环与生态系统循环间的关系紧密，无害化原则在林业循环经济中不能仅单纯地进行末端治理，而是应贯穿于整个林业经济活动的各个环节的始终，主要是指从育苗、抚育、采伐、加工等环节全程的无害化。

5. 生态高效林业模式

（1）概念及内涵

罗国华等认为，高效林业是林业建设发展的必然，从林业自身存在发展的规律看，高效林业应该是对森林生态系统的合理布局、优化配置、科学经营，以保持高生产力，提供优质多样化林产品，到生态、经济、社会三大效益的持续、同步、协调发展。

（2）类型及指标体系的设计原则

陆兆苏认为，根据国内外发展高效林业的实践，我们把高效林业的模式划分为三个层次：发展模式、经营模式和培育模式。这三个层次相互联系、相互促进、又相互制约，通过各种要素的合理组合，保证了高效林业的正常运行。本书所介绍的高效林业模式仅指狭义上的林业发展模式，该模式包括生态模式、生态经济一体化模式、以森林工业为主导的森林永续利用模式（主要在我国东北与内蒙古国有林区）、林业分类经营模式等。

据罗国华等研究指出，建设高效林业必须遵循以下原则：①物种相互保护协调发展的原则；②可持续发展的原则；③动态平衡发展原则。在清晰的发展思路的前提下，切实做好科学规划并加持可持续发展的经营模式，同时要建立和完善相应的服务技术。

三、草畜业绿色发展模式

（一）草畜业绿色发展

所谓生态草畜业，就是遵循生态农业原理，运用系统工程方法，在草原区域上建立起的以草原畜牧业为主体的以期获得持久稳定生态经济效率的人工生态系统。在宏观上协调草原生态经济系统结构，协调生态、经济、技术关系，促进系统稳定、有序地持久发展，建立宏观的生态经济动态平衡；在微观上做到多层次、多路径的物质循环和综合利用，提高能量转移、物质循环和价值增值的效率，建立微观的生态经济平衡。

生态草畜业的基础是草原植被，重点是草原畜牧业，其核心是草畜平衡。生态草畜业的系统目标即：①高效的系统功能；②稳定的运转效益；③良好的生态环境。总体而言，就是实现生态草畜业系统的良性循环，使系统物质流、能量流、价值流和信息流等的流量大、流速快，从静态角度看，具有较高的流量、较快的流速，从动态角度看是流量稳定提高，流速持续加快。

1. 四川省草畜业绿色发展状况

四川省在2003年为缓解生态环境日益恶化，草地退化和水土流失等问题，开始实施天然草原退牧还草工程，四川省2016年治理草原退化近2000万亩逐渐达到草畜平衡。与2011年相比，四川省天然草原综合植被盖度平均提高4个百分点，牧区牲畜超载率下降36.24个百分点，逐渐达到草畜平衡

（表5-14）。2016年全省天然草原综合植被盖度84.7%，较上年增加0.2个百分点；各类饲草产量2762.1亿公斤，其中天然草原鲜草产量862.3亿公斤，较上年增加2.3%。截至2015年底，四川省共完成天然草原退牧还草工程建设任务13565万亩，占川西北天然草原可利用面积的63.7%。我省有效推行草原禁牧、草畜平衡制度，发放资金8.8亿元，人工草地保留面积1360万亩，牧区牲畜超载率较上年下降0.46个百分点。2016年四川省共治理草原退化面积1972.9万亩。

表5-14 四川省绿色畜牧业发展相关情况

年份	草畜平衡 （万公顷）	人工种草 （万公顷）	退牧还草 （万公顷）	草原鼠 虫害防治 （万公顷）	禁牧面积 （万公顷）	新建标准化 规模养殖场 （个）
2011	947	1300	80	1030	467	2350
2012	946.67	1333.33	55	72	466.67	1335
2013	956.67	1333.33	61.3	167	656	2263
2014	947	1334	44.7	126.2	467	2366
2015	947	1334	65.2	187.3	467	2465

数据来源：《2016年四川省草原监测报告》

2. 贵州省草畜业绿色发展状况

贵州省大力发展生态草畜业，推动生态畜牧业结构优化，体系已初步建成。近年来，贵州省实施了草地畜牧业产业化科技扶贫项目、"1000万只肉羊工程"、标准化规模化肉牛奶牛养殖场建设项目等，畜牧业建设项目向牛羊产业倾斜，大力推进牛羊产业发展。组织实施肉牛基础母牛扩群增量项目。食草型畜牧业比重有所提高，结构逐步优化。标准化规模养殖场数量不断攀升，并于2017年有10家企业入选农业部畜禽养殖标准化示范场。贵州省标准化规模养殖场发展状况见表5-15所示。贵州畜牧业产品生产情况见表5-16所示。

贵州省重点发展山地生态畜牧业，主要具有六大优越条件。一是生态环境优良。全省森林覆盖率达52%，空气清新，水无污染，土壤干净，生态环境优越，加之独特的地形地貌构筑了动物疫病传播的天然屏障，为贵州省生产无公害、绿色和有机畜产品提供了绝佳的自然环境。二是资源优势突出。贵州省饲草资源丰富，全省有各类草地9674万亩，天然草地可供饲用植物种类1000多种，每年有4400多万吨鲜草，1100多万吨农作物秸秆和600多万吨藤蔓可供家畜利用。贵州省地方畜禽品种资源丰富，经过长期自然选择和人工培育，形成了如香猪、关岭牛、黔北麻羊、长顺绿壳蛋鸡、三穗鸭、平坝灰鹅等一批性状特异，极具开发价值的地方畜禽优良品种，其中六个品种列入国家畜禽遗传资源保护名录，这些畜禽品种为培育贵州地方特色品种，打造贵州知名品牌提供了很好的条件。三是畜产品质量安全水平不断提高。贵州省已建成国家级、省级畜禽养殖标准化示范场169个，认证无公害畜产品251个，认定无公害畜产品产地960个，认证畜产品地理标志7个，注册畜产品商标数百个。兽药、饲料及畜产品检测总体合格率95%以上，近年未发生区域性重大动物疫情。四是产业发展模式逐步成熟。"政府引导、企业主导、多元投入"的现代畜牧业发展思路逐步走向成熟，"政府＋企业＋家庭牧场"三位一体产业集群发展模式持续稳步推进，涌现出温氏、铁骑力士、特驱希望、柳江等一批大型产业化龙头企业与专业合作社和家庭牧场融合发展的新型经营主体，为推进全省畜（禽）牧业快速发展提供了样板、树立了典型。五是交通基础条件持续改善。六是政策环境优越。近10年来，中央财政扶持畜牧业资金累计达1950亿元，贵州省委、省政府连续13年出台聚焦"三农"工作的1号文件，这些文件都对畜牧业发展做出了具体安排部署。

表5-15 贵州省标准化规模养殖场发展状况

年份	标准化规模养殖场
2011	271
2012	469
2013	106
2014	418
2015	316

表 5 -16　贵州畜牧业产品生产情况

贵州省	肉类总产量（万吨）	猪肉（万吨）	牛肉（万吨）	羊肉（万吨）	禽肉（万吨）	牛奶（万吨）	禽蛋（万吨）	蜂蜜（吨）
2011	179.97	148.29	12	3.37	14.35	4.85	13.65	2029
2012	190.27	156.13	13.04	3.53	15.41	5.1	14.65	2052
2013	199.74	163.73	14.13	3.51	15.48	5.45	15.44	2468
2014	201.8	165.55	14.68	3.75	14.84	5.71	16.2	2733
2015	201.94	201.94	16.76	4.2	16.31	6.2	17.58	3017

（二）草畜业绿色发展政策概况

　　牧区在我国经济社会发展大局中具有重要的战略地位。党中央、国务院历来高度重视牧区工作，在不同历史时期都对牧区工作做出重要决策和部署，并不断加大支持力度（表 5 - 17）。改革开放特别是实施西部大开发战略以来，牧区生态建设大规模展开，草原畜牧业发展方式逐步转变，基础设施建设步伐加快，牧民生活水平显著提高，城乡面貌发生可喜变化，牧区发展已经站在新的历史起点上。同时必须清醒地看到，草原生态总体恶化趋势尚未根本遏制，草原畜牧业粗放型增长方式难以为继，牧区基础设施建设和社会事业发展欠账较多，牧民生活水平的提高普遍滞后于农区，牧区仍然是我国全面建设小康社会的难点。

　　草原既是牧业发展重要的生产资料，又承载着重要的生态功能。长期以来，受农畜产品绝对短缺时期优先发展生产的影响，强调草原的生产功能，忽视草原的生态功能，由此造成草原长期超载过牧和人畜草关系持续失衡，这是导致草原生态难以走出恶性循环的根本原因。必须认识到，只有实现草原生态良性循环，才能为草原畜牧业可持续发展奠定坚实基础，也才能满足建设生态文明的迫切需要。党中央下发了一系列相关政策文件为推进牧区草畜业健康发展，全国各地方也积极响应，分别针对各省自身情况颁布相应的政策推动草畜业绿色发展。

表 5 - 17 中央发展草畜业相关文件

年份	文件名称	相关内容
2011	《国务院关于促进牧区又好又快发展的若干意见》	积极转变草原畜牧业发展方式,大力培育特色优势产业
2015	《关于加快推进生态文明建设的意见》	坚持把发展绿色畜牧业作为推动畜牧业发展的基本途径
2016	农业部《十三五规划》	加快推进畜牧业供给侧结构性改革,全力推动畜牧业绿色发展
2016	《新一轮草原生态保护补助奖励政策》(2016 - 2020)	全面推行草原禁牧休牧轮牧和草畜平衡制度,划定和保护基本草原,促进草原生态恢复
2017	《国务院办公厅关于加快推进畜禽养殖废弃物资源化利用的意见》	进一步做好畜禽养殖废弃物资源化利用技术指导工作,加快推进种养结合、农牧循环的可持续发展

(三) 草畜业绿色发展模式

1. 生态草业模式

生态草业按照生态规律和经济规律经营草原、草场。是突破传统放牧方式,利用现代科技发展高产、优质牧草,提高绿色植被覆盖率和初级生产光能利用率;以草定畜,确保畜草供求平衡,建立畜种天然放牧与短期育肥相结合的经营管理体制;逐步实现牧、工、商一体化,知识密集型和良性循环的草业生态经济体系。主要措施是:摸清草资源自然本底建设围栏草场,在栏内划区轮放和封育改良;逐步实现草原灌溉、施肥、补播和浅翻轻耙;建设人工草场;坚持国土整治营造防风林带;发展多层次、多品种、精粗结合的加工业,实现资源综合利用。促进商品经济发展;与现代科技结合,建立各类型教育、科研、推广三结合的科技管理体系。在沿海滩涂及广大农业区的十亿亩草山坡亦应发展生态草业。这对发挥地区生产优势,改善人民食物构成,改善环境生态,减轻北方草场压力有很大意义。生态草业特区将借鉴现代化农业的理念,通过科学规划、合理布局、精细管理、集成现代科技成果,用很少的土地来发展精细草业,大部分土地实现草地的生态功能,进而从根本上转变草原畜牧业的发展方式。

2. 有机草畜业模式

在牲畜的饲养过程中，禁止使用化学饲料或含有化肥、农药成分的饲料来喂养，在预防和治疗畜禽疾病时尽可能不使用具有残留性的药物，从而保障人体安全。有机草畜业的根本目的是对环境有利，保证动物健康的持续性，关注动物福利，生产高质量的产品。有机草畜业是把生态工程原理与方法用于动物养殖实践而发展起来的一个新领域，它强调运用生态学基本原理，通过开发利用各种生物技术，建立起以养殖业为中心，以农牧业相结合的合理农业生态结构，以及充分利用空间、时间的生物种群结构通过生态饲料、生态肥料、生态燃料的开发，建立种植、养殖、加工等各业相结合的生态经济，从而更有效地开发各种自然资源（图5-3）。与此同时，充分利用农业生产中的各种农副产品和剩余物，最大限度地利用和处理农业废弃物，通过强化农牧生产系统中的生物过程，减少养殖业本身对环境造成的污染，并节省能源和充分利用农业资源。从实践层面看，有机草畜业生产构架是以生态营养调控为基础，以检查认证为保证，以环境的生态保护和提供优质安全的畜产品为最终目的的微生态生产系统。有机草畜业生产系统中生态营养调控主要包括畜禽生产、营养调控、环境控制和检查认证各方面，畜禽生产

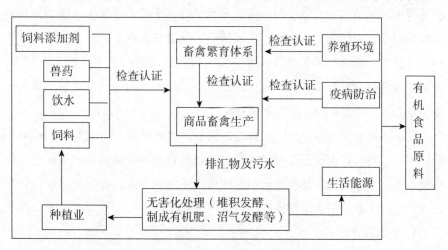

图5-3　有机草畜业生产构架模式图①

———————

① 颜景辰. 中国生态畜牧业发展战略研究［D］. 华中农业大学, 2007.

主要是通过科学的繁养方式，按照相关要求进行，为有机食品生产提供健康优质的畜禽资源营养调控即通过对饲料营养的控制，提高其在动物体内的消化吸收率，减少营养物质的排泄量环境控制则有两个方面，一是指通过对产地环境包括水质、大气质量和土壤环境等的控制，为畜禽提供良好的生活环境，以提高其生产性能；二是对生产中产生的粪、尿和污水等进行无害化处理，维持生态环境的平衡，使物质与能量在生态圈内循环流动的相关检查认证体系是生产有机畜禽产品的保证，通过对产地环境、饲料、兽药和添加剂等原料以及生产过程的检查和认证，确保产出的畜禽产品达到相应级别标准。

3. 节水草畜业模式

畜禽自体水量一般都在 60% 左右。草畜业与水的天然联系，决定了这一产业是高耗水产业。发展节水型草畜业既是一个资源高效利用问题，又是一个产业增长方式转变问题。发展节水型草畜业是转变畜牧业和草业生产方式和模式，实现科学饲养与可持续发展需求。节水型草畜业转变了传统饲养方式，使草畜业发展建立在水资源高效合理利用基础之上，建立起"水——料——畜"平衡体系。该体系推进了秸秆畜牧业和草地畜牧业发展，促进了种植业由二元结构向三元结构转变，有利于提升草畜产业级次，推动传统养殖模式向高效清洁化畜牧业生产模式转变。发展节水草畜业主要是推广节水型饮水技术、清粪技术、降温技术、湿料饲养技术等一系列养殖节水技术。节约型绿色草业是指节水、节地、高效综合利用资源的现代草业，质量型和效益型草业，是草业的正确发展道路。

内蒙古草原生态重点建设工程进展顺利，成效显著。2012 年，为推动现代化草业发展，扩大优质苜蓿生产基地，提高苜蓿种植集约化、规模化、标准化程度，自治区优质高产苜蓿示范项目正式立项实施。自治区财政每年拿出一亿元用于发展节水灌溉优质苜蓿生产基地建设。

4. 林草复合模式

林草复合系统，属农林复合系统的一大类，是指由多年生木本植物（乔木、灌木、果木和竹类等）和草（牧草、药草和草本农作物等）在空间上有机结合（长期或短期）形成的复合多物种、多层次、多时序和多产业的人工经营植被生态系统，其范畴包括林草间作，牧场防护林、饲料林、果树和经济林培育中的生草栽培等。林草复合系统能够充分利用自然资源，提高初级产品的转化率和利用率，发挥复合系统的生态效益，在实现可持续发展方面有巨大的潜力。

林草复合系统的思想自古有之，至今已有1300年的历史，并且有许多国家都在使用。现今林草复合系统在全球广泛地分布与应用，主要集中在大洋洲、南美洲、非洲撒哈拉和南亚等适宜地区，林草复合系统的类型取决于当地的气候条件和经济管理水平，不同区域或气候带所决定的林草复合系统类型之间相差较大，故而林草复合系统的形式多种。

5. 生态畜牧业模式

生态畜牧业是指运用生态系统的生态位原理、食物链原理、物质循环再生原理和物质共生原理，采用系统工程方法，并吸收现代科学技术成就，以发展畜牧业为主，农、林、草系统工程方法，并吸收现代科学技术成就来发展畜牧业的牧业产业体系。

主要的特征有以下几方面。

（1）生态畜牧业是以畜禽养殖为中心，同时因地制宜地配置其他相关产业（种植业、林业、无污染处理业等），形成高效、无污染的配套系统工程体系，把资源的开发与生态平衡有机地结合起来。

（2）生态畜牧业系统内的各个环节和要素相互联系、相互制约、相互促进，如果某个环节和要素受到干扰，就会导致整个系统的波动和变化，失去原来的平衡。

（3）生态畜牧业系统内部以"食物链"的形式不断地进行着物质循环和能量流动、转化，以保证系统内各个环节上生物群的同化和异化作用的正常进行。

（4）在生态畜牧业中，物质循环和能量循环网络是完善和配套的. 通过这个网络，系统的经济值增加，同时废弃物和污染物不断减少，以实现增加效益与净化环境的统一。

生态畜牧是一个以生态文明为指导思想的产业，是大农业领域为深入落实科学发展观而规划创意的战略性新兴产业。生态畜牧前连生态种植农业，后连生态化农产品加工业，由绿色低碳服务业渗透其中，将生态文明贯穿于产业链各环节的产业体系。当前影响我国畜牧业稳定、和谐、持续发展的突出问题，都属于生态系统失衡出现的问题，只有通过生态化途径才能解决。生态畜牧是资源节约环境友好型生产方式，以互联网为产业链操作工具，采取生态化技术路线，是现代畜牧业可持续发展的实现途径。

四、田园综合体模式

（一）田园综合体的生态内涵

2017年中央一号文件将田园综合体作为我国乡村振兴战略的重要助力和载体。这是继社会主义新农村建设、美丽乡村、特色小镇建设战略提出之后，国家面对农业农村新形势提出的又一大政策创新。"田园"，顾名思义，既包括了耕种的"田"，也包含了供人游憩和休闲的"园"。因此，在功能上，田园比农田赋予了土地"生活"和"生态"的功能。"综合体"意味着在"田园"这个平台上承载的不仅仅是农业生产，同时承载着乡村旅游、田园社区等诸多功能的乡村综合发展模式。

田园综合体建设是顺应农村供给侧结构性改革的一种可持续性发展模式。田园综合体是在城乡一体化进程中，工业化、城镇化具备了一定基础，本身具有一定区位优势、资源优势和环境优势的村镇，为顺应农业供给侧结构性改革、生态环境可持续、新产业新业态发展应运而生的新的生产生活方式。是在农业产业园区、美丽乡村、特色小镇之后的又一综合性的农业经营模式。田园综合体，重点突出了"综合"的理念和特征。在开发、建设和经营过程中，不仅在生产中打造现代农业，延伸产业链，促进一二三产业的深度融合；同时在生活层面综合体突出"姓农为农"的特征，以促进农民就业、收入增加和居住环境改善为重要目标。生态层面打造低碳环保、循环可持续的生态农业，确保当地环境对生产和生活的承载能力。对上述三个层面综合推进，最终实现田园生产、田园生活、田园生态的有机统一。

（二）田园综合体发展政策概况

2017年2月，"田园综合体"作为乡村新型产业发展的亮点措施被写进中央一号文件，"支持有条件的乡村建设以农民合作社为主要载体、让农民充分参与和受益，集循环农业、创意农业、农事体验于一体的田园综合体，通过农业综合开发、农村综合改革转移支付等渠道开展试点示范"。"积极探

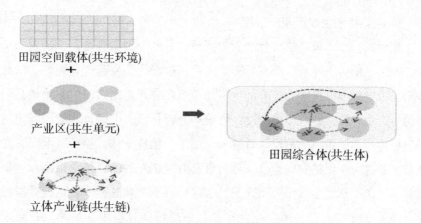

图5-4　田园综合体共生模式示意图

索推进农村经济社会全面发展的新模式、新业态、新路径，逐步建成以农民合作社为主要载体，让农民充分参与和受益，集循环农业、创意农业、农事体验于一体的田园综合体"。结合《关于开展田园综合体建设试点工作的通知》，各地出台了一些相关政策（表5-19），并着手开始进行实践。

表5-19　四川和贵州田园综合体相关文件

地区	政策性文件名称
贵州省	《关于加快培育新动能建设新业态实现渔业绿色发展的意见》
四川省	《关于加快构建政策体系培育新型农业经营主体的实施意见》
	《四川省人民政府加快推进现代农业产业融合示范园区建设的意见》
	《关于开展田园综合体建设试点工作的通知》
	《关于深入推进农业领域政府和社会资本合作的实施意见》

（三）田园综合体发展模式

近年来，以农业产业为支撑，以美丽乡村为依托，以农耕文明为背景，以农旅融合为核心，探索建设了一大批具有田园综合体基础和雏形的试点和亮点区域，模式不一，特色各异，取得了良好成效和有益经验。结合调研情况，这些探索试点主要包括以下几种模式。

1. 优势特色农业产业园区模式

该模式是以本地优势特色产业为主导，以产业链条为核心，从农产品生产、加工、销售、经营、开发等环节入手，打造优势特色产业园区，以此为基础，带动形成以产业为核心的生产加工型综合体。比如四川省青神县依托当地竹产业，打造竹林湿地公园、竹编产业孵化园、中国竹艺城国际博览园等，延伸产业链条，形成聚集竹种植、加工、销售一体，旅游、电商、文娱完整产业链条，促进农民增收。眉州市彭山区在发展优势特色柑橘产业集群过程中，集中开展标准化果园建设，通过科技示范和品种改良，提升柑橘产业品牌美誉度，依托农民专业合作社和果品协会打造柑橘品牌，并通过电商、团购、物流等方式带动产品增值、产业增效和农民增收。

2. 文化创意带动三产融合发展模式

该模式是以农村一二三产业融合发展为基础，依托当地乡村民俗和特色文化，推动农旅结合和生态休闲旅游，形成产业、生态、旅游融合互动的农旅型综合体。比如四川省浦江县明月国际陶艺村，依托7000亩竹笋园、3000亩茶园，发展以陶艺为核心的乡村旅游创客示范基地，吸引文化艺术类人才入驻，配套建设书院、客栈、茶吧、民宿等文化和生活服务设施，已成为成都附近知名的农旅融合示范点；丹棱县幸福古村通过引入社会资本，综合利用古树、古桥、古民居、古道、古梯田，将偏僻的乡村民居升级改造为田园意境的休闲民宿，由锦江饭店集团派出管理团队入村管理，并依托当地资源条件发展葡萄、柑橘等特色产业，打造"农耕文明的活标本"；彭山区岷江现代农业示范园，统筹布局现代农业、休闲旅游、田园社区等功能区，探索政府、企业、原住民、新住民、游客多方共建模式，推动"农业+旅游"融合发展，同时，积极创新体制机制，探索国有建设用地下乡用于发展产业，农业基础设施建设采取"财政投入、业主有偿使用"新模式，增加村集体经济收入来源。

3. 都市近郊型现代农业观光园模式

该模式是利用城郊区位独特优势，以田园风光和生态环境为基础，为城乡居民打造一个贴近自然、品鉴天然、身心怡然的聚居地和休闲区，领略和感受农耕文明和田园体验，形成一个以休闲体验为主要特色的生活型综合体。比如四川省新津县国际田园农博园，依托四川农业博览会永久性、开放性会址，集中展示农业新品种、新技术、新机具、新机制，园区内布局了国家级"台湾"地区农民创业园、4A 级景区斑竹林、有机农场、房车营地、花卉博览园等，由台湾引入祥生有机农场，遵循生态农业理念，发展农业特色小镇经济，打造有机新农夫创业园，成为依托大型城市发展都市现代型农业的样板示范区。

4. 农业创意和农事体验型模式

该模式依托当地农业生态资源，创新乡村建设理念，以特色创意为核心，传承乡土文化精华，打造青年返乡创业基地和生态旅游示范基地，开发精品民宿、创意工坊、民艺体验、艺术展览等特色文化产品，发展新产业新业态，构建以乡土文明和农事体验为核心的创意型综合体。

这些综合体模式体现了因地制宜、百花齐放的理念和特色，在当地均形成了较大的影响力，对于当地壮大产业实力、农民广泛受益、生态良性循环和城乡一体化发展都发挥了积极作用，在实践探索上积累了有益经验，为我们建设更高水平的田园综合体提供了样本和借鉴。同时，我们也应看到，在这些田园综合体中，相对于中央关于"三产融合""三生统筹"、农民充分参与和广泛受益等相关要求看，也存在一些短板和瓶颈，比如，有的单纯突出产业发展，对于田园综合体的整体把握和理念认识还不够全面，没有统筹考虑宜居宜业的要求；有的没有强调姓农为农，项目布局和业态发展上与农业未能有机融合，单纯将田园村落作为项目落地背景陪衬；有的过于依赖工商

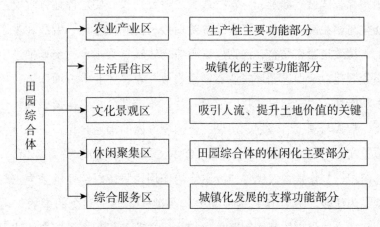

图 5-5　田园综合体的功能区域

资本主导，农民及农民合作社的参与还不够充分，集体组织资产在外来资本涌入时发挥作用不足，企业、合作社与农民在利益分享机制上还不够健全，等等。我们要在探索实践中提升理念认识，在因地制宜、突出特色的基础上，精准定位、聚集要素、健全功能、补齐短板，坚持用全面、统筹、可持续的观念和方法，建设理念领先、要素齐全、功能多样，具有示范引领效应的高水平田园综合体。

（四）田园综合体发展关键要素

1. 在建设定位上，要确保田园综合体"姓农为农"的根本宗旨不动摇

田园综合体的建设目标是为当地居民建设宜居宜业的生产生活生态空间，其核心是"为农"，特色是"田园"，关键在"综合"。要将农民充分参与和受益作为根本原则，充分发挥好农民合作社等新型农业经营主体的作用，提升农民生产生活的组织化、社会化程度，紧密参与田园综合体建设并全面受益。在这一方面，要切实保护好农民的就业创业权益、产业发展收益权益、乡村文化遗产权益、农村生态环境权益。尤其要强调的是，田园综合体要展现农民生活、农村风情和农业特色，核心产业是农业，决不能将综合体建设搞成变相的房地产开发，也不是大兴土木、改头换面的旅游度假区和私人庄园会所，确保田园综合体建设定位不走偏走歪，不发生方向性错误。

2. 在推进力量上，坚持以农业综合开发为平台，集中相关政策支持合力

田园综合体试点涉及面广，投入大、建设期长。要发挥地方政府主导作用，强化与相关涉农政策和资金的统筹衔接，把农村生产、生活和生态等各领域的支持政策紧密结合，探索以田园综合体试点为平台，统筹推进生产生活生态领域建设，促进循环农业、创意农业、农事体验等方面发展，拓展农业的多功能性，力争建设一片、成效一片、务求精品。要根据田园综合体建设需要，加强与国土、规划、建设、金融等方面的沟通合作，联合出台相关支持政策文件，全面支持开展田园综合体试点。要充分发挥好政府、企业、村集体组织、合作社、农民等建设主体的作用，坚持以产业链条为主线，以利益联结为纽带，以合作共赢为动力，通过建立科学健全的市场化运行机制，使每一个建设主体都能明确自身定位，主动参与和投入综合体建设，各尽其能、各取所需，形成建设合力。尤其要处理好政府、企业和农民这三方

面的利益关系，确保地域得发展、企业得效益、农民得实惠，充分调动各方面投入、建设和运营的积极性。

3. 在建设内容上，重点推进六大支撑体系建设

以农业综合开发为平台推进田园综合体建设，要围绕建设目标、功能定位和模式特色，重点抓好生产体系、产业体系、经营体系、生态体系、服务体系、运行体系等六大支撑体系建设。夯实基础，搭建平台，集中连片开展高标准农田建设，加强田园综合体区域内"田园＋农村"基础设施建设，整合资金完善供电、通信、污水垃圾处理、游客集散、公共服务等配套设施条件。突出特色，壮大产业，围绕田园资源和农业特色，做大做强传统特色优势主导产业，推动土地规模化利用和三产融合发展，大力打造农业产业集群，推进农村电商、物流服务业发展。创业创新，培育主体，积极壮大新型农业经营主体实力，完善农业社会化服务体系，促进农业适度规模经营，优化农业生产经营体系，逐步将小农户生产、生活引入现代农业农村发展轨道。培育和开发农业的多功能，促进绿水青山变为金山银山，优化田园景观资源配置，深度挖掘农业生态价值，统筹农业景观功能和体验功能，凸显宜居宜业新特色。积极发展循环农业，充分利用农业生态环保生产新技术，促进农业资源的节约化、农业生产残余废弃物的减量化和资源化再利用。完善功能，强化服务，要完善区域内的生产性服务体系，通过发展适应市场需求的产业和公共服务平台，聚集市场、资本、信息、人才等现代生产要素，推动城乡产业链双向延伸对接，推动农村新产业、新业态发展。集中合力，顺畅运行，确定合理的建设运营管理模式，政府重点负责政策引导和规划引领，营造有利于田园综合体发展的外部环境；企业、村集体组织、农民合作组织及其他市场主体要充分发挥在产业发展和实体运营中的作用；农民通过合作化、组织化等方式参与综合体建设并多重受益。

4. 在实施路径上，要充分发挥市场机制作用，鼓励基层创新探索

要坚持以政府投入和政策支持为引领，充分发挥市场机制作用，激发综合体内生发展动力和创新活力。在资金投入上，要改进财政资金投入方式，综合考虑运用补助、贴息、担保基金、风险补偿金等多种方式，提升财政使用效益。积极与农行、农发行、国家开发银行等金融机构对接合作，通过"财金融合"等方式创新投融资机制，充分发挥财政与金融资本的协同效应。

田园综合体建设主体多元，不同的利益诉求决定了建设资金来源渠道广泛多样，要通过财政撬动、贴息贷款、融资担保、产权入股、PPP 等模式，引入更多的金融和社会资本。要创新土地开发模式，按照 2017 年中央一号文件提出的"完善新增建设用地的保障机制，将年度新增建设用地计划指标确定一定比例，用于支持农村新产业、新业态的发展，允许通过村庄整治、宅基地整理等节约的建设用地，通过入股、联营等方式，重点支持乡村休闲旅游、养老等产业和农村三产融合的发展"等政策要求，完善新增建设用地的保障机制，探索解决田园综合体建设用地问题。在完善科技支撑、吸引人才聚集、发展新产业新业态、健全运行服务体系等方面，也要坚持以市场机制为主，配合相关政策支持，使综合体走上充满活力的良性发展轨道。要积极鼓励基层和市场主体，以田园综合体为平台，在运行机制、管理方式、业态形式、建设模式等方面进行探索，用创新的办法解决建设过程中遇到的问题和瓶颈。注重田园综合体建设经验积累和规律总结，为全面推开试点奠定基础。

五、山水林田湖综合治理模式

（一）山水林田湖生命共同体

中共十九大报告提出，坚持人与自然和谐共生，统筹山水林田湖草系统治理，实施重要生态系统保护和修复重大工程，优化生态安全屏障体系，构建生态廊道和生物多样性保护网络。2016 年，财政部、原国土资源部、原环境保护部印发了《关于推进山水林田湖生态保护修复工作的通知》，开展国家山水林田湖草生态保护修复工程试点。中共中央总书记习近平在《关于〈中共中央关于全面深化改革若干重大问题的决定〉的说明》中指出："山水林田湖是一个生命共同体，人的命脉在田，田的命脉在水，水的命脉在山，山的命脉在土，土的命脉在树。""山水林田湖生命共同体"的理念逐渐兴起，指导试点工作顺利开展，森林覆盖率持续提高。

"山水林田湖生命共同体"，从本质上深刻地揭示了人与自然生命过程之根本，是不同自然生态系统间能量流动、物质循环和信息传递的有机整体，是人类紧紧依存、生物多样性丰富、区域尺度更大的生命有机体。田者出产谷物，人类赖以维系生命；水者滋润田地，使之永续利用；山者凝聚水分，涵养土壤；山水田构成生态系统中的环境，而树草依赖阳光雨露，成为生态系统中最基础的生产者。山、水、林、田、湖作为自然生态系统，与人类有着极为密切的共生关系，共同组成了一个有机、有序的"生命共同体"。

"山水林田湖生命共同体"具有整体性、系统性和综合性三个基本特征。一是整体性。对于影响国家生态安全格局的核心区域、濒危野生动植物栖息地的关键区域，要将山水林田湖草作为一个整体，破除行政边界、部门职能等体制机制影响，开展整体性保护。二是系统性。对于生态系统受损严重、开展治理修复最迫切的重要区域，要将山水林田湖草作为一个陆域生态系统，在生态系统管理理论和方法的指导下，采用自然修复与人工治理相结合、生物措施与工程措施相结合的方法，开展系统性修复。三是综合性。对于环境问题突出、群众反映强烈的关键区域，要将山水林田湖草作为经济发展的一项资源环境硬约束，开展区域资源环境承载能力综合评估，合理调整产业结构和布局，强化环境管理措施，开展综合性治理。

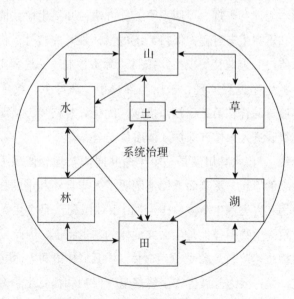

图 5-6　山水林田湖草生命共同体

"山水林田湖生命共同体"理念为我们提出了系统观和生命观两大核心指导思想。

　　一是系统观。"山水林田湖是一个生命共同体"理念点明了我国亟需研究和整治的系统，但更重要的是这一理念体现了系统等级层次理论和土地（景观）综合体概念。系统有大有小，依我们研究的问题和目标而定。与系统概念相似，景观大小视我们观察、研究和规划设计的尺度而定，从几十亩地的沟路林渠田，到几平方公里的山水林田村，再到几百平方公里的山水林田湖，甚至几十万平方公里的"京津冀"都市圈，都是一个生命共同体，更是一个景观综合体。它们记载人类长期适应和改造自然的足迹和生态文化，形成了具有唯一感知的景观特征、特定的生物组成以及生物与环境相互作用的生态过程。如果失去了这些身份特征而导致生命共同体的千篇一律，乡土文化也就随之消失。因此，对于不同尺度"生命共同体"和"景观综合体"的规划、保护和整治来说，要充分认识景观综合体的整体性、有机关联性、结构功能性、等级层次性等系统基本特性，克服线性思维，树立非线性思维方法，将由整体到部分的分析方法、由部分到整体的综合方法有机结合起来，深入系统地研究生命共同体在脆弱性、协同性、适应性、弹性、可持续性等方面的基本规律和表现。运用系统工程方法，开展生命共同体综合利用和改造，维护和重建生态过程，保持系统的整体性、完整性。例如，美国易华达州开展水质提升土地管护项目，按照"源头控制——过程阻控——受体保护和净化"的生态过程原理，采用等高梯田、缓冲带、牧草带和玉米间作、多样化林地等综合整治工程技术措施，优化景观格局，从而有效防治水土流失，阻止氮磷进入水体，保护水体质量安全。

　　二是生命观。"山水林田湖是一个生命共同体"理念体现了从更大格局上认识人地关系的思想，深刻而透彻地阐明了人与自然和谐的根本。像微生物、植物、动物和人类等生命体一样，"山水林田湖"是个更大尺度的生命有机体，具有较高生物多样性是生命共同体的基本特征。因此，"尊重自然、顺应自然、保护自然"首先要尊重生命体。"山水林田湖生命共同体"统一管护的目标之一是：大力开展生物生境修复，保护和提高生物多样性。要把土壤（如蚯蚓和节肢动物等）、水体（如鱼类、泥鳅、青蛙等）、农田（害虫天敌、授粉昆虫等）和乡村景观（鸟类和授粉昆虫等）等生物多样性作为山水林田湖综合整治和管护的评价指标，避免机械地对待"山水林田湖生命共同体"，减少硬质基础设施建设、单一化植被建设等"有生态之名，无生态之实"的工程项目，防止出现"寂静的春天"。

"山水林田湖生命共同体"理念的核心体现了生命（生物）和环境构成的生态系统观。山水林田湖建设和管护的目标是要树立自然价值和自然资本的理念，大力提高以生物多样性为核心的生态景观服务功能。近年来，国际上，UNEP、FAO 关于土地利用远景战略报告中指出："21 世纪，为了满足人口增加对生产和生活的需求，必须用较少投入获得更多的农林产品，确保生态环境健康；同时，还必须提高生物多样性、授粉、害虫控制、水质净化、水土涵养、土壤保持和养分循环等生态服务功能，确保生态系统健康和可持续发展。"我国必须确保 18 亿亩耕地红线，再加上建设用地不断增加，因而生态用地数量提升空间不大，必须从生态用地数量管理转向生态景观服务功能提升管理。因此，在国土空间规划和开发过程中，要牢固树立空间均衡理念，一是要开展"山水林田湖"所构成的景观综合体的特征评价，通过强化水土涵养、生物多样性保护、碳固定、美景等生态景观服务功能的空间定量化分析，权衡和协调生态景观服务功能供给和需求，从而确定生态景观服务功能数量、质量和空间格局红线，优化国土空间格局；二是在土地开发和利用过程中，不仅要严格执行耕地产能"占补平衡"，还应针对建设用地开发导致的土壤封闭、环境污染等生态环境问题和生物多样性保护、水土涵养等生态景观服务功能耗损，积极推进直接支付或是开展生态投资等形式的"生态占补平衡"；三是在城镇发展中，要合理确定生态用地数量、质量和空间格局红线，恢复和提升生态景观服务功能，增强城镇生态系统的稳定性和弹性，应对各类灾害发生；四是在农业/农村可持续发展中，要从农业生态系统和农业景观两个尺度上，开展土地景观综合体的规划和建设，开展乡村环境生态修复，提高乡村景观生态服务功能，加强生产用地和生态用地平衡，建立必需的生态补偿用地指标，恢复和提升控制氮磷流失、净化水体、自然授粉、保护生物多样性等生态景观服务功能，促进由"疾病防治"到"健康管理"的绿色生产方式转变。

"山水林田湖生命共同体"理念强调系统内部的有机联系，为景观综合体的生态修复与管护提供了方法论，即景观方法，或是"生命共同体"方法，其核心内容与世界银行、UNEP、联合国粮农组织近几年倡导的景观方法相一致。景观是由自然因素、人类活动以及相互作用形成的一片被人感知的特征区域，是自然生态系统和人工改造生态系统镶嵌构成的社会生态系统。景观（综合体）方法的核心是强调空间异质性，考虑不同尺度下景观要素形成的土地利用和景观格局与社会、经济和生态过程的相互关系。在实践上，要树立"绿水青山就是金山银山"的生态文明价值观，以绿色基础设施建设为抓手，开展不同尺度"山水林田湖生命共同体"的生态保护、修复和管护。一是将绿色基础设施建设理论和方法融入各类区域规划中，开展集生态景观特征提升和历史文化遗产保护、生态修复、生物多样性保护、水土气安全、防灾避险、乡村游憩网络等功能于一体的绿色基础设施规划，确定生态数量、质量和空间格局红线，优化国土空间格局；二是在国土空间布局和土地利用总体规划中，在各类土地整理、农林水建设和环境保护等项目实施过程中，要高度重视"沟路林渠田""山水林田村""山水林田湖"等不同尺度的土地（景观）综合体格局与水土气循环、生物迁移、污染物迁移、害虫—天敌调控、授粉等生态过程之间的相互关系，通过景观格局优化、不同类型景观要素之间相互关系的重建、修复和提升，加速、延缓、阻断、过滤水土气和生物生态过程，提高生态景观服务功能，确保水土气、生物、生态安全性；三是在工程技术措施的设计和应用过程中，要大力开展生物生境修复，恢复和提升生态景观服务功能，提高工程技术的生态景观服务功能。

"山水林田湖生命共同体"理念强调在遵循自然规律的前提下开展生态保护和修复，具体在各类项目的实施过程中，要开展沟路林渠、湿地、林地、河流等景观要素的生态景观化工程设计。生态景观化工程设计是指在工程技术设计过程中，充分考虑工程对"生命共同体"的影响，尽量采用乡土材料和乡土技法，加强生物生境的修复，维持"二次自然、驯化的自然"，增强透水性、生态循环性、生物共存性（模拟自然群落），建立具有丰富生物资源和生态景观服务功能的工程系统。工程技术不仅要提高直接效用，还应考虑工程对生态景观服务功能的间接影响，降低工程对生态环境的负面影响。工程技术按照对生态景观服务功能的考虑程度，可以大致分为非生态景观化工程技术和生态景观化工程技术，以河道整治工程为例，前者通常采用水泥覆盖等过度硬化方法，阻断了水土循环等自然生态过程；而后者往往保护自然驳岸，建设能够控制氮磷流失、保护生物多样性的植被缓冲带。当前需要做的工作包括：一是要推进土地生态环境建设工程技术体系构建，在林业、水利、土地整理、生态环境整治等各领域现有的工程技术基础上，增加生物生境修复、退化生态系统修复、水源涵养、缓冲带建设、植物景观营造、乡村绿色基础设施建设、乡土景观建设和景观风貌提升等工程技术新内容，构建多学科、多部门综合，体现不同尺度的区域特征的生态景观化工程技术体系；二是要加大生态景观化工程技术研发力度，针对不同区域的地质地貌、水文条件、乡土动植物资源等景观特征，加强沟路林田渠等各类绿色基础设施建设的选址、选材、建设方法、环境影响等工程技术标准研究，大力提升工程技术的水土涵养、小气候调节、害虫控制、授粉等生态景观服务功能。例如，在一些欧洲国家的土地生态管护项目中，农田半自然生境得到了全面的保护和提升，包括加强农田边界带的休耕和管理，开展非硬化的道路、水渠建设，种植农田植物篱、野花带和河溪缓冲带，有效提高了乡村景观生态服务功能。

"山水林田湖生命共同体"理念强调土地（景观）综合体的综合性和整体性，深入研究不同景观要素和不同利用相关者的相互作用和影响，大力推进综合景观管理。按照土地景观综合体的综合性和整体性，综合景观管理要求不同的土地经营者、管理者和利益相关者必须开展长期、统一的管理计划和行动，从而在一定尺度的生命共同体上获得多目标和预期。为此，一是要进一步明确主体，保持权属稳定性和长期性，加强以"土地使用者"为主体的"山水林田湖生命共同体"统一整治和管护，给更多参与者赋予信息交换、意见听取、参与决策的机会和权利；二是要积极探索以村集体、农民合作组织、规模化生产大户等为主体的土地整治和生态管护资金补贴制度，构建符合我国土地利用和管理方式的生态补偿模式；三是加强部门合作和联动，创立一种跨部门、跨行业、跨区域，各利益相关者、多学科参与的整体推进机制，更好地实现"生命共同体"复杂系统中的协同效应和多目标。

（二）山水林田湖综合关键要素

将山水林田湖作为一个生命共同体进行规划与管理，土地使用者、管理者以及不同利益相关者为从中获得多种收益而长期合作、统一行动，成为景观综合体的应有之意。然而，要做好耕地数量、质量、生态"三位一体"保护，特别是生态保护和生态功能提升，就需要做好理念创新、制度建设、工程技术研发和资金支持等方面的工作。

1. 认识"生命共同体"整体性和尺度性

"山水林田湖是一个生命共同体"这一理念体现了土地（景观）综合体整体性和尺度性。整体性主要表现在山水林田湖的协同性和有机联系，"人的命脉在田，田的命脉在水，水的命脉在山，山的命脉在土，土的命脉在树"，这道出了景观空间格局和生态过程的相互关系和景观综合体的相互联系和整体性。因此，耕地保护首先要尊重"山水林田湖生命共同体"整体性和综合性，要充分认识和研究耕地及其周围景观要素构成的农田生态系统，在"生命共同体"中所处的位置和相互作用，基于"耕地——利用——社会需求"之间是有非线性关系、尺度和阈值效应、历史依赖、多种可能结果、有限的可预测性、时间滞后等特征，分析山水林田湖所构成的景观特征和形成机制，开展景观格局与污染物、物种流等生态过程及其生态系统服务功能空间定量化分析，分析生态服务多功能供给和需求空间差异性，通过预测和情景分析，比较各种情景生产、生态服务、环境成本和效益，优化土地利用格局，确定耕地空间布局，加强土地用途管制，提高生态系统弹性。

系统的尺度性表现为：从几十亩地的沟路林渠田，到几平方公里山水林田村，再到几百平方公里山水林田湖，都是一个生命共同体，更是一个景观综合体。它们记载了人类长期适应和改造自然的足迹，形成了具有唯一感知的景观特征、特定的生物与环境相互作用的生态过程。不同尺度的"生命共同体"具有不同的生态景观特征，而同一生态过程在不同尺度上的变化规律也不同，当低层次的单元结合在一起组成一个较高层次的功能性整体时，总会产生一些新的特性。因此，耕地保护要分析评价"沟路林渠田""山水林田村""山水林田湖"等不同尺度土地（景观）综合体格局与水土气流动、生物迁移、污染物迁移、天敌——害虫调控、授粉等生态过程的相互关系及其尺度性，按照"源头控制——过程阻控——受体保护和净化"生态过程调控原理，开展污染、损毁、退化土地生态修复，加强不同类型景观要素重建、修复和提升，提升乡村景观，制定适应性管护措施，加速、延缓、阻断、过滤和调控水土气生物及其污染物迁移等生态过程，提高农田生态系统弹性。

2. 恢复、权衡和协同耕地的多功能性

当今，在满足人口增加对农林产品需求的同时，还要恢复和提高生态服务功能，确保生态系统健康和可持续性。正如中国科学院院士傅伯杰提出的那样，"由于我国必须确保18亿亩耕地红线，再加上建设用地不断增加，生态用地提升空间不大，必须从生态用地数量管理转向生态服务功能管理"。耕地及其周边沟路林渠、荒草地、小片林地、灌丛等半自然生境构成了农田景观镶嵌体，维系了全球约50%的野生濒危物种，提供了农业可持续发展必需的生物多样性及遗传资源、授粉、天敌和害虫调控、土壤肥力保持、水土涵养、文化和休闲等生态服务功能，也是评价"山水林田湖生命共同体"质量最重要的指标。然而，由于土地过度开发、沟路渠过度硬化导致农田半自然生境减少或消失，再加上农药化肥大量投入、土地污染和单一化种植，导致农田景观均质化、农田生物多样性降低，呈现"寂静田园"现象，并由此导致生物多样性相关的各种农田生态服务功能严重受损，严重威胁农业生产的稳定性和可持续发展。

因此，在耕地保护研究和实践上，一是要大力开展损毁、退化和污染耕地生态修复，确保耕地数量，提高耕地质量。二是恢复和提升农田景观生态系统服务功能。开展耕地质量和生态环境监测和评价，加强耕地及其周围半自然生境对生态环境影响和生态系统服务功能定量化研究，权衡并确定各项生态系统服务功能。针对不同区域和不同类型耕地利用系统，通过研发和应用生态景观化工程技术，恢复和协同农田生态系统多功能性。三是针对我国实施的"耕地占补平衡"甚少考虑耕地生态服务功能区位可获得性、农田基础设施建设甚少考虑阻控氮磷流失、提升授粉和害虫控制需要的生态服务功能等问题，有计划开展"耕地生态占补平衡"。在城镇化快速发展区，综合考虑市民对景观开阔性、水土气调节、农耕文化保护等生态服务功能的需求，合理确定耕地数量和空间布局，通过诸如农林业带状种植、河渠缓冲带建设、野花带、多样化农田林网建设等技术措施，推进生态补偿区建设；在平原农业集约化生产区，积极推进田埂整治增加的耕地与河溪、渠道两侧控制氮磷流失、生物多样性保护需要建设的缓冲带占用耕地的"生态用地占补平衡"；在山地丘陵河谷农业集约化区，推进阻控氮磷流失的河渠缓冲带建设需要占用耕地的"生态占补平衡"；在生态敏感和脆弱区，尽量保持现有农田空间布局，逐步形成"土地共享"式布局，降低农业集约化程度，大力推进有机/绿色农业，加强生态景观化工程技术应用及其生态补贴，恢复和提高农业景观生态系统服务功能。

3. 强化农田景观要素协同性和系统弹性

景观（综合体）方法核心是强调空间异质性维护、生态过程调控、生态系统服务功能协同。弹性是系统承受一系列冲击或干扰后，通过恢复和再组织以保持其基本结构、功能、特征和反馈机制的能力，可应用于任何有自我组织能力的系统。耕地的多功能性和协同性依赖空间异质性的维护和管理、生态过程的调控和协同。

因此，在实践中，一是要加强农田内作物种植异质性维护和管理。不仅要重视垂直方向上"地下水——土壤——作物——大气"连续体生态过程调控，通过水土资源管理、养分综合管理、病虫害综合防治，开发耕地生态潜力，缩小耕地产量差，还应加强农田内作物种植异质性维护和管理，通过保护性耕作、作物覆盖轮作、冬季覆盖、多层种植、带状耕作、间作套种、带状种植等技术措施，提高水分、养分利用效率。二是要加强农田景观异质性维护和管理，从田块尺度提升到农业景观尺度、"山水林田湖生命共同体"尺度上，通过恢复和提升农田生态系统半自然生境质量、缓冲带、过滤带、湿地修复等生态景观化建设，重建农田生态系统生物关系，恢复和提升景观控制氮磷流失、净化水体、提高授粉功能、保护生物多样性等生态服务功能，促进由"疾病防治"到"健康管理"的绿色生产和生态管护方式转变。

4. 加强以农户为主体的生态管护制度建设

耕地保护不仅需要一次性土地整治投资和农业基础设施建设，更需要日常维护管理投资，加强生态管护。生态系统管护强调维护土地的环境，包括：土壤、空气、水体、生物多样性等的质量和健康，发现并保护这些资源所隐含的生态系统服务功能和多重价值，并将之视为公众应履行的一种公共责任。耕地生态管护重点是从行为主体的日常活动对耕地的影响入手，尽可能落实到最直接的利益相关者。

因此，耕地生态环境管护，首先要在推进耕地所有权和使用权制度改革，让农民拥有更多财产权，成为耕地的"主人"；其次在落实政府投资和项目实施过程中，有计划推进以农户（土地使用者）为主体的项目实施制度，以减少外来者在不熟悉当地情况或是利益驱动下导致的、有意和无意的失误，提升工程质量；再次是要践行"山水林田湖生命共同体"理念，逐步构建多利益相关者（土地使用者、村集体、不同政府部门、科研单位、商业联盟、大学等）参与项目实施制度，构建良好的伙伴关系。秉承互相尊重、平等、信任的价值观，开展坦诚的交流、讨论和决策，参与项目实施的整个过程。

5. 研发和整合生态景观工程技术

工程技术不仅要提高工程技术的直接效用，还应考虑工程技术对生态环境和生态系统服务功能的间接影响，降低工程对生态环境的负面影响。按照工程技术对生态景观服务功能考虑程度，工程技术可以大致分为：非生态景观化工程技术和生态景观化工程技术。前者在进行河道与沟渠整治过程中，通常采用过渡硬化的方法，而后者往往保护自然驳岸，建设能够控制氮磷流失、保护生物多样性的缓冲带。

当前需要做的工作：一是要在原有水利、土地整理、生态环境整治工程技术的基础上，增加生物生境修复、水源涵养、缓冲带建设、景观提升、乡村绿色基础设施建设、退化生态系统修复、植物景观营造、乡土景观建设等工程技术新内容，并构建体现不同区域特征的土地生态环境建设工程技术体系；二是要加大生态景观化工程技术研发，重视绿色基础设施修复和提升工程技术研发，大力提升工程技术的生态景观服务功能；三是要加强研发日常生态管护技术和设备及其生态补贴，维护人工和基础设施的正常运转。

6. 加强耕地生态环境监测和评价

耕地生态管护应探索生态系统的变化方式、幅度及状态变量，把握其界限和阈值，以维持正常的系统弹性，并确定因这种变化而导致的生态服务功能退化情况及其对人类社会的影响，以适时做出相应的管护策略调整。此外，还应高度重视建立项目实施过程和实施后的系统反馈机制，及时对因土地利用改变和基础设施建设而导致的生态环境变化进行监测和分析，收集土地利用和土地整治项目实施后不同利益相关者的反应，以不断修正建设方案，改进日常生态管护策略和技术。因此需要研究不同类型生态系统服务功能监测和评价指标，构建包括耕地生产、耕地利用生态、生态景观和生态服务综合性的监测、评价指标，通过监测和评价，评估耕地质量及其生态环境变化趋势，优化和提升适应性管理策略和技术措施，构建耕地生态环境安全预警系统。

7. 制定工程技术生态补贴政策

综合景观管理要求修改市场和公共政策，以实现多样化的耕地保护目标，也需要相应的机构支持协同效应和解决矛盾冲突。除了保持当地机构和个人的土地使用权和控制资源利用外，还要制定激励政策使利益相关者投入更多的时间和经费，持续不断开展土地日常生态管护，特别是几年后才能获得益处的生态系统服务功能更需要持续支持。我国以"项目式"的耕地管理质量提升方式重视建设，但对后期管护不够，而各类公司实施的农业基础设施建设，也缺乏对后期管护的安排。所以，"山水林田湖生命共同体"生态管护除投资建设外，更应强调从行为主体的日常活动着手，把管护的任务应尽可能落实到最直接的利益相关者。我国当前的生态补偿政策主要针对天然林保护、退耕还林还草还湿、自然保护区、流域水资源保护制定的，基本上是通过资金补贴和转移支付等措施实现，而对原来土地用途的生态保护和生态修复，以及对村和农民直接补偿实施的建设项目不多，更缺乏对工程技术方面的补偿。因此，需要借鉴欧美等国家以农户为主体的农场生态环境管护制度，制定每项工程技术的实施标准、资金补贴额度，加强以农户为主体的耕地生态管护制度建设。

第六章　石漠化地区综合绿色发展模式分析

一、生态移民绿色发展模式

（一）概念界定

我国的石漠化地区大部分处于西南少数民族地区，由于受自然条件恶劣、历史人口基数大、区域经济贫困、长期文化闭塞和传统文化的影响，以及社会保障体制的不完善使得这些地区的人群具有下列特征：①人口存量大，分布局部集中；②人口增长率较高，年增长量大；③人口技术水平、生产技能差；④人口文化素质低，环保意识差；⑤贫困人口多，生活水平低。通过对石漠化的形成机制研究，大部分学者认为，石漠化的形成是以人活动为主导因素而引起的环境恶化与土地退化过程，而人为活动主要源自人口压力。人口压力的根源是人口的迅速增加和人平均拥有资源的迅速减少，形成了人地不可调和的矛盾。

而关于移民自古已有之，它是指跨越一定空间距离的移居人群，由于生态环境问题而实行的移民，被称作生态移民。生态移民主要包括两个方面的含义：一是指生态移民这一行为，即将生态环境脆弱地区分散的居民转移出来，使他们集中居住于新的村镇，以保护和恢复生态环境、促进经济发展的实践活动；二是指移民的主体，即那些在生态移民实践中被转移出来的农牧民。学者们主要从移民行为这一角度来定义生态移民。

生态移民是指由于生态环境恶化，导致人们的短期或长期生存利益受到损失，从而迫使人们更换生活地点，调整生活方式的一种经济行为。生态移民就是从改善和保护生态环境、发展经济出发，把原来位于环境脆弱地区高度分散的人口，通过移民的方式集中起来，形成新的村镇，在生态脆弱地区达到人口、资源、环境和经济社会的协调发展。有学者将生态移民和生存移民进行了区分。他们认为，生存移民注重考虑增加移民经济收入，解决温饱，不太关注对迁入地生态环境的近期和长远损害，属单目标移民。生态移民则从保护生态脆弱区的生态环境出发，既考虑移民能致富奔小康，又不能破坏迁入地近期和长远生态环境，同时保护迁入地原居民利益不受损害，是多目标移民。

（二）政策概况

1. "十三五"易地扶贫搬迁规划

2016 年 9 月 20 日，国家发展改革委印发全国"十三五"易地扶贫搬迁规划（发改地区〔2016〕2022 号）。"十三五"时期，是全面建成小康社会的决胜阶段。为坚决打赢脱贫攻坚战，确保到 2020 年所有贫困地区和贫困人口与全国人民一道迈入全面小康社会，党中央、国务院决定，按照精准扶贫、精准脱贫要求，加快实施易地扶贫搬迁工程，从根本上解决居住在"一方水土养不起一方人"地区贫困人口的脱贫发展问题。根据《中共中央国务院关于打赢脱贫攻坚战的决定》和《国民经济和社会发展第十三个五年规划纲要》，制定本规划。

（1）基本情况

经国务院批准，从 2001 年开始，国家发展改革委安排专项资金，在全国范围内陆续组织开展了易地扶贫搬迁工程。截至 2015 年底，已累计安排易地扶贫搬迁中央补助投资 363 亿元，搬迁贫困人口 680 多万人。一些地方也根据本地实际，统筹中央财政专项扶贫资金、扶贫移民、生态移民、避灾搬迁等资金实施了搬迁工程。在中央和地方的共同努力下，全国已累计搬迁 1200 万人以上。

"十二五"时期，国家发展改革委加大了易地扶贫搬迁工程投入力度，搬迁成效更加明显，累计安排中央预算内投资 231 亿元，是前 10 年投入的 1.75 倍；累计搬迁贫困人口 394 万人，是前 10 年的 1.37 倍。同时，带动其他中央部门资金、地方投资和群众自筹资金近 800 亿元。5 年来，通过实施易地扶贫搬迁工程，建设了一大批安路住房和安路区水、电、路、气、网等基础设施，以及教育、卫生、文化等公共服务设施，大幅改善了贫困地区生产生活条件，有力推动了贫困地区人口、产业集聚和城镇化进程；引导搬迁对象发展现代农业和劳务经济，大幅提高收入水平，加快了脱贫致富步伐；改变了搬迁对象"越穷越垦、越垦越穷"的生产状况，有效遏制了迁出区生态恶化趋势，实现了脱贫致富与生态保护"双赢"。易地扶贫搬迁产生了良好的经济、社会和生态效益，受到搬迁对象的普遍欢迎。

（2）面临形势

改革开放以来，在有计划、有组织大规模开发式扶贫推动下，贫困地区面貌发生了翻天覆地的变化，同时也探索和总结出一系列行之有效的扶贫开发经验。党的十八大以来，党中央、国务院制定实施了一系列力度更大、强度更高的政策措施，为贫困地区加快发展和贫困人口脱贫注入了新动力。当前，我国经济发展进入新常态，正处于全面建成小康社会的决胜时期，贫困问题依然是最突出的"短板"，生活在"一方水土养不起一方人"的贫困问题则是"短板"中的"短板"，必须付出更大气力、采取超常规举措补齐这块"短板"，持续增进贫困地区民生福祉，使贫困人口共享发展成果。按照党中央、国务院决策部署，"十三五"时期，我国将加快实施易地扶贫搬迁工程，通过"挪穷窝""换穷业""拔穷根"，从根本上解决约1000万建档立卡贫困人口的稳定脱贫问题。与以往相比，新一轮易地扶贫搬迁面临着前所未有的挑战。一是搬迁任务繁重艰巨。5年需要搬迁的建档立卡贫困人口约1000万人，搬迁数量在中外历史上前所未有，时间紧迫，任务艰巨。二是安骆资源约束日益凸显。搬迁人口高度集中的中西部地区，山地、高原、荒漠化土地、生态脆弱区域占比高，适宜安骆的水土资源匹配条件、选址空间日益受限。城镇化加速推进，使新增建设用地日益紧张。承包土地调整难度不断加大，也使搬迁安骆工作受到不同以往的挑战。三是搬迁对象贫困程度更深。经过前15年的易地扶贫搬迁，有条件、有能力搬迁的贫困人口多数已经迁出，目前尚未搬迁的贫困人口，生存环境和居住条件更为恶劣、贫困程度更深，按原有政策力度难以完成搬迁，属于经过多轮扶持仍未啃下来的"硬骨头"。四是工程实施难度更大。易地扶贫搬迁涉及面广、政策性强，是一项复杂的系统工程和社会工程，既要精心组织做好安骆住房、配套水电路气网等基础设施和教育、卫生、文化等公共服务设施建设，也要依据不同安臵方式，扎实推进产业培育、就业培训等后续发展工作，确保实现稳定脱贫，是本轮脱贫攻坚战必须攻克的一座艰巨的"堡垒"。

经过多年实践，易地扶贫搬迁的脱贫致富效果在贫困地区已形成广泛共识，产生了显著示范效应，依然生活在"一方水土养不起一方人"地区的贫困人口，对于通过易地扶贫搬迁实现脱贫致富的做法高度认同，搬迁意愿强烈。

（3）总体思路

①指导思想

全面贯彻落实党的十八大和十八届三中、四中、五中全会以及中央扶贫开发工作会议精神，深入贯彻习近平总书记系列重要讲话精神，牢固树立并切实贯彻创新、协调、绿色、开放、共享的新发展理念，按照党中央、国务院关于打赢脱贫攻坚战的决策部署，把精准扶贫、精准脱贫作为基本方略，瞄准建档立卡贫困人口，充分尊重群众意愿，坚持易地扶贫搬迁与新型城镇化、农业现代化建设相结合，坚持"挪穷窝"与"换穷业"并举，加大投入、创新机制，因地制宜、综合施策，确保实现搬迁一户、脱贫一户，坚决打赢易地搬迁脱贫攻坚战。

②基本原则

精准识别，精准搬迁。瞄准"一方水土养不起一方人"地区中的建档立卡贫困人口，提高搬迁对象精准识别和动态管理水平。易地扶贫搬迁各项政策、各项资金都要精准集聚，优先保障建档立卡贫困人口搬迁安臵和后续脱贫，防止"大水漫灌"。

群众自愿，应搬尽搬。充分尊重搬迁群众意愿，不搞强迫命令，防止以易地扶贫搬迁之名搞"运动式"搬迁。努力做到对建档立卡贫困人口应搬尽搬，并统筹处理好整村搬迁的建档立卡贫困人口与未纳入建档立卡的农村低保户、特困户等同步搬迁人口的关系。加强社会风险防控工作，确保有序搬迁、平稳搬迁、顺利搬迁。

保障基本，完善配套。严格按照"保障基本、安全适用"的要求，做好建档立卡搬迁人口安置住房的规划和建设，严禁"垒大户""造盆景"，防止因建房面积过大而增加搬迁群众负担，使建档立卡搬迁人口因建房而负债。统筹规划、合理布局，切实做好安置区配套基础设施和基本公共服务设施建设。

　　整合资源，稳定脱贫。紧密围绕搬迁对象脱贫目标，把扶持搬迁对象后续发展摆在更加重要位臵，坚持因地制宜、多措并举、精准施策，与相关专项规划充分衔接，积极探索资产收益扶贫新机制，拓宽搬迁对象稳定增收渠道，搬迁安臵与产业发展同步推进，实现稳定脱贫。主要目标到 2020 年，实现约 1000 万建档立卡贫困人口的搬迁安臵，搬迁对象住房安全得到有效保障，安全饮水、出行、用电、通信等基本生活需求得到基本满足，享有便利可及的教育、医疗等基本公共服务，迁出区生态环境明显改善，安臵区特色产业加快发展，搬迁对象有稳定的收入渠道，生活水平明显改善，全部实现稳定脱贫，与全国人民一道迈入全面小康社会。

　　2. 全国国土规划纲要

　　2017 年 1 月 3 日国务院印发《全国国土规划纲要（2016—2030 年)》（国发〔2017〕3 号)，在推进新型城镇化发展中提出分类引导城镇化发展。提升优化开发区域城镇化质量，将京津冀、长江三角洲、珠江三角洲等地区建设成为具有世界影响力的城市群，以盘活存量用地为主，严格控制新增建设用地，统筹地上地下空间，引导中心城市人口向周边区域有序转移。培育发展中西部地区城市群，发展壮大东北地区、中原地区、长江中游、成渝地区、关中平原城市群，适当扩大建设用地供给，提高存量建设用地利用强度，完善基础设施和公共服务，加快人口、产业集聚，打造推动国土空间均衡开发、引领区域经济发展的重要增长极。稳妥有序推进农产品主产区城镇化发展，统筹协调城镇扩展与重要农产品优势区布局，加强农用地特别是耕地保护，实行点状开发、面上保护，促进人口向城市和重点小城镇集中；完善县和乡镇公共服务设施配套，提升小城镇公共服务和居住功能，促进农业转移人口全面融入城镇。引导重点生态功能区城镇化发展，以现有城镇布局为基础，实施集约开发、集中建设，有步骤地引导生态移民向中小城市和重点小城镇集中。

　　在加强重点生态功能区综合整治中提到提高防风固沙水平。分类治理沙漠化，在嫩江下游等轻度沙漠化地区，实施退耕还林还草和沙化土地治理；在准噶尔盆地边缘、塔里木河中下游、塔里木盆地南部、石羊河下游等重度荒漠化地区，实施以构建完整防护体系为重点的综合整治工程；在内蒙古、宁夏、甘肃、新疆等地的少数沙化严重地区，实行生态移民，实施禁牧休牧，促进区域生态恢复。重点实施京津风沙源等综合整治工程，加强林草植被保护，对公益林进行有效管护，对退化、沙化草原实施禁牧或围栏封育。在适宜地区推进植树种草，实施工程固沙，开展小流域综合治理，大力发展特色中草药材种植、特色农产品生产加工、生态旅游等沙区特色产业。

在持特殊地区加快发展中提到支持资源枯竭地区等困难地区转型发展。加大政策扶持力度，促进资源枯竭、产业衰退、生态严重退化等困难地区发展接续替代产业，促进资源型地区转型创新，形成多点支撑、多业并举、多元发展新格局。坚持分类指导、差异发展，构建有利于困难地区可持续发展的长效机制。推进资源型地区产业结构优化升级，鼓励有条件的地区培育壮大接续替代产业，着力解决就业、社会保障等民生问题，加强环境整治和生态保护，加大地质找矿力度，挖掘资源潜力。进一步加大对资源枯竭型城市转移支付力度，统筹解决历史遗留问题，实现经济社会可持续发展。全面推进老工业区、独立工矿区、采煤沉陷区改造转型。支持产业衰退的老工业城市加快转型，健全过剩产能行业集中地区过剩产能退出机制。加大生态严重退化地区修复治理力度，有序推进生态移民。加快推进国有林场和林区改革。

3. 国家人口发展规划

2016 年 12 月 30 日国务院印发《国家人口发展规划（2016—2030 年）》（国发〔2016〕87 号），在改善人口资源环境平衡中提出制定和完善与主体功能区相配套的人口政策。要统筹考虑国家战略意图和区域资源禀赋，在开展资源环境承载能力评价的基础上，科学确定不同主体功能区可承载的人口数量，实行差别化人口调节政策。对人居环境不适宜人类常年生活和居住的地区，实施限制人口迁入政策，有序推进生态移民。对人居环境临界适宜的地区，基本稳定人口规模，鼓励人口向重点市镇收缩集聚。对人居环境适宜和资源环境承载力不超载的地区，重视提高人口城镇化质量，培育人口集聚的空间载体，引导产业集聚，增强人口吸纳能力。

促进人口绿色发展。实施人口绿色发展计划，积极应对人口与资源环境的紧张矛盾，增强人口承载能力。大力推行创新驱动、资源集约节约、低碳环保的绿色生产方式，推广绿色低碳技术和产品，严格限制高耗能、高污染行业发展，节约集约利用土地、水和能源等资源，促进资源循环利用。积极倡导简约适度、绿色低碳、文明节约的生活方式，推广绿色建筑，鼓励绿色出行。

保障边境地区人口安全。要从维护国家安全的高度，多措并举稳住边境人口适度规模，优化人口结构和分布。统筹运用人口发展、产业促进、转移支付、公共服务和社会管理等政策，努力扩大就业、增加边民收入、提高公共服务水平，让边境各族群众安居乐业。加强人口跨境流动管理，促进边境地区繁荣发展。

4. 西部石漠化地区相关政策

生态移民指因自然环境恶劣，当地不具备就地扶贫的条件而将当地人民整体迁出的移民，如贵州省麻山地区，因水土资源不断流失而呈现"石漠化"（石质荒漠化）现象，当地人民失去生存的基本条件，因而不得不迁往他乡。中国是从 2000 年开始实施生态移民的，仅西部地区约有 700 万农民已实现了移民。各地区都在生态移民方面做出很多努力。

表 6 - 1　项目省份生态移民相关文件

地区	政策性文件名称
青海省	《中共青海省委青海省人民政府关于推动乡村振兴战略的实施意见》
	《关于三江源地区生态移民享受优惠政策的通知》
甘肃省	《甘肃省农牧厅关于下达 2017 年农村集体承包园地和国有土地安置移民承包地确权登记颁证工作经费计划的通知》
陕西省	《陕西集中连片特困地区特色产业精准扶贫规划（2016—2020 年)》
	陕西省农业厅关于印发《农村土地承包经营权登记工作中若干具体问题处理的指导意见》的通知
	《陕西省避灾生态移民搬迁补助资金管理办法》
贵州省	《贵州省扶贫生态移民工程规划（2012—2020 年)》
	《贵州省 2011 年农村劳动力培训阳光工程项目实施方案》
四川省	《四川省天然草原退牧还草工程管理办法（试行)》

（三）生态移民绿色发展模式

1. 生态贫困与生态移民

（1）生态贫困的形成机理

我国西部地区的贫困主要是生态环境恶化造成的，贫困人口主要居住在我国西部的生态脆弱地带。我国学者牛文元将生态脆弱带定义为：在生态系统中，凡处于两种或两种以上物质体系、能量体系、结构体系、功能体系之间所形成的"界面"以及围绕该界面向外延伸的"过渡带"空间域。生态脆弱带在地球表层分布极其广泛，其类型有干湿交替带、农牧交错带、水陆交界带、森林边缘带、沙漠边缘带、梯度联结带、板块接触带、城乡交接带等。生态脆弱带在复杂性方面高于单一生态类型，其自然资源相对丰富，但由于处于物质、能量、结构、功能的过渡区，所以常具有很高的敏感性、不稳定性和摆动性，可被代替的概率很大，抗干扰的能力弱，界面变化速度快，空间移动能力强等特性。

实际上，贫困与环境退化之间是相互影响、相互关联的，环境退化造成贫困，贫困使得人类更进一步向环境索取，形成贫困与环境之间的恶性循环。在西部地区，贫困与环境退化存在着强烈的相互驱动机制：在自然生态系统的良性循环被打破，以及现代生产要素投入匮乏的双重制约下，人口增加所带来的生存需要只能靠土地的数量扩张来满足，即使这种土地是十分贫瘠的；土地的进一步扩张加剧破坏生态系统，土地更加贫瘠，产量下降。贫困使土地的利用具有极强烈的生存型驱动作用，使贫困与环境退化陷入互为因果的恶性循环之中。贫困既是环境退化的结果，也是环境退化的重要原因。生态环境破坏加剧了自然灾害的发生，日益频繁的旱灾、风灾、洪灾和地质灾害，在造成巨大物质财富损失的同时，还严重地威胁着人类生存和可持续发展能力的建设。在开放的生态环境系统中，生态环境的恶化不仅导致当地贫困，而且由于贫困，恶化的生态环境一般得不到有效、及时的治理，生态贫困的范围和空间因此进一步扩大（图6-1）。

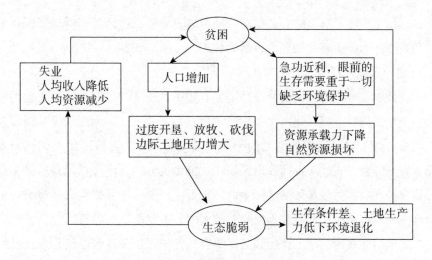

图 6-1 生态贫困的形成机理

(2) 生态移民的理论机制

西部地区生态环境的恶化,很大程度上是人为的结果。要彻底改变这种状态,改善西部生态脆弱区的生态环境,解决贫困问题,实施生态移民是一种好办法。生态移民,就是从改善和保护生态环境,促进经济发展的角度出发,将位于生态环境脆弱区的人口迁移出去,使生态脆弱区形成无人区或减少人口数量,在适于居住和生产的地区形成新的村镇,从而达到人口、资源、环境和经济的协调发展。生态移民的理论机理在于:①资源环境的不可持续性。西部地区处于我国的江河源区或其上游地区,对我国其他地区的生态环境具有极大的跨区域影响,是维持我国整体生态环境稳定的重要地区,是我国重要的经济三角洲——长三角和珠三角的生态屏障。其生态环境一旦遭到破坏,将很难治理甚至不可逆转。因此,采用异地移民方式一方面可以减少或限制人类对生态脆弱区的开发性活动,另一方面移居到自然条件相对好的地区有利于移民发展经济,减少贫困。②生产要素缺乏有机结合。社会财富的创造是通过生产要素的有机结合实现的。在现代化生产中,最基本的生产要素概括起来有四种,即自然资源(含土地)、劳动(主要指简单劳动)、资本和知识(主要包括管理知识、技术知识及信息等)。这些生产要素的结合,形成了现实的生产活动。生态移民通过对贫困人口的迁移,改变资源环境对经济发展的限制,克服资源环境的主导性限制,选择有条件的迁入地区，使生产要素有机结合，提高劳动力自身素质，进而提高劳动者群体的自我发展能力，最终达到异地脱贫的目的。

（3）具体发展模式概况

在西部实施生态移民的必要性主要有以下几点：一，西部地区土地面积大，干旱少雨，土壤沙化严重，生态环境日益恶化。二，生态移民是缓解人口数量、分布与土地承载力之间矛盾的需要。三，生态移民是人们更新观念、转变经营方式、实现西部地区城镇化的需要。四，生态移民是解决生态环境保护和农牧民脱贫致富之间矛盾的需要。另外，在保护生态环境的各项措施中，生态移民是成本较小而收益较大的一种方式。

目前，在我国三峡工程区和三江源自然保护区以及西部沙漠化地区已经开始生态移民试点，试验性建立一些生态无人区，其效果初现，影响较大。但在我国石漠化地区开展生态移民尚未进行，其主要原因是石漠化地区地处西部广大贫困地区、欠发达地区、少数民族地区，就近就便安置非常困难，政府投入很大，加上人口文化素质较低，开发性的移民和迁出安置困难重重。另外，由于石漠化地区生态系统自然恢复能力有限，在石漠化地区建立生态无人区，实行完全的生态移民的理想，现实困难很大。现阶段石漠化地区形成以下几种生态移民模式。

①开发性建设移民，在石漠化地区，就近利用自然资源建设劳动密集型加工产业，集中招工，使部分人口完全脱离石漠化地区而生存。

②城镇服务性移民，开放石漠化地区附近城镇户口管制，制订优惠政策，鼓励农民进城定居，从事服务和商贸行业。

③区域集中居住迁移，在石漠化地区以区域（或乡、村）为单位，通过兴建集镇、集约经营农业，提高非坡耕地农作物产量，普及推广非木质能源，从而减少人口和能源对石漠化土地的压力。

④国家生态安置，对贵州、云南、广西局部极贫困石漠化山区，国家应通过兴办工厂、企业，安置移民，在长江中下游平原农作区，计划迁移生态难民，并将其列入国家财政预算，确保移民的生产生活与生存。

（四）生态移民绿色发展模式的关键要素

1. 安置城镇的选择问题

由于在城镇安置模式下移民没有土地或土地很少，他们必须通过转产转业维持生计，因而城镇非农产业对劳动力的吸纳能力显得尤为重要。因此，在选择安置点时，应选择劳动力就业潜力大、服务业对就业的吸纳能力强的城镇。对于一些周边环境恶劣、发展潜力小、资源缺乏的小城镇，不应作为移民安置的可选之地。

2. 城镇基础设施和公共服务设施问题

移民迁入城镇后，必然增加对城镇基础设施和公共服务设施的需求，如水、电、路、学校、医院等。这就需要在移民安置过程中，整合相关资源，切实加大对安置区基础设施和公共服务设施的投入力度，改变过去主要依靠移民资金建设安置点基础设施的做法，切实减轻移民负担。对基础设施条件较差的城镇和贫困人口更是如此。

3. 移民的培训与就业问题

如何创造非农就业岗位、提高移民非农产业就业能力，是依托城镇集中安置能否成功的关键。对于无土安置的移民，增加移民的就业机会是移民最关注的事情。必须抓住工业化、城镇化和农业产业化快速发展的机遇，大力发展生态工业园、物流业、服务业等第二、第三产业，为移民创造更多的就业机会，并对吸收移民的企业给予一定的政策优惠。同时，把培训作为未来生态移民工作的重要一环，切实加强对移民的职业技能培训、着力提高移民的科技文化素质。另外，为移民建立最低生活保障制度，帮助他们渡过移民初期的困难阶段。

4. 移民的社会适应性问题

对于无土安置的移民而言，他们中的很大一部分在搬迁之前常住偏僻农村，世世代代"日出而作，日暮而归"，是土乡土色的、地地道道的农民，依托城镇集中安置对他们实施生态移民，通过断裂的方式把他们搬迁到一个完全陌生的、现代化的环境，他们必然会经历相当大的心理震荡，适应新的环境需要有一个过程。同时，在城镇安置模式下，绝大多数移民户的经济来源都取决于外出打工，而青壮年劳动力的外出打工也不可避免地带来一些社会问题，如"老无所养""幼无所爱"等。这些问题的出现，要求相关部门从各个方面关心移民、帮助移民，使他们尽快渡过适应期。

5. 控制移民搬迁成本问题

生态移民的主要对象是贫困群体，移民的主要目的是使这部分人脱离原来恶劣的生存环境，使他们享受基本的生存权和发展权。在过去依托城镇集中安置生态移民的实践中，由于投入不足，给移民带来了严重的生计问题，主要表现在移民生活成本的提高以及由建房带来的债务问题两个方面。所以，在依托城镇集中安置模式下，政府应加大对移民的资金投入和扶持力度，降低生态移民的安置成本，减少移民生活和债务压力，使他们能够尽快在新环境中稳定下来。

二、精准扶贫绿色发展模式

（一）概念界定

1. 精准扶贫

现阶段，中国农村贫困已显现出从制度约束导致的贫困向区域条件约束、农户能力约束导致的贫困转变的特点，精准扶贫正是在长期扶贫实践与探索中基于这样的背景所形成的理念。自从精准扶贫方略被确定以来，政界以及学术界从未停止过对其内涵与政策要义的深入解析。所谓精准扶贫是相对于粗放式扶贫方式而言的，它实际上是通过一种科学有效的政策与制度安排，将扶贫资源更准确传递给目标人群的扶贫方式。中国社会科学院副院长、贫困问题研究中心理事长李培林认为，现行精准扶贫政策蕴含以下三层重要含义：一是坚持脱贫攻坚目标，现行标准既不能拔高，也不能降低；二是农村贫困人口实现脱贫、贫困县全部摘帽、解决区域性整体贫困同步实行，不能有任何偏废；三是脱贫需是经得起时间检验的真脱贫、脱真贫，此即习近平总书记多次强调的要防止"口号脱贫""数字脱贫"。事实上，精准扶贫的内涵高度概括起来就是"六个精准"，即扶持对象要精准、措施到户要精准、项目安排要精准、资金使用要精准、因村派人要精准、脱贫成效要精准。国务院扶贫开发领导小组专家咨询委员会主任段应碧认为，在上述"六个精准"中，最主要的是扶贫对象要精准和措施到户要精准。扶贫，首先就要搞清楚什么是贫困户，在研究清楚不同时期提什么样的标准以及是否统一这些标准等问题的基础上再因人精准施策。中国社会科学院吴国宝研究员把中国现行的精准扶贫定位为外部介入式的全过程的精准扶贫，以区别于国际主流语境中的目标瞄准。在此框架下，他认为，精准扶贫的基本要件应该包括确定目标人群、安排所需的扶贫资源、选择合适的扶贫资源分配方式、选择适合目标人群的扶贫方式、建立保障扶贫资源传递和项目实施的组织与制度以及建立监测评估与激励制度。农业部农村经济研究中心主任宋洪远阐述了他对精准扶贫政策的理解：第一，在扶贫主体方面，精准扶贫即是要求政府处理好传导压力和激发动力的关系；第二，扶志与扶智相结合意味着贫困人口脱贫必须依靠自己的主动性，智力和脱贫能力提高了，脱贫才具有可持续性；第三，提高脱贫质量即是要解决好地方项目储备、产业转型和安排等重大问题。

2. 精准扶贫绿色发展

绿色发展理念不仅为精准扶贫的推进提供了新契机，也对其产生了深刻影响。精准扶贫的战略目标不仅是实现贫困地区的精准脱贫，更主要的是精准探寻贫困地区绿色、可持续发展之路：以绿色发展为导向，做好精准扶贫顶层设计；大力发展绿色经济，加筑精准扶贫内生力量；牢牢守住生态底线，打造精准扶贫生态屏障；合理引导生态资源整合，拓展精准扶贫合作平台；全面推进生态移民工程，提高精准扶贫生态效力。绿色发展对于精准扶贫的现实影响具体分为以下几个方面。

（1）宏观影响

宏观影响可以从两个方面来分析。首先，绿色发展理念促使精准扶贫思想更具生命力。绿色发展就是要求用绿色的视角构架扶贫战略，用发展的办法解决脱贫问题，实现贫困地区的绿色可持续发展。对于精准扶贫来说，这是宏观层面发展方向性的变化，而且是精准性的变化。一方面，精准扶贫思路更丰富，更具生命力；另一方面，贫困地区发展方向更精准、目标更清晰。二者共同作用，为精准扶贫带来新思路和新契机。其次，绿色发展理念促使精准扶贫体系设计更科学、更规范。绿色发展理念作为科学发展理论，可以为精准扶贫体系设计提供科学、规范的思路支持。具体而言，就是将绿色发展理念贯穿到精准扶贫战略设计中，抛弃传统单一、粗放的扶贫思路，制定科学的、系统的扶贫工作方案，提高精准扶贫的实效性和可持续性。

（2）中观影响

中观影响也可以从两个方面来分析。首先是对贫困区、贫困片精准扶贫的影响。在绿色发展理念下，贫困区域必须立足自身生态环境，借助本地资源优势，一是对本区域的精准扶贫设计、方案、重点、方式进行调整和优化，实现因地制宜、绿色扶贫；二是将相连或相近的贫困区域整合为一个新的发展共同体，实施以精准扶贫为主题的绿色发展战略，实现区域脱贫和持续发展的双重效果。其次，绿色发展促动生态产业助阵精准扶贫。绿色发展理念会带动一大批生态产业的兴起，这些新兴生态产业将成为精准扶贫的又一推动力。通过精准扶贫实现贫困地区绿色可持续发展是扶贫开发的最终目的，也是绿色发展理念的必然要求。因此，精准扶贫一定要遵循绿色、环保、生态的发展新标准，不能延续以牺牲生态环境为代价的传统工业扶贫模式，要通过新型生态产业、生态项目、生态科技助阵精准扶贫，实现贫困地区生态优美、生活富裕的发展之路。

（3）微观影响

发展理念的变化最终会影响人们的思维模式和行为模式等微观领域。绿色发展理念将全面、系统地"渗入"精准扶贫的微观世界，进而影响贫困主体及扶贫主体的思维方式、生活方式及生产方式。首先，对思维方式的影响表现为由"一方水土养一方人"的传统生态思维逐渐向"一方人保一方水土"的生态意识转变，并且生存理念也逐渐由"自然索取式"向"生态共生式"转变，更会突破"穷自在""等、靠、要"的脱贫思维模式，实现以追求自我发展为核心的自发性脱贫思维。其次，对于生活方式而言，绿色生活方式逐渐取代传统物质型生活方式。贫困地区往往是经济落后、资源贫乏地区，传统生活方式以"竭泽而渔"的方式消费自然资源，导致贫困问题顽固化和代际化。绿色发展理念势必会引导人们逐渐形成健康、绿色、环保的生活方式。再次，对于生产方式而言，传统的高污染、高消耗、粗放型工业生产方式将被无污染、低消耗、集约型生态生产方式所取代，实现"先污后富"的传统扶贫路径向"只富不污"的新型扶贫路径转变。由此可见，贫困主体及扶贫主体思维方式、生活方式及生产方式的一系列转变，正是绿色发展理念在社会领域中的现实回应，更是绿色理念渗透到精准扶贫微观世界的集中体现。

（二）精准扶贫政策概况

十八大以来，习近平总书记从人民利益和幸福出发，提出了"精准扶贫"的战略思想，并要求：扶贫要实事求是，因地制宜；要精准扶贫，切忌喊口号。五年来，在党中央的全面领导下，我国扶贫取得举世瞩目的成就，不仅使得"脱贫攻坚战取得决定性进展，六千多万贫困人口稳定脱贫，贫困发生率从 10.2% 下降到 4% 以下"，也使得人民群众的生活水平在不断改善、幸福指数节节攀升。

而"精准扶贫"的重要思想最早来源于 2013 年 11 月，是习近平到湖南湘西考察时首次做出了"实事求是、因地制宜、分类指导、精准扶贫"的重要指示。2014 年 1 月，"中办"详细规制了精准扶贫工作模式的顶层设计，推动了"精准扶贫"思想落地。2015 年 10 月 16 日，习近平在"2015 年减贫与发展"高层论坛上强调，中国扶贫攻坚工作实施精准扶贫方略，增加扶贫投入，出台优惠政策措施，坚持中国制度优势，注重六个精准，坚持分类施策，因人因地施策，因贫困原因施策，因贫困类型施策，通过扶持生产和就业发展一批，通过易地搬迁安置一批，通过生态保护脱贫一批，通过教育扶贫脱贫一批，通过低保政策兜底一批，广泛动员全社会力量参与扶贫。2015 年 11 月 29 日，中共中央、国务院发布《关于打赢脱贫攻坚战的决定》，明确提出到 2020 年解决区域性整体贫困问题，实现现行标准下的农村贫困人口全部脱贫。在对贫困人口实行精准识别和建档立卡的基础上，根据扶持对象精准、项目安排精准、资金使用精准、措施到户精准、因村派人精准、脱贫成效精准的工作标准，采取多种形式实现脱贫目标。《决定》要求发展特色产业脱贫、引导劳务输出脱贫、结合生态保护脱贫、实施易地搬迁脱贫、着力加强教育脱贫、开展医疗保险和医疗救助脱贫、实行农村最低生活保障制度兜底脱贫、探索资产收益扶贫，并健全留守儿童、留守妇女、留守老人和残疾人关爱服务体系。脱贫攻坚行动开展以来，从中央到地方都把扶贫作为一项重点工作，党委和政府主要领导亲自负责，取得明显成效。各地区政府也积极响应中央号召，出台相关文件推进精准扶贫工作。具体项目省份精准扶贫相关文件见表 6-2。

表6－2　项目省份精准扶贫相关文件

地区	政策性文件名称
青海省	《中共青海省委青海省人民政府关于打赢脱贫攻坚战提前实现整体脱贫的实施意见》
甘肃省	《甘肃省农牧厅　甘肃省林业厅关于印发甘肃省果品产业精准扶贫三年行动工作方案的通知》
	《甘肃省农牧厅关于印发甘肃省发展果蔬保鲜库助推精准扶贫三年行动工作方案的通知》
陕西省	《陕西省农业厅关于加快发展休闲农业助推产业扶贫的意见》
	《陕西集中连片特困地区特色产业精准扶贫规划（2016—2020年)》
	《陕西省农业厅办公室关于做好2018年产业扶贫技术服务工作的通知》
陕西省	《陕西省农业厅　陕西省财政厅关于印发农业产业帮扶资金实施指导意见的通知》
	《陕西集中连片特困地区特色产业精准扶贫规划（2016—2020年)》
贵州省	《精准扶贫 农业产业发展"八要素"工作通则》
	《精准扶贫 农业产业扶贫工作指南》
	《"十三五"特色产业精准扶贫实施方案》
四川省	《四川省乡村振兴战略规划（2018—2022年)》
	《中共四川省委　四川省人民政府关于实施乡村振兴战略开创新时代"三农"全面发展新局面的意见》
	《"四川扶贫"集体商标用标产品质量管理办法（试行)》

（三）精准扶贫绿色发展实践模式

1. 保护性扶贫

精准扶贫绿色发展是区别于传统双高（即高污染、高消耗）的扶贫方式，立足中国生态文明建设背景，试图打破当前中国面临的资源约束趋紧、环境污染严重、生态系统退化等发展桎梏的扶贫发展新模式。在扶贫开发过程中注意保护贫困地区原有生态环境，避免以破坏环境为代价换取经济发展，注重贫困地区的可持续发展，最终实现人和自然和谐共处。精准扶贫绿色发展对贫困地区原生态文化、生态环境的保护体现在扶贫开发的各个环节：在规划理念上，以实现对资源和文化的保护为主，谋求经济的新突破，将生态保护与扶贫工作结合起来；在具体实施过程中，重点扶持绿色发展项目，以生态保护为基础，创新扶贫方式，不断提升扶贫开发的层次和水平。

2. 可持续扶贫

精准扶贫绿色发展的理念核心是可持续发展，运用可持续发展的观念处理好中国扶贫开发过程中的关键问题：一是短期收益与长远利益之间的关系问题。精准扶贫绿色发展不仅要着眼现实的问题，还要放远目光，对未来的发展负责，即强调扶贫开发的整体性和联动性。当前国内大部分贫困地区位于生态环境脆弱、自然灾害频发、可持续发展基础薄弱的区域，扶贫过程中若不顾及当地特殊的发展环境，强行以破坏生态环境为代价进行经济发展，贫困地区可能暂时脱贫后再返贫困。因此，精准扶贫绿色发展不仅关注当下扶贫成效，也要保证扶贫效果的可持续性。二是经济建设、生态建设和社会发展之间的关系问题。精准扶贫绿色发展不能单纯强调经济发展，要协同推进经济建设、生态建设和社会建设，走生产发展、生态良好、生活富裕的可持续发展道路，最终实现贫困地区人与自然的全面、协调、可持续发展。

3. 内源式扶贫

贫困地区人口大多文化水平不高，缺乏脱贫致富的必要技能，自身减贫能力较弱，主要依靠政府"输血式"的扶贫。而精准扶贫绿色发展要求扶贫方式由外生向内源转变，构建新的扶贫动力机制。从宏观层面看，国家从绿色发展角度出发，依托当地自然禀赋，建立对口的绿色扶贫项目，通过培训贫困人口专业技术，扩宽其就业渠道和收入来源，从而提升贫困地区的内生动力。从微观层面分析，贫困人口从被动的接受式扶持变为主动的积极减贫；并且在实施过程中更尊重贫困人民的主体地位，通过提升个人能力，认清贫困地区人民的个人价值，帮助贫困地区人民实现自我脱贫。

4. 共享式扶贫

共享是五大发展新理念之一。共享发展理念意味着国家和社会的发展成果要由全民共享。实现全民共享要着重解决国家经济发展过程中的分配不公问题。所以，按照实现共同富裕和全面建成小康社会的要求，现阶段迫切需要不断加大扶贫攻坚力度，使贫困地区人民也能共享伟大祖国改革开放带来的发展成果。反之，贫困地区由于扶贫开发带来的社会福利也应由全民共享。精准扶贫绿色发展最大意义在于其产生的扶贫效应不仅仅表现为经济上的增量，还表现为环境、生态、文化等社会发展指标上。因此扶贫效应影响范围应该更广，不能局限在贫困地区，对于非贫困地区同样产生影响，才能使扶贫的成效大家共享。

（四）精准扶贫绿色发展的关键要素

1. 以绿色发展为导向，做好精准扶贫的顶层设计

绿色发展是贫困地区实现脱贫致富以及可持续发展的必然选择。因此，精准扶贫的顶层设计必须要以绿色发展为导向，将绿色、生态、环保的扶贫理念全面纳入其中，使精准扶贫与绿色发展有机结合起来。首先，要在顶层设计中体现环保意识以及绿色可持续发展目标，确定精准扶贫的战略目标。例如，将实现贫困地区绿色发展、贫困人口精准脱贫作为"硬指标"纳入领导干部的扶贫考核体系中；建设典型生态扶贫示范区，实现"以点带点""以点带面"的良性带动效应；推行"青山绿水就是金山银山"的生态文明建设工程；设立"绿色准入机制"，精准审核扶贫项目是否满足生态环保和可持续发展的要求。其次，要让绿色扶贫常态化。精准扶贫一定要以"绿色、生态、环保"的理念为扶贫基调，形成绿色扶贫、生态扶贫产业化、常态化。最后，强化精准扶贫的现实操作性，让绿色理念落地生根。科学制定精准扶贫具体工作方案，并将绿色理念精细化融入具体的扶贫举措中。例如，因地、因人推行"生态守护"工程，以贫困人口为主组建生态保护组织，如护林队、护草队等，一方面有利于贫困人口精准脱贫问题，另一方面有利于生态修复和保护，让贫困主体成为生态守护的主体。

2. 大力发展绿色经济，加筑精准扶贫内生力量

发展绿色经济，不仅是我国未来经济社会发展和经济结构调整的必然趋势和主要方式，更是贫困地区破解生态困境、实现精准脱贫和绿色可持续发展的必然选择。

几十年扶贫实践和经验证明，扶贫开发一定要遵循人与自然和谐共存的原则，走以生产发展、生活富裕、生态优美为目标的脱贫发展之路，增固精准脱贫的内生力量。发展绿色经济是实现这一目标的有效举措。首先，要全面推行高效生态农业，以满足市场经济的客观需求。生态农业的发展和推

广，一方面可以满足市场对优质生态农产品的需求，另一方面可以保护和改善农村生态环境，更主要的是可以增强贫困农村地区的承载能力，充分利用贫困人口的人力优势。其次，培育环境友好型的绿色生态产业，加快实现贫困地区脱贫致富。如鼓励民营企业加入生态农业产业链，依靠现代技术和管理模式，实现生态农业及生态产品的深开发和深加工，从而推动生态农业向产业化、精细化和集约型发展。同时，通过民营企业的营销模式打造区域品牌定位，以品牌效应提高农产品的市场竞争力。再次，依托绿色资源和绿色环境，推动生态项目，开发第三产业。贫困地区除了要大力发展第一二产业之外，还要积极开发第三产业以增强内生力量。如实施生态旅游扶贫工程，既实现了生态保护和利用，又推动了旅游经济的发展，更带动了贫困主体脱贫的积极性，使其成为生态旅游项目的受益者。总之，大力发展绿色经济是实现贫困地区生态效益和经济效益合二为一的有效途径，可以增固精准扶贫的内生力量，尽快地从根本上摆脱贫困、实现可持续发展。

3. 牢牢守住生态底线，打造精准扶贫生态屏障

实现贫困地区脱贫致富和可持续发展，就要牢牢守住发展和生态两条底线。因此，既要坚守发展底线，用发展的办法解决扶贫开发遇到的难题，更要坚守生态底线，打造精准扶贫的生态屏障，以生态效益加固扶贫开发的成果。

坚守生态底线是一种意识，也是举措。首先，精准掌握贫困地区生态现状，有的放矢实施生态支持。对于生态资源相对富足的区域，要依托生态资源大力发展生态产业，以生态优势实现脱贫致富。对于生态脆弱且资源贫乏的区域，生态保护是精准扶贫的前提工作。在我国，贫困地区很大程度上就是生态脆弱区和重要的水源地，生态一旦遭到破坏影响极大，而且很难恢复，因此在生态脆弱区实施精准扶贫，不仅不能以牺牲环境为代价，而且要把保护环境和生态健康放在首位。其次，让生态科技精准发力，形成生态保护新引擎。坚守生态底线要运用生态科技的力量加筑生态防线。具体讲，就是要鼓励优秀创新人才不断研发生态科技，加快生态技术转化落地进程，有效运用于生态基础设施建设和装备上。同时，要保持高度的定力，杜绝任何高消耗、高污染产业进入，以防止"先发展后治理"甚至"未富先污"的现象出现。招商引资是贫困地区脱贫发展的选择之一，要选择环保低碳、低污

染、低资源消耗的生态企业，让生态企业成为以高新科技为基础的生态保护主力军，成为循环经济的践行者，推动贫困地区生态农业、生态工业和生态服务业等绿色经济发展。特别是引进资源开发型企业，一定要依法、依规、合理开发贫困地区自然资源，否则贫困地区会陷入"资源枯竭型贫困"，其脱贫逆转会难上加难。

4. 合理引导生态资源整合，拓展精准扶贫合作平台

所谓生态资源整合，就是根据贫困地区生态资源分布情况，借助政策、经济、技术等手段，按照绿色可持续发展的特点和规律，把各种相关的生态资源要素组合成为一个整体，系统、全面安排生态资源的保护和开发，以参与合作各方共赢为目标，从而实现贫困地区生态效益和经济效益最大化的过程。生态资源整合的目的是取长补短，整合有限的生态资源，达到地区之间"发展带动脱贫、脱贫促进发展"的合作效果。

生态资源整合是拓展精准扶贫合作平台的有效途径，也是引导扶贫主体之间在生态保护和开发上形成优势互补、强强合作。这主要表现在四个方面：一是资金资源整合。以生态扶贫为引领，整合扶贫资金和生态保护资金，尽可能"捆绑"统筹使用，形成整体合力集中解决贫困地区的突出问题。二是部门资源整合。大力推进省、市、县、乡、村纵向生态合作帮扶模式，做到生态合作、生态脱贫。同时，改变"九龙治水"的碎片管理现象，推进职能部门横向合作，尤其在贫困地区要实现扶贫工作与生态保护工作"你中有我，我中有你"，完善部门合作与管理机制。三是社会资源整合。完善社会资源导向机制，培育生态型扶贫主体，引导多元生态保护主体参与扶贫开发，构建生态化大扶贫格局。同时，积极总结国内外成功经验，深入探索社会力量参与扶贫开发的"生态模式"，为精准扶贫提供外部推动力。四是区位资源整合。贫困地区可以利用自身的区位优势，把区位优势转化为生态资源和扶贫资源。如甘肃定西市是全国闻名的"苦甲天下"，生态环境相当脆弱，是甘肃生态型贫困的典型区域。定西应积极利用靠近兰州经济圈和丝绸之路核心带的地理优势，引入区域外生态型扶贫资源，让"千年药乡"的生态名片，推动地区生态与经济良性循环，真正实现因地制宜精准脱贫和绿色发展。

5. 全面推进生态移民工程，提高精准扶贫生态效力

生态移民是以恢复生态、保护环境和发展经济为目的，通过离地搬迁的方式将人口从生态条件脆弱地区迁移到生态条件比较富足的地区，是绿色发展理念在扶贫开发领域的一种体现，也是实现精准脱贫的重要途径。一是要制定扶贫生态移民规划，根据生态脆弱区贫困人口信息建档立卡，科学规划安置方式、安置地点和就业增收措施，以保障"搬得出，稳得住，富得起"的移民目标。二是要坚持政府主导、移民自愿的原则。生态移民是一项涉及面广、工作量大、政策性强的系统工程，必须要由政府主导组织实施、相关部门配合参与才能有效启动。同时，必须尊重移民意愿，通过宣传动员让贫困人口了解生态型迁移的目的和效果，做到自愿搬迁。三是要把生态移民搬迁与新型城镇化相结合。生态移民工程要遵循城镇化发展规律和要求，以有利于移民生存发展、就业增收为核心，安置去向和地点以城郊、乡镇以及旅游区、产业园附近为主，这既可以让移民能就业、有保障，又能较好地整体融入城镇化建设。四是完善生态移民后续保障体系，实行移民社会保障优惠政策，提高移民在养老、医疗、住房、教育等方面的补助标准。比如，实行住房建设补助政策，缓解移民建房资金压力，尤其是对特别贫困人口，要实行城镇保障房和农村危房改造政策兜底安置。另外，生态移民应注重移民的整体性和和谐性，主张以整村推进和整体迁移为主要方式，这样一方面有利于区域生态的恢复和保护，另一方面有利于移民情感依赖和"抱团"发展，实现脱贫致富。

三、特色小镇发展模式

（一）特色小镇概念界定

我国的特色小镇建设是落实供给侧结构性改革、探索新型城镇化发展模式的重要举措。"十三五"规划纲要中明确提出"因地制宜发展特色鲜明、产城融合、充满魅力的小城镇"。特色小镇是基于国家战略提出的创新产业发展的载体，而森林小镇是指以林业特色产业为基础形成的，兼具文化、旅游、社区功能的发展平台，是依托森林资源、生态优势而创建的宜居、宜游、宜养的集中居住区域。森林小镇是落实供给侧结构性改革、探索新型城

镇化发展模式的重要举措，将有利于提高林业特色产业要素的配置能力，推动国有林场和国有林区的改革创新的进程。

特色小镇是中国经济社会发展转型升级大背景下的产物，也是资本运动规律驱动下的产物。资本运动规律起作用的约束条件，一是环境约束，增长需更加注重环境质量；二是人文约束，增长需更加注重人文质量。简言之，资本运动更讲究人与自然、人与人之间的和谐关系，特色小镇也正是顺应了这种发展趋势。

特色小镇是促进生态文明建设的先锋。不触生态红线和耕地红线，如果选址上有冲突的话，起码要做到占补平衡。在具体建设中，可以把小镇选址建设与生态修复结合起来，可以把选址与沙漠、石漠化荒山荒坡和采矿塌陷区治理利用结合起来。

森林小镇是特色小镇的一种特殊形式，是依托优质的森林资源，以绿色生态文化为基础的"产业、文化、社区"有机结合的功能性社区。是林区践行"把金山银山建在绿水青山，把绿水青山转变为金山银山"的新举措，是实现"大美丽、大健康、大创新"国家城镇化发展的新途径。

在中央相关政策指导下，不同省市根据自身发展要求以及自身具有独特的优势，进行了特色小镇创建探索，对特色小镇的概念有着各自的定义，其中以浙江省的特色小镇的建设探索创新为典型代表。

在浙江，特色小镇不同于建制镇、经济开发区、工业园区以及旅游区，同时也不是这四者的简单叠加。而是结合它们自身特质，进行准确判断并找出适合自身特点的产业定位，并且要进行科学的规划，挖掘出自身的产业特色，形成重要的功能平台。浙江特色小镇与传统意义上的建制镇有本质上的区别，是以产业为核心的经济社会发展新载体，要求具有鲜明的产业特色、浓厚的人文气息、优美的生态环境、兼具旅游与社区功能。特色小镇"非镇非区"，是创新发展平台，是聚焦特色产业，融合文化、旅游、社区功能的创新创业发展平台。

综上所述，"特色小镇"，是一个集产业、文化、旅游和社区的功能于一体的一个新型聚落单位。特色小镇是指挖掘出符合自身特色的资源优势，目的是打造一个具有一定特色的综合功能体，是产城乡一体化的新型城镇化模式。具体见图6-2。

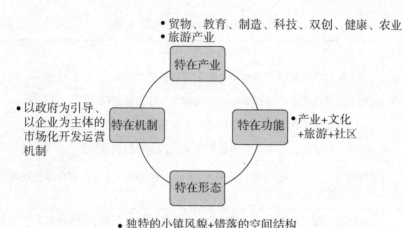

图 6 - 2　特色小镇模式图

（二）特色小镇政策概况

中央先后多次发文，以推进和支持我国特色小镇的培育建设。2016 年 2 月，在国家发展和改革委员会召开的关于特色小镇的专题发布会上，作为特色小镇发展的两个典型地区——浙江、贵州两省就特色小镇交流了相关经验。随着中央对特色小镇的建设肯定与支持，特色小镇也就得到了快速推广，形成了遍地开花的繁荣景象。2016 年 7 月底，住房城乡建设部等三部委在有关文件提出，到 2020 年要培育出 1000 个左右各具特色、充满活力的特色小镇，以此引领带动小城的镇建设。各地政府也纷纷出台符合当地实际情况的培育建设特色小镇的各种政策文件或有关规划。浙江省发布《关于加快特色小镇规划建设的指导意见》提到，要分两批创建培育"浙江"特色小镇：79 个特色小镇的升级创建对象，51 个省级特色小镇的培育对象。福建省发提出，通过 3—5 年的培育创建，建成一批产业特色鲜明的特色小镇。山东省发布《山东省创建特色小镇实施方案》提出，5 年内要完成的 30 亿投资，其中在西部经济崛起带的特色小镇和信息技术、金融、旅游休闲、文创、农副产品加工等产业特色小镇方面的投资不低于 20 亿。项目各省份特色小镇相关政策文件见表 6 - 3。

表6-3 项目省份特色小镇相关文件

地区	政策性文件名称
青海省	《关于保持和彰显特色小镇特色若干问题的通知》
甘肃省	《关于规范推进特色小镇和特色小城镇建设的实施意见》
陕西省	《陕西省农业厅关于加快发展休闲农业助推产业扶贫的意见》
	《陕西省农业厅办公室关于申报中国美丽休闲乡村的通知》
贵州省	《贵州省"一村一品"特色产业发展（三百工程）资金管理使用情况专项整治 工作方案》
四川省	《四川省人民政府关于大力推动农产品加工园区发展的意见》
	《四川省人民政府办公厅关于印发2018年县域经济改革发展重点工作推进方案的通知》
	《四川省农业厅关于推荐2017年度全省农业物联网、益农信息社和农业电子商务示范企业（单位）的通知》

可见，发展特色小镇是我国重要的战略抉择，它承担着促进我国新型城镇化的重要作用。而作为探索科学推动小城镇发展的方法之一的"特色小镇"正在引起国家和地方的充分重视。

（三）特色小镇建设模式

1. 自然禀赋模式

利用自然禀赋建设特色产业是较为普遍的发展模式，这一模式可以划分为自然景观模式和自然资源模式。自然景观包括气候天象、地貌景观、水域风光、生物景观等，即该地区的原生态景观。自然景观模式开发的产业以旅游业为主，一般是将当地的自然禀赋加以整合规划，形成较为完整的景观体系，并配套发展地区的交通、观光、住宿等功能，促进旅游产业的均衡发展。

自然资源包括生物资源、农业资源、森林资源、国土资源、矿产资源、海洋资源等。自然资源模式一般是旅游业与其他产业结合发展的模式，例如浙江的定海远洋渔业小镇，该镇位于浙江省舟山市，依靠地理优势，形成了远洋捕捞、海上运输、水产深加工、冷链物流、水产交易的产业体系，并建立了科研中心，研究海洋生物药物、网具、定位系统等。除此之外，当地政府加强了基础设施的建设，进一步开发了健康食品工业园和滨海旅游景区，建设成为了以渔业为核心的远洋渔业特色小镇。自然资源的开发和利用是发展地区经济的一种重要方式，地方政府可以从自然资源入手，结合市场需求和新兴技术，形成较为完整的产业链，避免落入产业链低端，完全依靠大量消耗自然资源获得短期发展，陷入"资源诅咒"，成为单纯的资源开采地，等到资源消耗殆尽，地方特色也就一去不返了。

地方既可以通过开发自然资源得到发展，也可能会因为自然环境遭到破坏而丧失发展的活力，因此在自然禀赋模式中，首先要考虑的是保护环境，做到绿色发展，主导产业的发展既要利用资源优势，又要保护当地的生态圈，利用技术提高资源利用率，提高产品附加值。

2. 社会资本模式

如果说自然禀赋模式是地区发展的基础模式，那么社会资本模式则是对地区资源的深入探索。社会资本模式中的根植性是由人的活动产生的，无论是技术还是文化，都是人类智慧和劳动的凝结，相较于自然禀赋，社会资本更具活力，其根植性也更强，但是这类根植性往往难以落到实处，并且单纯地想要依托文化概念来建设特色小镇的难度也较大。所以，这类模式通常依托旅游业、制造业或者新兴产业，以地区文化为核心，建立起文化与产业有机融合的发展模式。

文化社会资本的核心在于文化，无论是历史遗迹、民俗风情还是人文精神，都是历史和文化积淀而成的地方资产，有鲜明的地域特色。对于文化社会资本，政府应尽力保留当地的历史文化遗迹，在此基础上对小镇的布局进行改善，将传统与现代景观相结合，完整地展示小镇生活和千年文化底蕴。除此之外，还应每年举办大型节事活动、建设旅游信息网站，并与媒体合作宣传当地的文化特色、旅游景点。注重营造文化氛围，保留原始居民，将千年文化的真实生动地展现出来，赋予古镇活力。

技术社会资本包括传统技艺和新兴科技，技术是地方特色产业的灵魂，对技术的传承和改进是产业发展的前提。云栖小镇位于杭州市西湖区，是云计算产业的聚集地，主要涉及 APP 开发、数据挖掘等领域，现已有四百多家云产业公司入驻。2013 年，阿里云联合众多企业在小镇发起成立了云栖小镇联盟，此后的三年，云栖小镇发展迅速，在当地举办的云栖大会已经成为全球最大规模的云计算峰会之一。云栖小镇成功的一个重要因素就是阿里云平台，也就是所说的技术社会资本，正是有阿里云这样的企业为云栖小镇提供产业支撑，为其树立品牌、引进资源，云栖小镇才能迅速成为国内的云计算产业聚集地。

3. 市场需求模式

市场需求往往是特色产业成功与否的关键。这一模式下，往往是市场需求的出现引发相关产业的形成或者转型升级，从而形成针对某种特定需求的产业，也就是需求引领产业的方向，产业根据需求的变化进行调整优化，从而取得长远发展。市场需求分为对制造业的需求和对服务业的需求，对制造业的需求往往是源自某个特定时期或者地区，对于这一类型，最关键的是抓住机遇，形成产业优势以及定向合作关系，成为产业中不可取代的一环。相较于制造业，现阶段的城市发展对服务业的需求更多，行业发展前景也更大。近年来，快速城镇化引起的大城市病使得人们对休闲旅游、养生度假的需求日益增加，针对这一需求，许多地区可以打造服务型特色小镇，主打农家乐、健康养生等功能，将服务型产业融入小镇建设。

（四）特色小镇绿色发展模式的关键要素

1. 产业形态的深加工

建设特色小镇，产业定位要精准，特色要鲜明。产业向做特、做精、做强发展。充分利用现在的"互联网＋"等新兴手段，对传统产业进行改造升级，同时为产业发展营造良好的环境，以及一定的资源投入，打造具有独特内涵的特色小镇。

2. 景观环境的新风貌

特色小镇的建设在整体格局和风貌上要具有典型特征，因地制宜。通过空间的合理布局，构建或是"天人合一"的生态聚落，或是趣味无穷的田园风光，或是让人惊叹的科技升级，这些在彰显传统文化和地域特色的同时，更为地区居民提供一个舒适、美观、宜居的环境。

3. 传统文化的多维度

充分挖掘、整理、记录当地传统文化，并对这些历史文化遗存进行良好的保护和利用。活化非物质文化遗产，与当地产业相融合，文化产业的创新发展，从而达到对传统文化的继承和弘扬。不断提高当地居民的思想文化素质，扩大传统文化的保护面。

4. 服务设施的新升级

一个地区的建设与发展，基础设施是基础也是关键。道路、医疗、文化、教育、卫生、给排水方面基础设施及公共设施的完善，服务质量的提高，是特色小镇发展的基础保障。

5. 体制机制的重创新

积极探索创新发展体制机制，围绕城乡发展一体化，投融资机制、公共服务、供给机制等，深化改革创新。积极争取各方面的投资资金，成立镇级投融资平台。特色小镇建设成为连接周边农村的重要平台，带动周边农村的建设和发展。

6. 运营主体的新型化

特色小镇建设，不只是政府的事情，更是关系到特色小镇的家家户户，在政府政策的支持下，当地居民要自我觉醒。充分发掘自身优势，结合当地现有资源，进行自我建设。同时，各企业也是发展特色小镇的重要主体，面对当前城镇开发的热潮，一些优势企业及个人也积极投入到特色城镇建设当中，实现企业与城镇的双赢局面。

7. 营销手段的多面化

培育发展特色小镇也要在营销手段上进行升级改造，通过深入的市场调查研究，整合城镇周边资源，通过融合叠加，形成综合品牌效应，进行整体品牌形象的营销。通过网站、微信、微博进行自我营销，也可以通过与其他媒体、社团、景区相连通，凝聚力量，提高自身知名度。

四、乡村振兴绿色发展模式

（一）乡村振兴概念界定

乡村振兴战略是以习近平同志为核心的新一届中央领导集体，坚持以习近平新时代中国特色社会主义新思想为指引，在中国特色社会主义进入新时代，开启全面建设社会主义现代化国家新征程上，围绕新时代"三农"问题，加快农业农村发展的现代步伐，加快推动我国农业大国向农业强国迈进的重大战略举措。首先，该战略领衔主体是以习近平同志为核心的新一届中央领导集体。乡村振兴战略就是以习近平同志为核心的新一届中央领导集体对"三农"工作"新时代要有新气象，更要有新作为"的表现。第二，该战略是以习近平新时代中国特色社会主义思想为指导。十九大报告从八个方面对新时代中国特色社会主义思想进行了"明确"。第三，该战略体现社会主义进入新时代"三农"工作新要求。中国特色社会主义进入新时代，农业农村发展进入新阶段，城乡之间发展呈现新的特点，"三农"问题在现代化国家建设中成为短板，不平衡不充分发展问题突出。第四，战略的历史任务是加快农业农村现代化步伐，加快推进农业大国向农业全国迈进，和建设社会主义现代化强国相适应，和实现伟大民族复兴的中国梦相适应。新时代下，以习近平同志为核心的党中央将坚持优先发展农业农村，将其视为实现伟大民族复兴不可或缺的一个部分，坚持统筹和全局管理，坚持农业农村现代化优先发展。

乡村振兴战略20字总要求首先是一个有机整体，不可分割。产业兴旺是根本，生态宜居是基础，乡风文明是关键，治理有效是保障，生活富裕是目标。这五个方面统一于总体要求之中，统一于乡村振兴战略之中。其次，该总体要求体现了"我国经济已由高速增长阶段转向高质量发展阶段"的特征，体现了农业农村发展到新阶段新任务新要求。改革开放以来，农业综合生产能力极大增强，农民收入显著提高，农村面貌极大改善，但新时代下"新三农"问题依然突出，需要统领全局，全面考虑和整体推进解决。再次，总体要求契合了新时代我国社会主要矛盾的变化要求，乡村振兴战略是"满足人民日益增长的美好生活需要"，是要使广大农民获得感、幸福感、安全感更加充实、更有保障、更可持续。

实施乡村振兴战略，是一个系统战略工程，乡村振兴战略的主要内涵盖了党对"三农"工作的重视、战略的总要求、关键举措和推进实施战略的具体举措和关键措施。主要城乡融合发展、农业农村现代化、农村土地制度改革、国家粮食安全、现代农业三大体系建设、小农户和现代农业发展、农村三产融合、"自治、法治、德治"三治治理结合、"一懂两爱"农村工作队伍等诸多方面多层次。特别重要的是，实施乡村振兴战略，将实现工业现代化和农业现代化同步推进，是城镇化发展和村镇化发展更加协调，促进城乡资源要素良性互动，让农村更美好，融合城乡一起迈向现代化，因此，这一战略内容又是全方位的、立体性的。

（二）政策概况

2018 年 2 月 4 日，中共中央国务院发布《关于实施乡村振兴战略的意见》（2018 年中央一号文件），其指导思想是全面贯彻党的十九大精神，以习近平新时代中国特色社会主义思想为指导，加强党对"三农"工作的领导，坚持稳中求进工作总基调，牢固树立新发展理念，落实高质量发展的要求，紧紧围绕统筹推进"五位一体"总体布局和协调推进"四个全面"战略布局，坚持把解决好"三农"问题作为全党工作的重中之重，坚持农业农村优先发展，按照产业兴旺、生态宜居、乡风文明、治理有效、生活富裕的总要求，建立健全城乡融合发展体制机制和政策体系，统筹推进农村经济建设、政治建设、文化建设、社会建设、生态文明建设和党的建设，加快推进乡村治理体系和治理能力现代化，加快推进农业农村现代化，走中国特色社会主义乡村振兴道路，让农业成为有奔头的产业，让农民成为有吸引力的职业，让农村成为安居乐业的美丽家园。

党的十九大报告中提出实施乡村振兴战略，农业农村农民问题是关系国计民生的根本性问题，必须始终把解决好"三农"问题作为全党工作的重中之重。从田园综合体到乡村振兴，系列政策的推进，创立了中国特色社会主义乡村振兴道路的"中国经验"。《中共中央　国务院关于实施乡村振兴战略的意见》提出，实施乡村振兴战略，要坚持党管农村工作，坚持农业农村优先发展，坚持农民主体地位，坚持乡村全面振兴，坚持城乡融合发展，坚持人与自然和谐共生，坚持因地制宜、循序渐进。

表 6 – 4　项目省份乡村振兴相关文件

地区	政策性文件名称
青海省	《青海省乡村振兴战略规划》
	《2018 年全省乡村振兴战略重点工作责任分工方案》
	《关于印发〈2018 年青海省乡村振兴战略示范试点行动计划方案〉的通知》
	《中共青海省委青海省人民政府关于推动乡村振兴战略的实施意见》
甘肃省	《甘肃省人民政府办公厅关于全面消除贫困村村级集体经济"空壳村"的意见》

地区	政策性文件名称
陕西省	《中共陕西省委 陕西省人民政府 关于实施乡村振兴战略的实施意见》
贵州省	《中共贵州省委贵州省人民政府关于乡村振兴战略的实施意见》
四川省	《关于实施乡村振兴战略开创新时代三农全面发展新局面的意见》
	《四川省乡村振兴战略规划（2018—2022年)》
	《2018年全省农业工作要点》

（三）乡村振兴绿色发展模式

1. 产业发展是基础

因地制宜选择主导产业乡村振兴从根本上要靠大力发展农业产业解决问题。离开产业发展，乡村振兴就是空中楼阁，就是一句空话。因此各地实施乡村振兴发展战略，要选择适宜当地社会经济发展水平和生态类型的农业产业，包括种植业、养殖业，农产品加工业，休闲农业与乡村旅游产业，使一二三产业有机融合，拓展农业产业链，带动和吸收更多农村劳动力就业，增加农民收入。

2. 政府支持是关键

制定适宜的扶持政策，农业是弱质性产业，在市场经济中处于不利地位，需要政府政策扶持。政府对于农业的支持政策包括产业发展政策、农业金融支持、贷款贴息扶持、科技创新推广政策、农村人才培育政策、基础设施补助政策等。通过各项农业支持政策措施，可以引导农业农村发展方式的顺利转型。

3. 人才培养是根本，大力培育新型职业农民

当前我国农业农村正在发生深刻变化，处于转型升级中。乡村振兴要重视解决农村人口和农业劳动力老龄化问题。培养新农民、推广新技术，推进农村创业创新，是一项重要举措。要健全体制机制，大力营造农村创业创新的良好环境，吸引更多人才投入农业发展和农村建设，使农业农村现代化发展有更多的新动能。可以引导、鼓励农民工、大学生、城市退休人员回村创业，发展多种形式的农业产业类型，努力构建知识型、开拓型、技能型新型农民队伍。让农民成为有吸引力的职业，让农业成为有奔头的产业，让农村

成为安居乐业的美丽家园，早日实现乡村振兴的战略目标。

4. 资金投入是保障，持续增加三农投入

增加农业农村资金投入，一是要广辟来源、多措并举，配置公共资源优先向"三农"倾斜。二是将农业、农村优先发展理念贯穿于乡村规划制订过程和有关政策制定全过程。三是把发展普惠金融的重点放到农村，加强对乡村振兴的金融支持，引导社会资本共同参与乡村振兴。四是注重完善农业支持保护制度，继续加大对农业的补贴和扶持力度，加大中央财政、地方财政对农业发展、农村改革的转移支付，为农业农村发展提供财力保障。

5. 项目落实是重点，改善农村基础条件

乡村振兴的重点就是要把各种项目落到实处。一是改善农村基础条件，完善农村交通、水利、通信和生态环保等设施。二是提高农村公共服务水平，推动教育、医疗、文化、养老、社保等基本公共服务资源向农村倾斜。三是深化农村配套改革，要着眼于提高农村居民收入。政府部门、科研院所和新型农业经营主体等多部门、多主体通过发展社会化服务，帮助解决传统小农自身无法完成或是完成成本较高的农业生产环节或问题，实现降本增效，使农民收入结构更加均衡、更加稳定。

6. 深化农村综合改革，提高农村经济实力

综合改革是农业农村进一步发展的动力。通过深化农村改革，可以进一步释放各种生产要素的活力，增强其流动性，产生更高的经济效益。深化农村土地制度改革，完善承包地"三权"分置，保持土地承包关系稳定并长久不变，第二轮土地承包到期后再延长30年；深化农村集体产权制度改革，开展农村集体产权确权登记办证及农村集体产权流转交易市场等改革试点；深化农业供给侧结构性改革，解决供需两难问题；深化农村金融服务制度改革，鼓励金融机构为农业农民提供金融服务，让农业农民资金缺乏的问题有所缓解；深化农村综合改革，可以促进农业农村经济社会的全面协调可持续发展。

7. 实现小农户和现代农业发展有机衔接

在未来一段时间内，我国农村人口仍会增加，而土地数量因工业化、城镇化推进处于逐步减少状态，分布面广而又分散的小农户仍是农业生产的主体。在我国实现农业现代化，最重要的是实现小农户与现代农业发展的有机

衔接。要实现小农户和现代农业的有机衔接，可以借助农业龙头企业、家庭农场、种养大户、农业合作社等新型农业经营主体的力量。新型农业经营主体具有传统小户无法比拟的优势。如发展多种形式的适度规模经营，提高农业生产效率和劳动效率；拥有较强的资金、技术、信息和人才优势等。新型农业经营主体实现对小农户的农业服务规模化，保障小农户的就业和生存，既有利于提高小农户收入，也可加快农业现代化进程。同时重点做好四个对接。一是利益机制的对接；二是科技推广的对接；三是农业金融支持对接；四是农业生产生活服务对接。

（四）乡村振兴绿色发展的关键要素

1. 加强农业农村绿色发展规划研究

在乡村振兴中，要按照高质量发展要求，紧紧围绕产业兴旺下功夫，坚持质量兴农、绿色发展，以产业兴旺促乡村经济、政治、文化、社会、生态等全面振兴。全国各地的地理条件和资源禀赋不尽相同，需要因地制宜，做到规划先行。目前，《全国农业可持续发展规划（2015—2030 年)》已经发布，国家层面有了规划安排，县、乡（镇）等基层也要有适合自身发展实际的绿色发展规划，形成上下联动的发展局面。

2. 促进农业现代化、产业化发展

《农业现代化规划（2016—2020 年)》对农业可持续发展提出了目标：可持续发展是第一要务，要延伸农业产业链、提质增效，探索农业产业化、品牌化经营。按《"十三五"规划》及《农业可持续发展规划（2015—2030 年)》的相关部署，应当加大"农业绿色发展五大行动"的推进力度，建设重点工程，实现农业自身的提质增效和可持续发展。

要创建绿色产品品牌，加强无公害产品、绿色食品、有机食品认证和农产品地理标志登记，推出有代表性的公共品牌，提高农业品牌知名度；要完善农产品市场流通体系，加强农产品产后分级、包装、营销，打造农产品销售公共服务平台，发展农产品电子商务，依托农产品产供销体系建设，加快绿色农业标准化、透明化、规范化管理，提升对绿色农产品的社会认知度，扩大市场对绿色产品的需求。

3. 加强乡村基础设施建设

加强基础设施建设，是美丽宜居乡村建设的先导，也是推动乡村绿色发展和产业兴旺的前提。中央一号文件提出节水供水重大水利工程、农村饮水安全巩固提升工程、新一轮农村电网改造升级、农村可再生能源开发利用等重点项目。《全国农业现代化规划（2016—2020）》提出推动有条件地区燃气向农村覆盖、利用农村有机废弃物发展沼气、改善垃圾污水收集处理和防洪排涝设施。农村基础设施，既是短板，也是未来的发展潜力之所在。

4. 发展乡村旅游、康养、文化产业

发挥旅游助推绿色发展的作用，推动广大农村成为全域旅游的重要目的地。建设休闲农业和乡村旅游精品工程，发展一批设施完备、功能多样的休闲观光园区、森林人家、康养基地、乡村民宿、特色小镇；发展森林草原旅游、河湖湿地观光、冰雪海上运动、野生动物驯养观赏等产业，挖掘乡村历史遗存、民俗风情、非遗等文化资源，把美丽乡村建成景点，把民俗、农事、林事体验开发成原生态、互动性旅游产品，创建一批特色生态旅游示范村镇和精品线路，打造绿色环保的乡村生态旅游产业链。在乡村产业发展中，要切实保护好优秀农耕文化遗产，推动优秀农耕文化遗产的合理适度利用。要划定乡村建设的历史文化保护线，保护好文物古迹、传统村落、民族村寨、传统建筑、农业遗迹、灌溉工程遗产。

5. 加强环境污染治理与生态修复

农村环境污染问题也十分严重，尤其是水体污染在农村环境污染中显得尤为突出，直接威胁农民的身体健康。2018 年中央一号文件提出了农村生态保护与治理的重点工程，主要包括完成生态保护红线、永久基本农田、城镇开发边界三条控制线的划定；开展国土绿化行动，推进荒漠化、石漠化、水土流失综合治理，强化湿地保护和恢复，加强地质灾害防治；完善天然林保护制度，扩大退耕还林还草；严格保护耕地，扩大轮作休耕试点，健全耕地草原森林河流湖泊的休养生息制度。控制新增破坏，具体包括完善乡村污水和垃圾处理基础设施，以及使环保执法范围向农村延伸，严格限制城市和工业污染向农村转移，并减少农村内源性污染。

6. 以特色小镇建设为载体，实现产城融合发展

着力打造绿色小镇，强化规划引领，加强交通、文化、环保等基础设施

建设，深入推进乡村绿化美化工程，一体化推进农村环境"三大革命"，推动农村优美生态、传统民俗、特色资源、绿色产业的空间集聚，将特色小镇打造成承载绿色产业、吸纳发展要素、传承乡村文脉的核心区、示范点，实现"生产美、生态美、生活美"。发挥龙头企业带动作用，实施品牌战略，进一步支持农业产业化龙头企业做优做强。在土地使用、财税支持、营商环境上给予更多更大的支持，特别是引导、支持龙头企业加速对接"一带一路""长江经济带"等国家发展战略，助力企业更好更快"走出去"。壮大新型农村经济合作组织，扶持涉农小微企业，着力解决好融资难、融资贵等诸多瓶颈问题。

7. 实现农业农村绿色发展的政策保障分析

一是加大政策扶持力度。中央和地方均要加大农村绿色发展的政策扶持力度，设立专项基金，搭建技术和管理平台，鼓励企业家选择绿色发展的项目或投资；完善耕地占补平衡管理办法，建立高标准农田建设等新增耕地指标和城乡建设用地增减挂钩节余指标跨省域调剂机制，将所得收益通过支出预算用于巩固脱贫攻坚成果和支持实施乡村振兴战略等。

二是加大生态补偿力度。农业资源保护和支持政策改革和完善的方向，不应是刺激产量的增加，而是要有利于品质的提高、有利于环境生态的保护。建立生态补偿机制，使生态环境保护主体能得到相应的回报，使绿水青山转变成金山银山，加大下游补偿上游、城市反哺农村的力度，形成"谁保护谁受益，谁受益谁补偿"的利益调节格局。

三是强化技术支撑和创新驱动。加大农业农村资源循环利用、低碳发展的技术研发，如发展分布式能源。研发、优化以及更新乡村的环保技术，提高环境友好型产品的生产力度。环保企业也应从农村环境保护实际出发，了解农村环保需求，生产出大量适合乡村地区应用与普及的环保技术和产品，提供专业化的环境服务。实施农村清洁工程，开发推广先进适用的技术和综合整治模式，着力解决突出的村庄和集镇环境污染问题等。

四是加强农业农村环境监管。在环境保护执法中，也应逐步覆盖农村，强化对农村的环境监管，以免农村环境污染恶化，也避免城市和工业污染向农村转移。同时还应对农业生产活动可能造成的环境影响进行预先评估、事中监管和事后评价工作，保证乡村振兴战略得到准确全面实施。

　　五是加强绿色发展宣传引导。在多个层面，采用宣传画、环保科普等形式，以通俗语言、贴近生活的方式，宣传新发展理念和知识，开展环保经验介绍和村民交流活动，增强居民的绿色发展理念。建立环境友好指数，开展美丽乡村建设评价考核。实行农村环境治理目标责任制，并将节能环保责任落实到乡村建设的全过程和每环节。

五、产业融合绿色发展模式

（一）产业融合概念界定

　　产业融合是由于技术进步和制度创新，发生在产业边界和交叉处的产业业态、模式以及产品特征出现了变化，导致产业边界模糊化和产业界限重构。产业融合有不同的分类方式，从市场角度分析，有供给方面（技术融合）和需求方面（产品融合）的融合；从融合程度分析，有完全融合、部分融合，也有虚假融合；从融合方向分析，有横向融合、纵向融合，也有混合性融合；从融合形势分析，有高新技术产业渗透融合、产业间延伸融合、产业内部重组融合等。

　　就农村第一、第二、第三产业融合发展而言，产业融合指的就是以农业为基本依托，以新型经营主体为引领，以利益联结为纽带，通过产业联动、要素集聚、技术渗透、体制创新等方式，将资本、技术以及资源要素进行跨界集约化配置，使农业生产、农产品加工和销售、餐饮、休闲以及其他服务业有机地整合在一起，使得农村第一、第二、第三产业之间紧密相连、协同发展，最终实现了农业产业链延伸、产业范围扩展和农民增收。在农村产业融合发展中，农业是产业融合发展的基本前提，产业联动、要素集聚、技术渗透、体制创新是基本实现途径和手段，专业大户、家庭农场、农民合作社、农业产业化龙头企业以及进入农业的工商资本等是产业融合发展所依赖的新型经营主体，延伸农业产业链、扩展产业范围、增加农民收入是产业融合的目的。

　　与农业相比，产业融合发展是农业产业化的高级形态和升级版，其业态创新更加活跃，产业边界更加模糊，利益联结程度更加紧密，经营主体更加多元，功能更加多样，内涵更加丰富多彩。很显然，以农业为基本依托，推进农村第一、第二、第三产业深度融合发展，有利于农民分享三次产业"融合"中带来的红利，有利于吸引现代要素改造传统农业实现农业现代化，有利于拓展农业功能培育农村新的增长点，有利于强化农业农村基础设施互联互通促进新农村建设。

石漠化产业的建设具有自然资源的丰富性、小气候及小生境的多样性、生态环境的脆弱性、生产经营条件的艰难性等特点。石漠化地区地处我国热带、亚热带，光、热、水、生物等自然资源丰富，具有发展种植业、畜牧养殖业、中药材、蔬菜、花卉、果品等立体生态农业的优越条件；另一方面石漠化地区，往往地处偏远，经济相对封闭落后，工业不发达，环境污染轻，具有发展"无公害、绿色、有机"等生态产业的优越条件；石漠化地区属于典型的喀斯特地貌区，岩溶发育形态多样，类型齐全，分布有"奇山、异洞、秀水、峡谷、瀑布、湖泊、温泉、森林、草地"等独具特色的自然风光，有丰富多彩的少数民族文化，具有发展旅游业的优势；此外，石漠化地区分布有白云岩、石灰岩、大理石、重晶石、煤、磷、铝土、铅、锌、冰洲石、方解石等储量丰富的矿产资源，具有工业发展的资源条件。由此可见，石漠化地区自然资源丰富，生态区位良好，民族文化丰富，为产业融合提供了较好的物质基础，有助于形成一二三产融合的良好发展态势。

（二）产业融合相关政策概况

2015 年中央一号文件明确强调了今后"三农"工作的重点任务就是要在经济增速放缓的背景下，继续强化农业的基础性地位，保证农民持续性获得增收。文件也明确了要以农村地区三次产业融合发展为主要手段，促进农业的产业链不断拓展，农业附加值明显提高。2016 年 1 月，国务院发布《关于推进农村一二三产业融合发展的指导意见》，明确提出，以新型城镇化为依托，推进农业供给侧结构性改革，着力构建农业与二、三产业交叉融合的现代产业体系，形成城乡一体化的农村发展新格局，推进农村一二三产业融合发展，农村地区三次产业融合发展的战略地位进一步提高。2016 年 12 月 31日，《中共中央国务院关于深入推进农业供给侧结构性改革加快培育农业农村发展新动能的若干意见》也明确提出，协调推进农业现代化，以推进农业供给侧结构性改革为主线，围绕农业增效、农民增收、农村增绿，加强科技创新引领，加快结构调整步伐，加大农村改革力度，提高农业综合效益和竞争力，推动社会主义新农村建设取得新的进展，力争农村全面小康建设迈出更大步伐。2017 年 12 月，农业部出台《农业部办公厅关于支持创建农村一二三产业融合发展先导区的意见》，支持各地培育打造和创建农村一二三产业融合发展先导区，做大做强支柱产业和融合发展各类经营主体。

项目省份也积极响应中央的号召，纷纷出台相关政策文件以促进各地区的产业融合发展。

表6−5　GEF 三期项目省份产业融合相关文件

地区	政策性文件名称
青海省	《青海省关于促进农牧业产业化联合体发展的实施意见》
	《青海省实施农牧区一二三产业融合发展推进行动的方案》
	《推进农牧业与旅游业融合发展实施方案》
甘肃省	《甘肃省关于实施农村一二三产业融合发展推进行动工作方案》
	《2017 年甘肃省农村一二三产业融合发展试点实施方案》
	《甘肃省人民政府办公厅关于支持返乡下乡人员创业创新促进农村一二三产业融合发展的实施意见》
陕西省	《陕西省农业厅关于开展休闲农业和乡村旅游升级行动的实施意见》
	《关于促进农业产业化联合体发展的实施意见》
	《陕西省人民政府办公厅关于支持返乡下乡人员创业创新促进农村一二三产业融合发展的实施意见》
	《陕西省人民政府办公厅关于推进农村一二三产业融合发展的实施意见》
贵州省	《省人民政府办公厅关于推进农村一二三产业融合发展的实施意见》（黔府办发〔2017〕81 号）
四川省	《四川省人民政府关于大力推动农产品加工园区发展的意见》
	《关于促进农村创业创新园区（基地）建设的指导意见》
四川省	《四川省人民政府办公厅关于加强农产品品牌建设的意见》
	《四川省人民政府办公厅关于支持返乡下乡人员创业创新促进农村一二三产业融合发展的实施意见》

（三）产业融合石漠化治理模式

1. 三业并举，优化产业产品结构

结合自身生态特点和市场需求，做大做强优势特色产业。以浦江县为例，确立并集中集约发展优质茶叶、柑橘、猕猴桃三大主导产业，建成了覆盖县域的三大农业产业带。全县优质茶叶、柑橘、猕猴桃种植面积分别达到13300、13300、6700公顷，通过特色农产品标准化生产示范，推进区域公用品牌建设，出台茶叶、猕猴桃、柑橘等19个地方特色农业标准，建立了50个标准化核心示范区，其中绿色、有机、GAP认证面积达8400公顷，占总面积的28%，获评国家茶叶和猕猴桃标准化示范区，蒲江猕猴桃、蒲江丑柑、蒲江茶叶成为蒲江的标志。

2. 绿色发展，延长农业产业链条

围绕农业的提质增效，需提升农业附加值，并推动产业绿色可持续发展。一是改善农业环境，夯实发展基础。以提升耕地质量为重点，不断优化农业生态环境，引导减少化肥、农药使用量，增施精品有机肥、科学循环利用畜禽粪便、测土配方平衡施肥、种植绿肥、秸秆还田等方式有效提升耕地质量水平，实现化肥使用量和农药使用量零增长。二是发展农产品加工业。依托优势产业发展，引进知名农产品加工企业，发展农业项目进行投资建设。三是着力培育产地市场，健全冷链物流体系。以浦江县为例，建设西部茶都、胜泽源水果物流市场，引入阳光生活产业园等农产品冷链物流项目，实现加工柑橘150000吨、猕猴桃90000吨，冷藏气调仓储水果年周转量达余90000吨，成为国内最大的原产地水果产业园，拓展国内外营销渠道。四是创新品牌营销模式，拓宽流通渠道。支持和鼓励有实力的企业采取农超对接、专卖店、直销、家庭配送、订单销售等各种模式开拓有机产品国内、国际市场，提升品牌溢价。

3. 拓展功能，打造美丽乡村

依托优良的生态环境区位优势，推进农业与旅游、教育、文化等产业的深度融合，催生智慧农业、休闲农业、创意农业等新业态，提升农业农村的生态休闲、旅游观光、文化传承、科技教育等功能。一是产业与休闲旅游融合，建成都市现代农业示范带和以刺梨等产业为主导的旅游休闲区、采摘品尝区等。二是新农村建设与休闲农业发展融合发展，完善乡村旅游基础设施，实施田园景观化项目，培育一批休闲农庄、度假山庄等乡村旅游特色业态，实现全县"乡村变景区、田园变公园、农房变客房、产品变礼品"。三是农耕历史与文化创意融合发展。依托优越的地理位置、良好的生态环境以及古朴俊逸、民风淳朴、多民族融合的文化特色，打造了集历史古迹、文学艺术、休闲体验的文创园，形成新村民与原住民互助融合、共创共享幸福美丽的新乡村，创新发展了文化旅游观光与休闲农业发展的特色产业。

4. 创新模式，发展农业新型业态

贯彻"互联网＋现代农业"理念，充分利用信息化技术应用农业生产、经营、管理和服务。一是以耕地质量提升为核心，加载土壤环境大数据、有机循环养地利用、绿色防控、农机具配套和电商平台等工程，利用物联网技术改良农业生态环境，采用大数据等技术改进农业生产环境监测、病虫害监测预警、农产品市场信息发布等，实现"耕地提升——品质品味——生态涵养"三位一体发展。二是大力发展农产品电子商务。建成电子商务产业园、电子商务交易平台，与电商企业开展合作对接，开展以农产品网销为主的电子商务应用，培育了一批农产品知名电商品牌。三是发展会展经济。通过国际有机农业峰会、农产品推介会等展会节庆活动，发挥展会在凝聚人员、资源方面的作用，推动当地服务、交通、旅游、广告、装饰以及餐饮、通信和住宿等诸多行业的全面发展，同时吸引资金，加速当地农业产业化进程，整合当地资源，改善投资环境，带动区域经济和产业经济发展。

5. 产业集聚，凸显农业品牌效应

加快实施农业品牌战略，提升品牌核心竞争力。一是抢占科技高端，强化核心竞争力。加强与高校、科研院所等研究单位的合作，建成农业技术研究中心，不断聚集优质科技资源，为产业发展提供强有力的科技支撑与服务保障。二是狠抓质量安全建设，强化品质保障，强化农业标准体系建设，推进农业生产基地认证，完善农业产业服务和监管体系，提升农产品质量。三是着力宣传，强化品牌引领，以"区域品牌＋企业品牌"双轮驱动，培育公共品牌，争取国家地理标志保护示范区。并综合运用传统媒体、新媒体、自媒体等传播手段，实施优势农产品"走出去"战略，不断提升农产品品牌知名度和影响力。

6. 完善渠道，搭建产业服务平台

一是积极推广农业信息化技术，建立农业物联网示范基地、综合信息服务平台等，在农业信息化推广方面进行探索和利用，进一步提升行业影响力。二是搭建土地流转信息公共服务平台。通过产权交易中心和农村产权交易所等平台，提供信息发布、政策咨询、价格指导、委托管理、抵押融资等配套服务，推动农村产权交易公开、公正、规范运行。三是积极推进农村产权抵押融资，探索农村产权抵押贷款有效办法，积极引导金融机构在新农村设立自助服务网点，推进新增农村土地经营权证和农业生产设施所有权证、林权抵押融资。四是强化人才和科技支撑。加大农民的职业教育，引导各类科技人员和大中专毕业生回乡创业，设立大学生创业孵化园，吸引有志向、有技术、有创新思想的大学生回乡，立足农业开展创新创业，助推农业进一步做优做强。五是加强农村环境整治，启动幸福美丽新村建设，以及农村新型社区，实现村组道路"组组通"、村村通3G、天然气农村新型社区全覆盖的方便快捷的生活，打造幸福美丽乡村建设的"最后一公里"，拉近城乡之间的差距。

7. 加大扶持，培育产业融合主体

由传统农业向现代农业转变，职业农民和土地流转是两个重要条件。以四川省蒲江县为例，该县以全国新型职业农民培育试点为载体，开展各类农民培训249场次，培训农民29300万人次，2016年新增新型职业农民培训440人、农业职业经理人培训480人，成立蒲江县新型职业农民协会；新发展家庭农场20家，全县各类家庭农场达194家（其中省级示范6家、市级示范25家）；新发展农民专业合作社19家，全县各类专合社达360个（其中国家级农民专业合作社3个、省级19个、市级29个）；全县市级以上龙头企业29家（其中国家级2家，省级10家）。农业新型经营主体发展活跃，45岁以下农业从业人员达到48%，"谁来种地"的问题得到初步解决。通过产业引领、政策引导、项目扶持，完善农业社会化服务体系。蒲江县内涌现出以嘉博文公司"5+1"耕地质量提升综合服务中心、新朝阳公司健康植保8S服务中心、卫农庄稼医院等为代表的一批新型农业社会化服务机构。

8. 创新机制，发展农业分享经济

结合产业发展实际，鼓励和支持农民在依法、自愿、有偿的原则下，采取转让、转包、租赁、互换、入股、联营、托管等方式，发展适度规模经营。一是创新发展订单农业，推进龙头企业与农户、家庭农场、农民合作社签订农产品购销合同，建立技术开发、生产标准和质量追溯体系，强化农产品从源头品质、流通品质到销售品质保障，也解决由于产能过剩、销路单一引起的农产品滞销的问题，保障生产者和消费者的利益。二是开展农村集体资产股份量化改革试点，利用土地入股，"资源"变"资本""农民"变"股民"，转变要素配置和生产组织方式，推进规模化、标准化、品牌化生产经营，形成"龙头企业＋农民合作社＋农户"生产经营带动模式，打造联合品牌，构建与农民分享长远利益的机制，充分发挥农民的积极性，让农民成为农业产业化经营的主体，实实在在享受农业产业政策的实惠，更大限度地激发农民的创造活力，保障产业的持续健康稳定发展（图6-3）。

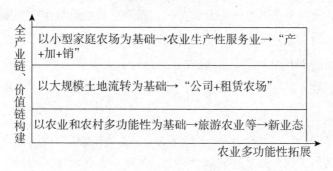

图6-3　农村一二三产业融合的创新路径

（四）产业融合模式的关键要素

1. 新技术

科技创新是农村地区三次产业加速融合的重要基础和关键推动力。现代科学技术向农业各领域的不断渗透，是农业现代化水平提升的核心保障。现代农业技术一般都具有创造性，农业技术连同其产生的农业生产要素或工具，渗入传统农业内部，便能促使传统农业的生产方式与产出成果发生根本性变革，于是便促进传统农业向现代化新兴农业转移，这个过程必然伴随了一、二、三产业之间的相互融合共生发展。

2. 新业态

农村地区三次产业之间的融合共生，就是通过不同行业之间的生产技术相互交叉作用和产品、服务功能的相互渗透，从而催生出新型的行业业态。这种新型的行业业态，拥有融合之前的分离产业所不具备的科技基础、资源配置模式与产成品的功能属性。因此，通过催生新型的行业业态，能够促使原有的行业体系得到不断拓展与转型提升。目前国内不断兴起的生态农业、休闲观光农业、体验农业、工厂化农业等新型业态，都是通过传统农业业态不断跨界拓展，与工业、服务业之间相互融合而形成的，这种产业融合方式直接促进了传统农业分工的不断细化，直接推动了现代农业体系的不断延伸发展。

3. 新要素

从现代农业生产运行所需要投入的要素来看，传统的劳动力和劳动工具等要素已远不能满足需求，这便需要强化农业产品研发、咨询、管理、信息以及教育、金融等新的生产要素，实质上就是推动农业与生产性服务业相融合。与此同时，依托较为成熟的市场机制，可以促进这些新型的要素充分运用、加快流转和优化配置，拓展农业生产经营的空间，提高农业的生产效益。通过新要素的不断引入和流转，可以进一步促进农村地区三次产业之间有机融合。

4. 新模式

农村地区三次产业之间的融合共生，促进了农业运作模式的变革和新模式的产生。通过三次产业融合发展，根本性的转变就是农民的农业生产方式从单一的"生产型"转向综合的"经营型"，通过与新技术、新业态、新要素的不断结合，拓展为新型的商业发展模式。基于这种新兴商业模式，并以合理的农业组织为依托，可以引导农业企业提高经营管理能力和加强企业竞争性合作，使得农业生产和第二、第三产业之间形成较为稳定的运作模式关系。

第七章　石漠化地区绿色发展模式
成本效益分析

一、成本效益分析理论

（一）成本的经济含义

1. 成本

成本作为商品生产的经济范畴，随着产品交换而产生，又随着商品经济的发展而不断改变其表现形式，特别是在商品经济已经成熟的今天，出于管理的需要，它更在不断拓宽其发挥作用的领域。

成本这一概念，是进入资本主义时期后，在商品生产比较发达的条件下形成的。资本主义以前的小商品生产，出售产品的收入，只要补偿消耗掉的生产资料，剩余部分可用来供养家庭生活，因此只强调生产资料的消耗，而没有考虑为自己生存的生活劳动耗费，成本也就缺乏完整概念。到了资本主义时期，资本家的全部预付资本，既包括预付在生产资料上的不变资本，还包括付给工人工资的可变资本。资本主义商品生产理所当然要核算商品生产所消耗掉的一切，并力图使自己的收入尽量超过消耗，此时就形成完整的成本概念。当时，著名的政治学家和经济学家卡尔·马克思科学地分析了资本主义商品生产，着重在《资本论》中对资本主义的细胞——商品做了透彻的剖析，明确指出成本是由物化劳动和活劳动中必要劳动的价值组成，从而揭示了成本概念的经济含义，使成本概念得以完整。这样，成本按照马克思的劳动价值学说就定义为商品生产中所耗费的活劳动和物化劳动的货币表现。按照马克思的劳动价值学说，资本主义生产方式下的每一个商品的价值 W 以及它与成本、价格的关系，可用公式表示为：

商品价值 W = C + V + M

商品的价格 = 生产成本 + 盈利

如果从这个商品价值中减去剩余价值 M，那么在商品中剩下来的，只是一个在生产要素上耗费的资本价值 C + V 的等价物或补偿价值。由此可见，在资本主义商品中用来补偿资本家所消耗的生产资料价格和所使用的劳动力价格的部分，就是商品成本的价格，也就是 C + V 的货币表现。所以资本主义制度下的成本，是由转移的生产资料的价值和劳动力价格所组成。劳动者在生产中创造的剩余价值部分，为资本家的资本增值，转化为利润，不包括在成本之内。

在社会主义市场经济中，企业作为自主经营自负盈亏的商品生产者和商品经营者，除了通过生产向社会提供商品，通过市场满足社会的需要外，也应按商品经济的客观要求，以产品销售收入抵偿自己在产品生产经营过程中所发生的各种劳动耗费，并力争取得理想的盈利，以满足企业自身发展的需要。因此，商品价值客观存在，相关的成本利润仍有其存在的客观必然性。不过在表现形式上增加了一些实用的因素，形成理论成本和实用成本。

成本作为管理的重要手段，其内涵和外延也随着商品经济的不断发展而处于不断的变化拓展之中。各国由于具体情况和涉及的范围不同，对成本概念的认识和对实际应用成本的规定也不尽一致。服务于成本管理的不同目的、服务于成本信息的不同需要，形成了成本定义更为广泛的外延和成本表现形式的各种不同组合，如美国会计学会与标准委员会对成本的认识就是比较广义的，他们认为：成本是为了一定的目的而付出（或可能付出）的用货币测定的价值牺牲。这就远远超出了产品成本概念的内涵和外延。按照这种定义，劳动成本、资金成本、开发成本、资产成本、质量成本、人力成本、环境成本等都包括在其中，形成了不同方面、不同管理要求的不同成本组合。

经济学上，我们经常用到的成本是经济成本，经济成本包括显性成本和隐性成本。显性成本可以用货币计量，并可以在会计账目中反映出来，是发生实际货币支付所形成的成本；而隐性成本不能直接在账本上反映出来，是没有发生实际货币支付的成本。农产品成本是衡量农业生产过程中劳动耗费和农业企业经营管理水平的尺度，在农业生产中，在市场采购的种子、化肥、农药、租用的农机服务、雇佣的工人等都属于显性成本，而种植户自有的资金利息、自有的劳动及未付费的家庭成员劳动、土地都属于隐性成本。经济成本相对应的是经济利润，等于总收入减去经济成本。我国《企业会计制度》中规定，成本是指企业为生产产品、提供劳务而发生的各种耗费。在财务会计中，企业的总成本被分为产品成本和经营成本，在产品成本的核算中，一般将产品成本划分为直接材料、直接人工和制造费用三个成本项目。在产品生产过程中被直接消耗掉的原材料产生的成本为直接材料成本，直接材料与农产品生产中的种子、农药以及肥料、畜力等的消耗相对应。那些直接参与产品生产的劳动力而产生的成本为直接人工成本，与农作物生产中支付给雇佣工人播种、管理、收获的工资相对应。在产品生产中耗费的与生产没有直接关系的材料、人工和机器厂房折旧等为制造费用，制造费用又叫间接成本，在农业生产中，农业机械的折旧就属于制造费用。

2. 农产品成本

（1）农产品成本定义

农产品成本，即在生产过程中为了获得一定的农产品而消耗的各类物质投入和活劳动的总和。其中包括以实物形式或资金形式投入的各项生产资料费用，自有或雇佣的劳动力费用、土地费用及与生产有关的管理性支出等。农产品成本作为农产品生产和销售过程中所支付的货币总额，主要包括以下几个方面：生产过程中生产资料的一次性消耗费用，生产过程中被部分消耗或需要多次使用才能全部消耗的生产资料的摊销费用，农产品生产过中家庭用工费用和雇工费用，农产品生产经营管理费和销售费用以及农产品生产有关的其他费用。

自 2004 年开始，我国实施新农产品成本调查核算指标体系。在现行种植业产品成本核算制度下，总成本指生产过程中耗费的资金、劳动力和土地等所有资源的成本，其计算公式为：

总成本 = 土地成本 + 生产成本

土地成本即地租，指土地作为一种生产要素投入到生产中的成本，包括流转地租金和自营地折租。生产成本指直接生产过程中为生产产品而投入的各项资金（包括实物和现金）和劳动力的成本，反映了为生产该产品而发生的除土地外各种资源的耗费。其计算公式为：

生产成本 = 物质与服务费用 + 人工成本

物质与服务费用指在直接生产过程中消耗的各种农业生产资料的费用、购买各项服务的支出以及与生产相关的其他实物或现金支出，包括直接费用和间接费用两部分。人工成本指生产过程中直接使用的劳动力的成本，包括家庭用工折价和雇工费用两部分。

（2）我国现行农产品成本核算体系

2004年，我国实行新的成本收益核算体系，新版的成本收益核算指标体系与1998年的核算体系相比，在指标的结构，指标的名称及其之间的关系、指标的含义乃至调查汇总办法等方面都做出了重大调整，较之1998年的指标核算体系更加完整，更加全面地核算了农产品成本收益情况。具体成本指标如下：

①总成本

总成本为生产成本和土地成本的加总。与1998年指标体系不同的是，新版的指标体系开始核算土地成本，并作为总成本的一部分。

生产成本反映了为生产该产品而发生的除土地外各种资源的耗费，包括各种实物现金和劳动力支出。生产成本为物质与服务费用和人工成本的加总。物质与服务费用包括直接费用和间接费用两部分，是与农作物生产直接相关的支出。这一指标与1998年的指标体系相比，在指标名称上更加科学。人工成本指生产过程中直接使用的劳动力的成本，包括家庭用工折价和雇工费用两部分。这一指标对应1998年指标体系的用工作价，使用人工成本更加科学，更加规范。

土地成本指土地作为一种生产要素投入到生产中的成本，包括流转地租金和自营地折租。土地成本对应1998年指标体系中的土地承包费，用土地成本这一指标更加科学，更能反映出土地成本在农产品生产中的重要作用。

②现金成本

现金成本为物质与服务费用与雇工费用和流转地租金的加总。现金成本指生产过程中为生产该产品而发生的全部现金和实物支出，包括直接现金支出和所消耗的实物折算为现金的支出（如自产种子可以按照市场价格折算为一定数额的现金）以及过去的现金支出应分摊到当期的部分（如折旧）。现金成本这一指标是 1998 年指标体系中没有的，能够更好地反映现金和实物的支出与机会成本的关系。

（二）效益的经济含义

农产品种植效益通常是指农产品生产中所投入的劳动与和获得的劳动成果的比较。农产品效益与劳动成果正相关，与总投入的劳动负相关。在产出的劳动成果相同的情况下，投入的劳动越多，农产品种植效益越差；反之，在投入劳动相同的情况下，产出的劳动成果越多，农产品种植效益越好。提高种植效益一方面是减少劳动投入与消耗，二是尽可能地提高农产品的净收益。

农业生产收益是指农产品生产经营的经济效益，一般可以通过净利润和现金收益两种方式来表示。其中净利润是产出值减去生产过程中投入的资本、劳动力和土地等全部生产要素成本后的净额，反映了苹果生产中消耗的全部要素的净回报。而现金收益是指农产品产出值减去为生产农产品而发生的全部现金和实物支出后的余额，反映了生产者生产该农产品所得到的实际收入。

现阶段我国农产品收益核算指标主要为产值。产值合计为主产品产值和副产品产值的加总。粮食作物的主产品按标准水分的原粮计算：①主产品产值指生产者通过各种渠道出售主产品所得收入和留存的主产品可能得到的收入之和。②副产品产值是指出售与主产品密切相关的、一般与主产品属于同一作物不同部分的产品所得的收入。

（三）成本效益分析法

在经济学领域中的成本效益分析方法是指经济学中的成本效益分析是指以货币单位为核算基础，对投入与产出进行估算和衡量的方法。成本效益分析在经济学中是一个普遍的方法，根据理性经济人假设，经济主体在进行经济活动时，需要考虑具体经济行为在经济价值上的得失，进行合理预期，对可能发生收益与损失做出科学的估计。经济学中的成本效益分析方法是一种量入为出的经济性理念，它要求对未来行动有预期目标，并对预期目标的概率有所把握，成本效益分析追求效用的最大化，从事经济活动的主体从追求利润最大化出发，力图用最小的成本获取最大的效益。

影响农产品种植成本的因素有：①播种面积。播种面积是影响农产品种植成本的主要因素之一。②农业基础设施。道路、交通运输、通讯、水利灌溉、仓储等农业基础设施亦是影响农产品种植成本的重要因素。③人工成本。随着工业化、城镇化的推进劳动力价格呈现快速上涨趋势。④土地成本。由于工厂企业的锐增以及房地产行业的发展，挤占了大量优质土地，导致土地的生产成本及机会成本迅速提高。⑤化肥费、机械作业费、种子费等。农资的利用效率低，导致资源的浪费和生产成本的提高。

农产品种植收益影响因素主要有：①单位面积产量。单位面积产量依然是影响收益的最基本因素。②农产品价格。调高农产品价格是增加农产品收益最显著也是最有效的方法。③生产成本。物质与服务费用的快速增长，阻碍了农产品收益的增长。

二、成本效益分析的测度方法

（一）财务成本效益分析的主要指标

1. 净现值和贴现率

在成本效益分析中，往往跨越较长的时间，任何项目的成本和效益都与建设周期、工程的使用寿命以及政策执行的长短有关。因此必须考虑时间因素。为了比较不同时期的成本和效益，人们对未来的成本和效益打一个折扣，在经济计算中，用贴现率作为折扣的量度，考虑了一定贴现率的未来的成本或效益称为成本或效益的现值。把不同时间（年）的成本和效益化为同一时间（年）的现值，使整个时期的成本或效益具有可比性。计算公式为：

$$PVC = \sum_{t=1}^{n} \frac{C_t}{(1+r)^t} ; PVB = \sum_{t=1}^{n} \frac{B_t}{(1+r)^t} \qquad ①$$

式中：PVC—总成本的现值，PVB—总效益的现值，C—第 t 年的成本，B—第 t 年的效益，R—贴现率，t—时间（通常以年为单位）。投资项目投入使用后的净现金流量，按资本成本或企业要求达到的报酬率折算为现值，减去初始投资以后的余额，叫净现值。其计算公式为：

$$NPV = \sum_{t=1}^{n} \frac{NCF_t}{(1+r)^t} - C \qquad ②$$

式中：NPV—净现值，NCF—第 t 年的净现金流量，k—贴现率（资本成本或企业要求的报酬率），n—项目预计使用年限，C—初始投资额。在使用成本效益分析法时，要考虑资金时间价值这一因素，即把未来的成本和效益按一定的折扣变为现在的价值，这个折扣率就是贴现率。只有净现值指标大于或者等于零的投资项目才具有财务可行性。

2. 投资回收期

投资回收期是指净现值为零时的系统使用时间，即收回全部系统投资的时间。投资者总是希望缩短开发周期，使系统尽早投入使用，及早创造效益。显然，投资回收期越短，系统进行投资的效果也就越好，项目开发的可行性越大。投资回收期是反映项目财务上投资回收能力的重要指标。投资回收期自建设开始年算起，同时应注明投资开始年算起的投资回收期。投资回收期的计算方法因每年的营业净现金流量是否相等而有所不同。如果每年的营业净现金流量（NCF）相等，则投资回收期可用下式计算：

$$投资回收期 = 原始投资额/每年 NCF \qquad ③$$

如果每年的营业净现金流量（NCF）不相等，那么计算回收期要根据每年年末尚未回收的投资额加以确定，即：

$$投资回收期 = ［累计净现金流量出现正值年数］- 1$$
$$+ ［上年累计净现金流量绝对值/当年净现金流量］ \qquad ④$$

将项目评价求出的投资回收期与部门或行业基准投资回收期比较，当项目评价求出的投资回收期小于行业基准投资回收期时，就认为项目在财务上是可行的。

3. 内部收益率

内部收益率是指在项目开发的生命期内，净现值为零时的贴现率。内部收益率实际上反映了投资项目的真实报酬，是用以反映项目获利能力的动态评价指标，目前越来越多的企业使用该项指标对投资项目进行评价。内部收益率的计算公式为：

$$\sum_{t=1}^{n} \frac{NCF_t}{(1+r)^t} - C \qquad ⑤$$

式中：NCF—第 t 年的净现金流量，r—内部收益率，n—项目预计使用年限，C—初始投资额。

（二）财务成本效益分析的主要方法

1. 净现值法

净现值法是指在投资项目的寿命期内，将所有的成本和效益按照一定的贴现率折算为成本现值和效益现值，如果效益现值减去成本现值后的差额大于零，则该投资项目就是可行的。

2. 现值指数法

现值指数法是指在投资项目的寿命期内，计算所有的效益现值与成本现值之比，如果该比率大于1，则投资项目就是可行的。计算公式为：

$$现值指数 = \sum_{t=1}^{n} \frac{I_k}{(1+r)^k} \Big/ \sum_{t=1}^{n} \frac{O_k}{(1+r)^k} \qquad ⑥$$

式中：n—投资项目的寿命期，I—第 k 年的现金流入量，O—第 k 年的现金流出量，i—预定的贴现率。

3. 内部收益率法

内部收益率是指能够使投资方案的净现值为零的贴现率。这种方法就是通过计算内部收益率并将其与所要求的贴现率相比较，如果比值大于1，一般情况下该投资项目就是可行的。当有多种待选方案时，内部收益率的大小顺序可反映出相应方案的优劣程度。但这种方法存在的缺陷是，即内部收益率高的项目未必优于内部收益率低的项目。因为内部收益率是一个相对值，它忽略了项目的规模，有的项目内部收益率较高，但投资额太小，用高收益率掩盖了其获取收益的绝对值偏低的不足。

三、四川筠连县春风村绿色发展模式成本效益分析案例

（一）筠连县春风村林下种植中草药模式

春风村开展林下中草药种植等适应性经营活动，目的是提高农林景观的生产能力，增加生物多样性，增强生态系统自身的服务功能，对该区域农户增强生计的耐受力、发展可持续替代生计具有一定的示范意义。Dean 等研究认为项目人员的推动并不能决定农林复合经营项目的成功，起决定作用的是农民对成本和收益的感知。

1. 筠连县概况

四川省筠连县地处川滇结合部的乌蒙山区，位于长江上游南广河支流区域。春风村位于筠连县城的东北部，距县城 6 公里；面积 364 公顷，森林覆盖率 46%；海拔在 500—1025 米，岩溶土地面积占辖区面积的三分之一，属典型喀斯特地貌的山区。春风村辖春风、中沙、龙塘 3 个村民小组，2015 年该村农户 203 户、人口 864 人。

2003 年春风村民开始在石头缝里栽种李树，将石漠化治理、生态建设与产业发展结合起来，经过 10 多年的建设，种植了 70 公顷的李子。李子经营给春风带来了可观的经济效益，同时很大程度上改善了生态环境。2015 年该村人均收入达到 18000 元。据县林业局监测数据显示，春风村石漠化土地面积由 2003 年的 64 公顷大幅减少到 2015 年的 3 公顷，但潜在石漠化土地由 45公顷增加到 106 公顷。李子纯林病虫害多发，生态系统服务功能有限；农民在林下种植番薯、蔬菜等，扰动土壤，潜在石漠化土地水土流失的压力较大。近些年来，气候变化对该村落的影响也愈加深刻，如李子开花时节（3月中旬至 4 月中旬）大雨时有增加，既降低了李子产量，也加大了保持水土的难度。

已有研究发现，大规模种植"现金作物"（Cash Crop）易对环境产生不利影响，东南亚山地规模庞大的橡胶纯林种植增加了水体泥沙负载量，化肥、农药的使用也降低了水资源质量。而种植乡土物种能有效缓解上述问题，西双版纳采取套种、改善除草管理等措施应对橡胶纯林的各项环境问题，取得了一定成效。春风村在李子纯林下开展黄精种植，其适应性体现在如下三点：首先，黄精病害少、成活高、价格可观，是当地野生中草药，适合遮荫和排水良好的生长环境，在李子林下栽种具有天然的适应性。其次，黄精为多年生草本植物，仅在收获时节翻动土壤（每 3 年收获 1 次），与种植番薯相比，极大地降低了水土流失的程度。再次，黄精耐药性差，农民考虑到这一特性，采取人工除草的办法，减少了农药使用量。人工栽种黄精，缓解了野生资源的生存压力，能增加生物多样性，提升生态系统的服务功能。

2. 成本与效益

对比李子林下种植番薯和李子林下种植黄精的成本收益，关键是识别二者各自的投入及产出情况，如果能准确地计算各项投入及产出的现金流量，就能获取有效的成本效益分析结果。对春风的李子经营来说，投入具有一定的稳定性，产出因受天气影响、价格受市场影响具有一定的波动性。本研究在对各项参数进行设定时，采取保守策略，对原有经营模式（番薯套种）不高估其投入和费用、不低估其产出和收益；对现有经营模式（黄精套种）不低估其投入和费用、不高估其产出和收益。相关数据以当地农民的经验判断及实际市场状况为准。

（1）成本效益分析各项投入参数的设定

①李子套种番薯建设成本及年度经营投入李子新苗每棵5元，春风每公顷土地平均种植825棵，整地、清林加挖穴等栽植劳作需投45个工。李树从幼苗到老化更新，每年12月份每棵平均施有机肥28公斤，每公顷需2700元肥料费用、投工90个。林下套种番薯年除草2次，各需农药费用180元、投工7.5个。林下套种番薯，年浇水2次，每次每公顷投工15个。李树每年冬季修枝，每公顷投工45个。从第4年开始，李树开花及坐果时节各打1次农药，防治病虫害，各需农药费用180元、投工15人。李子采收、包装每公顷投工105个，1公顷地所产李子需1800元包装费用、30个人工加以销售。番薯种苗费10元/公斤，每公顷地需375公斤，整地、插苗投工60个，肥料费用300元，施肥投工7.5个，采收投工60个，假定销售投工15个（表7-1）。

表7-1　林下不同套种品种建设成本及年度经营投入情况

	李子套种番薯		李子套种黄精	
	李子	番薯	李子	黄精
建设成本（元/公顷）/（工/公顷）				
种苗费用	4125	3750	4125	18000
整地、栽植投工	45	60	45	45
运营成本（元/公顷）/（工/公顷）				
肥料费用	2700	900	2700	5850
施肥投工	90	7.5	90	90
除草农药费用	360			
除草投工	15		180	

续表

	李子套种番薯		李子套种黄精	
浇水投工	30		45	
修枝投工	45		45	
防治病虫害农药费用	360		360	300
防治病虫害喷洒农药投工	30		30	15
	李子	番薯	李子	黄精
采收、包装投工	105	60	105	225
包装费用	1800		1800	
销售投工	30	15	30	30

②李子套种黄精建设成本及年度经营投入。李子初植成本和前文相同。黄精种子 12 元/公斤,平均需 1500 公斤/公顷,3 月份整地、播撒种子,投工 45 个。施肥兼施复合肥和牛粪,年施肥 3 次,每次每公顷肥料费用 1950 元、投工 90 个。林下套种黄精年人工除草 4 次,每次每公顷投工 45 个。年浇水 2 次,每次每公顷投工 22.5 个。黄精病虫害较少,3 月份红蜘蛛出现时,会打农药 1 次,每公顷农药费用 300 元、投工 15 个。黄精种植后生长 3 年即可采收,每公顷需人工 225 个。农民在采收时留下一部分根状茎,利用其进行繁殖,以后每 3 年采收 1 次。有小贩到农户家中收购,假定每公顷销售投工 30 个。

③劳动力价格及机会成本春风用工成本为 80 元/天,上文所述投工 1 个即用工成本为 80 元(依此类推)。春风所在县城如建筑工地上务工 1 天可得 100 元,但从事林业经营的多是妇女、中老年人,在县城并不具有相应的工作机会,因此将劳动力机会成本假定为 0。

(2)成本效益分析各项产出参数的设定

①李子产量及价格在春风村,李树新苗栽植后第 4 年可以成果,初期产量 2250 公斤/公顷;之后产量逐年增长(假设每年增产 3000 公斤),直至第 7 年进入丰产期,丰产期平均产量 11250 公斤/公顷;春风的李子树平均树龄为 19 年(17—21 年),最后 3 年李子树发生老化,树体开裂,产量也随之减少,平均 7500 公斤/公顷。春风村遍布的石灰石具有很强的聚热功能,夜间

持续释放热量可促使李树糖分聚集，李子口感较好。依托石缝中的李树，春风打造出"云上石漠"的旅游品牌，推出赏花节、品果节，节日期间日平均吸引游客 1000 人。农民成立了春风李子专业协会，注册了"猫哻湾"李子商标。产品质量过硬、游客数量较多，保证了李子得以最低 8 元/公斤的价格销售（表 7-2）。

表 7-2　各项产品产量及价格

	产量（千克/公顷）	价格（元/千克）
李子	11250	8
番薯	5250	3
黄精	22500	10

②番薯产量及价格。番薯生长季节（5—10 月）李树树冠郁闭度较高（12 月—次年 3 月落叶），光照不足；农民用其饲养家畜，很少在市场上销售，经营投入有限。因而番薯产量较低，平均仅 5250 公斤/公顷。根据当地市场行情，番薯价格较高时可达 3 元/公斤。

③黄精产量及价格。黄精栽种后生长 3 年即可采收，公顷均产量 22500 公斤。根据 2016 年市场行情，黄精价格可达 12 元/公斤，最低价格一般不低于 10 元/公斤，在具体计算时采用 10 元/公斤的价格。庄立等在分析黄精林下种植技术及效益时，认为黄精产量 75000 公斤/公顷、价格 15 元/公斤。因而本研究对产量和收益的计算是较为保守的。

④环境效益及其核算。黄精病虫害少、用药量轻，对环境的不利影响可降至最低。黄精抗药性差，农民不再使用药剂进行林下除草，减少了农药的使用。作为一种优良的中草药，野生黄精资源受到较大破坏，人工种植能够缓解其生存压力，保护生物多样性。上述效益不易核算，仅在此处加以说明。春风村目前的岩溶土地以潜在石漠化占主体。有研究表明，潜在石漠化区域由于土被盖度较大、土层更厚等原因，水土流失现象严重。尽管增加植被覆盖率可以减缓降雨对土壤的侵蚀，但林下翻垦等人为活动仍然会造成一定程度的水土流失，李桂静等形容此一现象为"远看青山在，近看水土流"。黄精为多年生草本，四季常绿，每 3 年采收 1 次，且采收时仍会保留一部分根茎、用于新一轮的生长，对土壤的扰动可降至最低。番薯不管是起垄还是

收获，对土壤的干扰都十分剧烈。本研究将种植番薯所造成的土壤流失的损失视为种植黄精而产生的土壤保持的收益。首先，借鉴李生等对典型石漠化地区不同植被类型下地表水土流失的研究，设置林下种植番薯的土壤侵蚀模数为 98.91 吨/公顷每年（即每年每公顷 989.1 公斤，也即种植黄精的土壤保持量）。其次，Hansen 和 Ribaudo 计算得出美国不同水纹单元（Hydrologic U-nit Code）保持一吨土壤的收益在 1.11—17.55 美元（2000 年价格）。石漠化地区土壤生成速率低、土壤流失的重置成本极高，土壤流失不仅对农民的生计造成困难、也对两江流域的生态安全产生威胁，因而本研究设置保持土壤的价值为 17550 美元/公斤（2016 年 1 美元折合人民币 6.64 元）。Zhou 等假定 3%的通货膨胀率将 Hansen 和 Ribaudo 中 2000 年的价格折算到 2008 年，借鉴此做法，计算得出 2016 年春风保持土壤的价值为 28160 美元/公斤（即为 187000 元/公斤）。

⑤社会效益及其他成本效益分析。着重关注经济效率，对谁承担了成本、谁获得了收益（即成本效益的分布）考虑不足。简单考察该项目收益的分布，可以发现，林下套种黄精增加了劳动密集型程度，且用工需求在一年中较为分散，对务工机会成本较低的妇女、老年人吸引力较大，具有一定的益贫色彩。黄精花朵形似串串风铃，果实色彩渐次变化，是不可多得的观赏佳品，可以与春风初具规模的乡村旅游形成协同效应。农民通过经营林下中草药，获得了新知识、新技能，拓宽了收入来源，也能通过建设家园获得心理满足感。

（3）时间期限和贴现率的设定

2016 年春风村民种植黄精时，大部分李子树已栽植 12 年，距离老化更新还有 7 年，因而本研究首先依据现实情况设置 7 年的时间期限（情景1）；其次，为分析在李子树完整生命周期内套种黄精的成本收益情况，设置 19 年的时间期限，假定李子幼苗和黄精种子同时栽培（情景2）。贴现率的大小是个较为争议的话题，不同贴现率之间的微小差异能引起未来价值的巨大变化。现实中，发达国家设置的贴现率普遍低于发展中国家。亚洲开发银行建议 10%—12%的项目贴现率，中国国家发展与改革委员会建议短期及中期项目采取 8%的贴现率。参照 Mushtaq 对中国水资源管理计划的成本效益分析，在主体部分将贴现率设置为 10%，并且进行 8%和 12%贴现率情形下的敏感性分析。

（4）成本效益分析

表7-3呈现了两种情景（时间期限）下的成本效益分析结果。在所有情景中，黄精套种都是有利可图的，表现在净现值大于0，效益成本比大于1。在情景1中，黄精套种①的净现值是番薯套种①的1.39倍，但其效益成本比（1.913）低于番薯套种（1.950）的效益成本比。在情景2中，黄精套种①的净现值是番薯套种①净现值的1.47倍，说明长期水平上，套种黄精经济上更加有利可图，这一点同样反映在黄精套种①的效益成本比（1.691）大于番薯套种①的效益成本比（1.476）；当考虑土壤流失损失或土壤保持效益时，黄精套种②的效益成本比高出番薯套种②的幅度要更大一些。

长期水平上，番薯套种土壤流失的经济损失为1500元（计算方法为番薯套种①减去番薯套种②），黄精套种土壤保持的经济收益为1500元（计算方法为黄精套种②减去黄精套种①）。上述损失和收益的数值都基于1公顷地计算而来，而项目区林下黄精种植总规模为6公顷，因而相对于番薯套种，农民套种模式的改变将产生18000元的水土保持效益。

从上述分析结果可以看出，农民林下种植番薯具有一定的合理性，因为农户层面流失土壤的价值相对于产品的价值微乎其微，短期水平上番薯套种的效益成本比甚至高于黄精套种。长期水平上，黄精套种的效益成本比仅略高于番薯套种的效益成本比，说明林下中草药的适应性经营虽然具有可观的收益（净现值高），但投资门槛很高。对于成本较高的林下黄精套种，春风村农户表现出了较高的参与积极性，其原因除了项目资金及技术的支持外，还有以下三点：第一，春风部分农户在项目开展前，有一定的中草药种植经验，通过试错，发现黄精种植在自然条件上较为适宜。第二，项目设计方在制定方案时，充分尊重了农民的自主意愿，采纳了农户较为熟悉的品种，降低了组织、实施成本。第三，李子每年收获1次，黄精每3年收获1次，二者形成以短养长，农民有一定的支付能力；且黄精市场价格表现好，农民支付意愿较强。由此可见，任何一项适应性经营项目，必须统筹考虑自然地理条件的适宜性、项目方案设计的针对性和有效应、农户层面的支付能力以及市场层面的驱动因素，切不可不顾实效、盲目推广。

表 7 -3   林下不同套种品种每公顷的成本效益分析结果

	7 年时间范围（情景 1）			
	番薯套种①	黄精套种①	番薯套种②	黄精套种②
效益现值	463875	656340	463005	657210
成本现值	237915	343005	237915	343005
净现值	225960	313335	225090	314205
效益成本比	1.95	1.913	1.946	1.916
	19 年时间范围（情景 2）			
效益现值	552015	927075	550515	928575
成本现值	373935	548100	373935	548100
净现值	178065	378975	176580	380475
效益成本比	1.476	1.691	1.472	1.694

注：番薯套种①未计算土壤流失的损失，番薯套种②计算了土壤流失的损失；黄精套种①未计算土壤保持的收益，黄精套种②计算了土壤保持的收益。

（5）敏感性分析

表 7 -4 呈现了 8% 和 12% 贴现率条件下的敏感性分析结果。两种情景中，不同贴现率的计算结果非常稳健，黄精套种的效益成本比大于 1，且净现值远高于番薯套种。在情景 2 中，黄精套种的效益成本比大于番薯套种的效益成本比。事实上，在情景 2 中，黄精套种的内部报酬率高达 35%，高于番薯套种的内部报酬率，说明只要贴现率不高于 35% 都是有利可图的。

表 7 -4   敏感性分析结果

	s = 8%		s = 12%	
	7 年时间范围（情景 1）			
	番薯套种②	黄精套种②	番薯套种②	黄精套种②
效益现值	492810	709350	436005	610530
成本现值	254430	366615	223035	321735
净现值	238380	366345	212970	288795
效益成本比	1.937	1.935	1.955	1.898

续表

	s＝8％		s＝12％	
19 年时间范围（情景 2）				
效益现值	658635	1112265	464535	782775
成本现值	433140	631860	326355	480750
净现值	225495	480405	138180	302025
效益成本比	1.521	1.76	1.423	1.628
内部回报率	0.32	0.35		

注：番薯套种②计算了土壤流失的损失，黄精套种②计算了土壤保持的收益。

4. 结果讨论

石漠化地区的自然地理条件较为恶劣，在气候变化的渐进影响中，更显得"先天不足"，因而开展适应性经营，提高农林景观的生产能力，保护生物多样性，在该地区显得尤为重要。"中国西部适应气候变化的可持续土地管理"项目在筠连县春风村开展林下中草药种植的适应性经营活动。林下中草药种植的净现值远高于林下番薯种植；长期水平上，前者的内部贴现率高达35％，且效益成本比高于后者；项目区土壤保持收益的总额为18000元。虽然林下中草药种植建设成本及运营投入较高，但农户通过试错学习获取了种植经验，通过参与式项目设计保证了方案的适宜性，通过经济林果经营积累了投资资金，因而项目得以顺利开展。

林下中草药种植减少了农药的使用，维护了生物多样性，有利于生态系统服务功能的提升。中草药（黄精）观赏性好，具有一定的美学价值，可以与项目点初具规模的乡村旅游形成协同效应。在社会效益方面，中草药种植劳动密集型程度高，能吸纳农村劳动力就业，妇女、老年人等弱势群体受益更大。

四、四川华蓥市仁和村"清脆李"绿色种植模式的投入产出分析

（一）模式所在地点

广安华蓥市地处四川盆地东部、川东平行岭谷的华蓥山中段西麓，东依邻水县，北接广安，南与重庆的合川区和渝北区交界，西接岳池县。该县属

于长江二级支流渠江河流域范围，东部山区襄渝铁路沿线以东石灰岩广布，喀斯特地貌突出，岩溶地貌极其发育，溶洞、漏斗、天坑、峰林、峰丛、地下河等密布。其中，岩溶地区土地总面积 26814.6 公顷，占国土总面积的 57.85%；石漠化土地总面积为 14226.7 公顷，占岩溶地区土地总面积 53.06%；潜在石漠化土地面积为 8289.2 公顷，占岩溶地区土地总面积 30.91%；非石漠化土地面积为 4298.7 公顷，占岩溶地区土地总面积 16.03%。石漠化地区缺土少水，土地生产力低，社会经济发展相对滞后，是华蓥市水土流失最为严重的区域，石漠化问题十分突出。

天池镇仁和村距华蓥市区 7.1 公里，辖区面积 10880 亩，其中林地面积 8080 亩，森林覆盖率 46.9%，海拔在 483—1000 米之间，地质结构 80% 系石灰石，属典型的喀斯特地形地貌，土壤贫瘠。

仁和村辖 6 个村民小组，有农户 512 户，人口 3066 人。2013 年，全村人均纯收入 8965 元。村内交通方便，天池湖环湖公路穿村而过，有公交车开行，村民出行便捷，全村农户用上自来水，农村安全饮水问题全面解决。农网改造全面完成，电视、电话普及率达 100%。仁和村从 1999 年开始通过退耕还林种植核桃、花椒、枇杷、李子等树种治理石漠化土地，自 2005 年以来，该村大力开展石漠化治理工作，2008 年纳入石漠化综合治理试点村，2011 年定为石漠化综合治理重点村。

（二）模式形成过程

青脆李是蔷薇科（Roaceae）李属（Prunus Linn）的核果类传统果树之一，为岷江上游河谷地方品种。其果实较大、味甜，品质优，适于岷江流域上游干旱河谷生长发育，已发展为川西横断山脉北段重要经济果木品种。其树势强健，生长旺盛，树冠半开张，枝条抽生多，果实圆形及尖圆形，果皮黄绿色，果实厚，离核。一般为 3 月为开花期，4 月为幼果期，5 月是果实缓慢生长期，6—7 月果实成熟，11 月下旬落叶。平均单果重 30—40g，大果达 60g，果形整齐，果肉色泽淡黄，肉质脆嫩、汁多，丰产稳产，果实硬度大，货架期长，耐贮运，鲜果采摘后，常温下贮藏 15—30 天，2—5℃ 低温下可贮藏 2—3 个月。栽植第 2 年结果，结果株率达到 100%，第 2 年平均单株产量可达 9—12 公斤，4—5 年进入盛果期，单株产量可达 30—50 公斤，每亩产

2000—2400公斤，盛果期可达18—20年。该品种适应范围比较广，对土壤要求低，最适宜在排水良好的壤土及沙壤土上种植，抗寒性、抗病性均较强，值得大面积推广，生产上要注意疏果。

广安华蓥仁和村栽培青脆李已有多年历史，青脆李本身就是当地的主要经济树种以及本土物种。所以GEF三期项目在石漠化治理过程中栽植经果林固土，选取浅根性树种"青脆李"（图7-6），其适应性强，以温暖湿润的气候环境和排水良好的砂质壤土为最优生长环境，这与四川省广安市的基本地理水热条件相符。采用水土肥药科学管理的方式试点种植李子200亩，并以此撬动社会资本，带动当地村民大规模科学栽种"青脆李"，增加产量，实现石漠化地区治理的生态效益与经济效益的双重收益。

该项目的实施主要采用合作社的方式。合作社主要由当地村民杨光远牵头，当地村民以土地入股，现已有20多位社员。GEF三期项目在其中无偿提供技术以及200亩的李子苗木。仁和村当地的地理条件比较适宜"青脆李"的种植，其生产的"青脆李"通体翠绿、味酸甜、有香味，口感脆爽，有较好的市场前景。但是当地居民对"青脆李"采用的是粗放式管理，并未投入大量资源，任其自由生长，只在挂果季节上山采摘，没有形成规模效益和良好的经济收益。GEF项目提供的水土肥药科学管理技术，可形成可持续发展的绿色"青脆李"生产模式，达到生态效益和经济效益的双重提升。目前仁和村李子合作社的规模已经达到了1000多亩，且还有2000多亩的土地已经签订合同并正式流转至合作社，不久也将进入种植阶段。除了GEF项目提供的200亩种苗之外，其余苗木、基础建设、肥料等投入均由合作社牵头人杨光远提供。合作社采用分红形式，承诺在正式盈利后，以每年10%的利润作为分红基础，以土地面积计算分成比例，该项目资金预计回收期为5年。

（三）投入产出分析

GEF项目通过200亩李子种植项目的实施带动了仁和村3000亩"青脆李"产业基地的建设。并带动大量的社会资金投入到仁和村的集约型青脆李种植模式当中。仁和村李子合作社不仅流转大量原有李子种植区域进行科学管理，也开辟了部分荒山与石漠化地区，通过"劈山"（利用挖土机等大型机械对石漠化地区进行土地翻整，将大型石料破碎，进行石块裸露，加快石块破碎与风化，并在后续管理中加施肥料，可达到石漠化地区的经济树种种植效果）等基础建设，对石漠化地区进行绿色种植，进行青脆李与小型西瓜的林下间作，达到石漠化地区的绿色发展和经济增长的平衡共进。李子合作社在土地流转方面以分红代替租金，目前并未产生大量土地租金，合作社未盈利期间仅按照每年退耕还林补贴的标准进行农户补偿，其中荒山为230元/亩，其余土地为500元/亩。此外李子合作社投入整地成本约100万元，灌溉、道路等基础设施建设300余万元，苗木10多万元，化肥、有机肥等20000多元，抚育成本10多万元。李子合作社牵头人杨光远原为村委会成员，此前一直在外地发展，在积累一定资本后，回到家乡仁和村通过GEF项目的支持牵头创立李子合作社，前述成本大部分由其个人积蓄所出，相关贷款较少。

"青脆李"的产出与优质苗木以及集约化管理息息相关。GEF项目提供的优质苗木和栽培养护技术是李子合作社的一项重要资本。优质苗木一般采取选育或者嫁接培育。而青脆李的栽植一般在落叶后至发叶前（11月—次年1月），栽种密度为3米×3米或者3米×2.5米，幼苗栽植后立即灌足定根水。青脆李的种植在施肥管理上具有时节性。在采果季节过后需要进行采果肥的施用，一般在采果后的7—8月施入，占全年施肥量的60%。以绿肥、土杂肥、腐熟的人蓄粪便为主，目的是恢复树势，促进花芽分化和防止早期落叶。在春季芽萌动时施入花前肥，占全年施肥量的10%，以速效性氮肥为主，目的是促进开花展叶。在果实形成果核的硬核期施入壮果肥，占全年施肥量的30%，以腐熟的堆肥为主。目的是促进果实充分膨大，并为花芽分化准备营养物质。此外青脆李种植期间最主要的病虫害是白星金龟子，利用白星金龟子喜好果醋液的特性进行诱杀。

目前仁和村李子合作社已经拥有15000株李子树，尚未进入丰果期，已经可达到75万元的年产出。此外李子合作社的种植范围内还具有军事训练基地，武警8740部队在此进行训练，并修建了战壕。在此基础上仁和乡不仅可以利用大面积李子栽植，进行全时空的生态旅游建设，形成春看李花、夏吃李子的多方位经济树种利用，还可以结合真人CS、公司拓展、休闲娱乐等定位，除开8月24日—9月4日的武警部队训练，将战壕等军事设施使用到位，突破青脆李旅游本身的时间限制，达到全时间的旅游产品分布。山林河谷、行云流水、村寨农田、历史民俗、屯堡古道、特色土产不再是所谓初级产品，不再是被遗忘的角落，而都可能成为高品位、高价值的旅游商品，可实现可观的收益。通过发展生态旅游，一方面公众受到了环境教育；另一方面，当地群众可以通过服务行业获取生存资金，减少对环境的直接索取和掠夺式开发。四川省华蓥市仁和村特有的自然风光和民俗风情顺理成章地可转换成产品优势，适应旅游市场需求趋向，有着巨大的市场潜力。

五、贵州龙里茶香村"刺梨"绿色发展模式及效益分析

（一）茶香村概况

茶香村位于素有"中国刺梨之乡"美称的谷脚镇东北部，距龙里县城 20 公里，距省会贵阳 25 公里，距龙洞堡国际机场 15 公里，村内千洗公路穿过，交通十分便利。茶香村属典型的喀斯特地貌，平均海拔 1360 米，地处北亚热带季风湿润气候区，年平均气温 14.8℃，年平均降水量 1100 毫米左右，冬无严寒、夏无酷暑，阳光充沛，温和舒适。境内森林资源丰富，森林覆盖率达 89%。

2016 年龙里县进行行政村区划调整，茶香村同鸡场村等合并。"新"茶香村总面积 42.3 平方公里，耕地 14200 亩（水田 5400 亩、旱地 8800 亩）、林地 24000 亩；辖 10 个村民组 9 个自然村寨，有 476 户 2046 人。主要经济作物有刺梨、桃、李、蔬菜等，2016 年农民人均纯收入达到 12600 万元。

茶香村属典型的喀斯特地貌，平均海拔 1360 米，地处北亚热带季风湿润气候区，年平均气温 14.8℃，年平均降水量 1100 毫米左右，冬无严寒、夏无酷暑，阳光充沛，温和舒适。境内森林资源丰富，覆盖率达 89%，生态环境宜人。土壤为砂岩发育的山地黄壤，十分适宜刺梨生长。1995 年茶香村村民开始人工种植刺梨，成功栽培后，利用国家退耕还林等政策契机不断扩大种植面积，目前已发展成 20000 亩的规模。刺梨产业的良好市场表现改变了茶香村的面貌，使得其由省级二类贫困村跃升为知名的小康村。茶香村于 2010 年被黔南州林业局授予"贵州刺梨良种繁育基地"，并成为 2013 年建立的省级现代高效农业示范园区——茶香刺梨产业示范园区的核心地带。茶香村依托"十里刺梨沟"独特的生态景观和低山丘陵的起伏地势，在"一花一

果"（刺梨花和刺梨果）上做文章，成功举办多届"刺梨赏花（品果）节"文化旅游活动及2016年、2017年的全国山地自行车公开赛（贵州·龙里站）赛事，并成功打造3A级旅游景区，知名度和美誉度不断提升。

（二）茶香村刺梨经营状况

茶香村共有十个村民小组、476户人家。本书著者通过实地的问卷调查共获取有效样本97份，占总村民数的20%，涉及其中8个村民小组，在一定程度上可以反映全村整体情况。

2016年，样本农户刺梨收入的均值为9730元，少部分农户刺梨尚未挂果，收入为零，一些种植较早、规模较大的农户收入高达84800（表7-5）。样本农户刺梨收入的中位数为5990，明显小于平均值，说明平均值是被少部分农户的高收入拉升的。

表7-5 2016年刺梨收入

样本量	平均值	中位数	标准差	最小值	最大值
94	9730	5990	13196	0	84800

2016年，样本农户家庭总收入的均值为29700元，中位数明显小于平均值，且标准差数值极大，说明样本农户间收入差距十分明显（表7-6）。

表7-6 2016年家庭总收入

样本量	平均值	中位数	标准差	最小值	最大值
94	29700	16661	48505	2000	338000

在97份有效样本中，接受过林业培训的有35户，占样本总量的36%，为接受过林业培训的有63户，占样本总量的64%（表7-7）。

表7-7 农户林业培训情况

	频率	百分比	累积百分比
接受过培训	35	36.08	36.08
未接受过培训	62	63.92	100

在97份有效样本中，刺梨林地有水源的仅14户，占比不足15%（表7-8）。调研中农户突出反映的问题之一就是缺水，少数农户有灌溉水源，来自

政府给修的水窖，其储水能力受限于喀斯特地理条件。

表7-8 刺梨林地水源情况

	频率	百分比	累积百分比
有水源	14	14.58	14.58
无水源	82	85.42	100

在97份有效样本中，农户刺梨种植面积的均值是33亩，最小值为0亩，最大值为105亩（表7-9）。如此大的种植规模其平均收益9730元，原因是2016年很多种植的刺梨并未挂果，其次农户化肥投入能力有限，经营管理上似显粗放。

表7-9 刺梨经营规模

样本量	平均值	标准差	最小值	最大值
97	33	22	0	105

以种植刺梨的时间长短为种植经验的代理变量，在97份有效样本中，农户种植刺梨的平均时间是9年（表7-10）。最早的1998年开始种植，最晚的2016年才开始种植。

表7-10 刺梨种植经验

样本量	平均值	中位数	方差	最小值	最大值
97	9.66	9	5.74	0	18

在97份有效样本中，43户农户既使用有机肥又使用化肥，26户只使用化肥，27户只使用有机肥，只有1户未使用化肥（表7-11）。

表7-11 肥料使用情况

	频率	百分比	累积百分比
不使用肥料	1	1.03	1.03
只使用化肥	26	26.8	27.84
只使用有机肥	27	27.84	55.67
两种肥料结合	43	44.33	100

在全部 94 个样本中，近 50% 的农户不打任何除草剂。但农户在除草剂的使用上存在巨大差异，部分农户去年使用农药除草达到 5 次（表 7 - 12）。

表 7 - 12 除草剂使用情况

打除草剂次数	频率	百分比	累积百分比
0	45	47.87	47.87
1	7	7.45	55.32
2	28	29.79	85.11
3	10	10.64	95.74
4	2	2.13	97.87
5	2	2.13	100

与除草剂的使用情况类似，农户在杀虫剂的使用上也存在巨大差异（表 7 - 13）。在一个村庄内，同一种经济林的经营管理方法差异如此明显，反映了农户并没有普遍掌握标准化的刺梨经营方式。

表 7 - 13 杀虫剂使用情况

打杀虫剂次数	频率	百分比	累积百分比
0	37	39.36	39.36
1	14	14.89	54.26
2	32	34.04	88.3
3	8	8.51	96.81
4	1	1.06	97.87
5	1	1.06	98.94
6	1	1.06	100

在 91 份有效样本中，农户平均每亩化肥投入 344 元，农户在化肥使用上差异非常大，反映在标准差为 369，且最小值和最大值之间数额相差大。农户平均每亩农药投入 80 元，农户在农药使用上差异非常大，表现为较大的标准差以及最小值和最大值之间的悬殊。

综合上述描述性分析结果，我们不难看出，当前刺梨经营管理状况还较为粗放，经营管理水平还不高，农户的绿色经营行为仍存在较大的差异，经营行为的绿色化仍有较大的改进空间。

（三）茶香村绿色发展模式的构成体系

茶香村耕地资源少，土壤较为贫瘠。早在 2000 年，森林砍伐严重，村民只能依靠贫瘠土地上为数不多的玉米棒子，生计困顿。联系中国农村改革的经验，最具变革性的举措似乎总发生于最贫困的区域。当年的茶香村民也许并无可称道的卓越见识，但要摆脱贫困，仅瞄准经济收益，对于身处喀斯特区域的他们而言，并没有什么现实可行性。所以，茶香的变革必须重视生态因素，并将其贯穿于经济发展的全过程和各方面。茶香村民通过刺梨的初步试种、规模经营、标准化管理，最终以"草根产业"开创绿色发展之路，继而朝"接二（深加工）连三（旅游业）"方向深化。茶香村绿色发展模式以生态美和百姓富为任务目标，将"生态建设产业化、产业发展生态化"，打造了山地特色高效农业，发挥了四大效益（社会、经济、生态及扶贫效益），形成了乡村自我经营和自我发展的良性机制（见图 7－1）。茶香村绿色发展模式的基本要义有两点，一是守住生态底线。刺梨是多年生丛生小灌木，易栽种，抗旱、耐涝，对肥水要求不高，适应性强，丘陵、山坡、河堤等空闲地均可种植，有利于茶香村石漠化的生态治理；二是守住发展底线。刺梨含丰富的维生素 C 一起其他对人体有益的微量元素，在市场上几无同类竞争产品，具有广阔的前景。此外，依托一花（刺梨花）一果（刺梨果）发展起来的乡村旅游也在很大程度上改善了茶香的面貌。

（四）茶香村绿色发展模式的形成过程

茶香村的绿色发展模式大致经历了如下三个发展阶段。第一，科技支撑，栽培试种。1995 年茶香村民顾尚俊第一个种植刺梨，两年后的丰收让他成了茶香村的"首富"。1998 年贵州省农科院专家樊卫国在茶香村开展刺梨品种选育试验，成功筛选出品质优良的主栽品种"贵农 5 号"、授粉品种"贵农 7 号"，进一步让其他村民看到了脱贫致富的希望。第二，政策发力，规模经营。2000 年以来，国家不断加大对生态和扶贫问题的治理力度，茶香村充分抓住石漠化综合治理工程、退耕还林换草工程、巩固退耕还林成果专项建设项目、植被恢复费造林和扶贫项目等政策契机，将最初的 120 亩刺梨发展成当前的 20000 多亩。第三，综合施策，"接二连三"。依托于刺梨一产

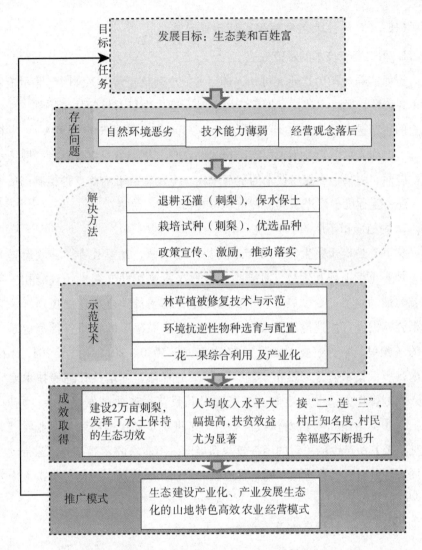

目标任务　发展目标：生态美和百姓富

存在问题　自然环境恶劣　技术能力薄弱　经营观念落后

解决方法
退耕还灌（刺梨），保水保土
栽培试种（刺梨），优选品种
政策宣传、激励，推动落实

示范技术
林草植被修复技术与示范
环境抗逆性物种选育与配置
一花一果综合利用 及产业化

成效取得
建设2万亩刺梨，发挥了水土保持的生态功效
人均收入水平大幅提高，扶贫效益尤为显著
接"二"连"三"，村庄知名度、村民幸福感不断提升

推广模式　生态建设产业化、产业发展生态化的山地特色高效农业经营模式

图 7 -1　茶香村绿色发展模式示意图

的贡献力，龙里县加大招商引资的力度，引进恒利源、黔宝等刺梨精深加工企业落户，采用"企业＋基地＋农户"的模式，增强了二产的支撑力。茶香继而围绕刺梨花（果），打造"十里刺梨沟"景区，建设山地自行车主题公园，有效发挥了三产的影响力，知名度和美誉度不断提升。

（五）茶香村绿色发展模式的示范效应

1. 刺梨丰产技术的示范效应

据熊洁等（2010）研究可知，选定示范户刺梨经营 1.3 公顷与非示范农户 1.3 公顷，通过丰产技术推广应用、对示范户进行剪枝等技术培训，使示范户的年产量产量从 2004 年的平均 250 公斤/亩提高到 2009 年的平均 1 吨/亩以上，而非示范户及不采用丰产技术的农户，年产量只有几百斤，收入也少。因而，刺梨丰产栽培技术的示范效应，不仅有益于示范点种植刺梨的农户，还一定程度上促进了周边种植刺梨的农户增收致富。

2. 种植面积拓展的示范效应

龙里县是贵州野生刺梨分布最为集中的区域，龙里县委、县政府将其列为林业重点工程和优势支柱产业，采取了提高刺梨知名度、政府相关部门合力推动刺梨产业发展、制定优惠政策，编制科学合理发展规划等一系列措施，促进其快速健康发展。由龙里县林业局起草的贵州省首家也是唯一的《龙里刺梨种植技术规范》（DB522700/5030－2011）已于 2011 年由黔南州质量技术监督局发布实施，将刺梨的育苗、栽培及管理等技术要领纳入规范操作中，极大地促进了茶香村刺梨苗木产业的发展壮大。同时，根据《中共黔南州委黔南州人民政府关于进一步加快推进刺梨产业发展的意见》及其所产生的可观的经济效益和当前供不应求的发展态势，已带动龙里周边县市和贵州省适宜发展刺梨地区乃至四川、重庆、云南等省市大力发展刺梨的热潮。

（六）茶香村绿色发展模式的成本效益

目前，茶香村所种植的刺梨均为原贵州农学院利用野生刺梨品种选育出贵农 2 号、5 号、7 号等优良品种，一般栽种后第 3 年即可挂果，在土壤水肥条件好的地方栽种后的次年即可挂果。根据刺梨种植技术规范，可知一亩地栽种 111 棵左右，1 棵果树在水肥条件好的洗马镇台上村可产果 20 斤，那么可使产量达到 1 吨/亩以上，以 2016 年统一收购价格 5 元/公斤计算，则鲜果的收益将达到 5000 元/亩以上。通过此次调研可知，99% 的农户施用有机肥或化肥，肥料每亩平均费用为 344 元，不同农户获取了政府的肥料补贴。针对刺梨的除草工作，主要以人工除草为主，喷洒除草剂的比例为53%。农户喷洒除草剂和杀虫剂的每亩平均花费为80元，一亩地每年施肥、人工除草、喷洒除草剂、喷洒杀虫剂、进行修枝作业共需要消耗12—16个工时。据调查，当地雇人进行上述作业的成本为150元/人每天，因而根据成本收益分析，果农的收益高过种植辣椒、白菜、李子、板栗、杨梅及玉米等作物的收益。

由于当地的刺梨品种优良，位于"十里刺梨沟"，加之中国刺梨之乡和最早人工种植刺梨的名气，乘借贵州省大力推广刺梨的契机和刺梨市场供不应求的现状，茶香村成了全国最大的刺梨苗木生产基地。在茶香村中懂技术又能从信用社贷款的农户都在积极发展刺梨苗木培育产业。据调研可知，2016年刺梨苗木的售价为1元/株，而从刺梨树上剪下的纸条的售价为1角/支。据农户粗略计算，除去人工费用、割草机、微耕机等机械的养护和燃油费及贷款利息等其他开销，通过开垦荒山、发展苗木产业，可实现每户20万左右的年收入。

（七）茶香村绿色发展模式对村民福祉的影响

茶香村发展刺梨产业极大地促进当地村民的收入，改善了人们的生活环境，提高了村民的生活质量。据了解，2016年新茶香村的农民人均纯收入可达1.26万元，不仅摆脱了省级二类贫困村的落后帽子，还跃升知名的小康村。近年来，村中的房屋翻盖或重盖率已达90%以上，同时房屋的资产价值平均在20万左右，家中拥有摩托车的概率近乎100%，有些农户家中甚至不止一辆，此外，充当刺梨收购商和经营刺梨苗木产业的农户几乎都拥有面包车、越野车等新型交通工具；村中各主要干道和道路沿线的村民家中都实现了道路的畅通和水泥硬化；村民一日三餐呈现在餐桌上的食物也丰富起来，米饭、猪肉、面条等屡见不鲜。村民家中的超大电视、冬日的采暖设备及简单装饰十分普遍；村中未成年人的文化水平基本达到九年义务教育水平。此外，村中还有以广场舞为代表的休闲娱乐活动，极大地丰富了村民的农闲文化生活。

（八）促进茶香村进一步实现绿色发展的相关建议

当然，我们在实地调研中也发现了一些存在的问题。大多数人正沉浸在用经济林获取经济、生态双丰收的喜悦之中，还没有能力或者说是不愿正视潜在环境风险。在茶香村刺梨经营中表现为水土肥管理的欠缺以及林灌草结合的不足等，为此提出如下建议。

1. 要加强水土肥的科学管理

调研中发现村民刺梨标准化栽培技术掌握不够，不同村民小组之间用肥、用药差异很大，且各持己见。原因可能是县里林业部门技术力量有限，很多培训不能坚持下去，加之农民的接受能力原本存在差异。茶香村较为缺水，刺梨基本靠天下雨，干旱季节难以保收。

2. 要重视林灌草的有机结合

研究表明，刺梨为喜光果树，但不耐强烈的直射光，以散射光最有利于生长发育。那么，茶香村刺梨林地上无乔木、下无杂草的纯林生长模式，是否并不符合其原本生长特性？在中国，纯林的生态风险早已见之于西双版纳和海南岛的橡胶种植。贵州省提出到 2020 年建设成 120 万亩的刺梨规模，其中茶香所在的黔南州 45 万亩；茶香村提出在"十三五"期间扩种刺梨 4000 亩以上。考虑到刺梨的根系较浅，刺梨纯林在更大地理范围上一灌独大是否会对水土保持和生物多样性有所损害？目前较为显见的是，在刺梨新苗需求旺盛而农民又无地可培育时，部分农户开垦了"荒山"，清楚了部分乔木。对于缺水的茶香而言，控制一定的刺梨规模，可能是必要的。

3. 适度扩展种植规模并提升产品质量

茶香村刺梨产业的绿色发展模式，虽已经得到当地政府的广泛的肯定，但周边地区的农民对于生产技术、种苗及成本收益等诸多问题还心存疑虑，对于刺梨发展的前景还有担忧。因而，政府及相关部门应在已有优惠政策和宣传策略的基础上进一步完善和优化，使茶香村绿色发展模式带动更多地区脱贫致富。尽管当前茶香村种植了最先进的刺梨品种，但为满足供不应求的市场需求，加大科研投入力度、研发新型优质品种、增加刺梨单产和品质十分必要；同时，通过合理施肥、清灌除草等措施，改善土壤的肥力；通过修建水窖等大型储水设施改善当地灌溉刺梨难的问题；通过修建或修通断头路的方式，将公路修道农户的田间地头，改善因地块分散所造成的对刺梨经营管理的费时费力；增加农户购买农具机械的补贴力度。

4. 促进产业链条的延伸和衍生

培养或引进龙头企业，以市场需求为出发点和落脚点，以龙头企业的高标准、高要求为准绳，以刺梨生产合作社为沟通桥梁，农户只需按照龙头企业的操作流程进行种植，以合作社和龙头企业达成的收购价格进行交易，较好地规避市场风险；合作社以赚取收购差价和信息费用盈利，而龙头企业则因高品质、高附加值和高标准的产品占领市场份额，使之实现"龙头企业＋刺梨生产合作社＋农户"的良性可持续发展模式。在发展刺梨种植业和苗木产业的同时，还要利用每年盛开的刺梨花，发展适度规模的蜂蜜产业，并要及时注册地理标识的商标，形成自己的品牌。同时还要深入挖掘刺梨产业的潜力，研制和开发以刺梨为主要原料的保健食品等。

5. 提升旅游服务业整体水平，打造特色小镇

基于茶香村以生态促进产业发展，产业经济带动生态优化的绿色发展模式，在打造"十里刺梨沟"3A级旅游景区的同时，还要提升住宿、餐饮、医疗卫生、零售等服务水平，吸引更多年轻人返乡创业，增加当地的发展活力；同时，要加大对道路、水电、网络等基础设施的投入力度，进一步缩小同城镇的差距。依据当地的地势和环境，建造具有当地特色的房屋，人为地建造一些景点或营造一种氛围，挖掘当地特有的人文和自然景观特色，打造别具一格的"中国刺梨之乡"。

作为"中国刺梨之乡"的核心发源地，我们有理由相信当地政府和茶香村民完全有能力战胜现在和将来面临的一些新的挑战，从而继续引领绿色高效农业发展的旗帜。

第八章　喀斯特石漠化地区绿色发展支撑体系

一、管理支持体系

绿色发展首先需要绿色管理，从宏观角度上，绿色管理是指以政府为主体，通过对政府行为、企业行为和社会公众行为三者进行协调和整合，达到整个国家社会经济的可持续发展，从微观角度上来说，绿色管理的主体则是社会组织，包括作为营利组织的企业和其他非营利组织，这些主体进行的经营管理活动对区域绿色发展有重要影响，因此，管理支持体系应该是包含政府、社会组织等在内的多主体管理体系。鉴于石漠化地区脆弱的生态环境和区域贫困现状，其绿色发展更需要完善的管理体系给予支持和保障。

本章所介绍的石漠化地区绿色发展的管理支持体系主要包括绿色发展政绩考核体系和环境管理体系，这两部分相互支持配合，既有相同点又有所不同。在支持目标上，其目的都在于推动石漠化地区的绿色发展，而在作用方式上，又有所区别：如绿色发展政绩考核体系主要是在政府层面，通过绿色GDP核算、绿色发展指标制定、自然资源资产负债表编制等方式，将区域的绿色发展与政府政绩相挂钩，以此督促政府管理者行使管理职能以提高区域绿色发展水平，环境管理体系则是从更具体的环境管理的制度层面上对社会组织的相关行为予以规范。

（一）绿色发展政绩考核体系

"政绩"是自有官僚体制的阶级社会产生以来所固有的一种政治现象，是各种政治权力活动的产物，简单地说就是领导干部合理运用人民赋予的权力，在一定的任期内所取得的成绩或绩效。"绿色政绩"，又称环保政绩，参照西方国家的有关定义，应为领导干部在环境保护社会管理活动中的结果、效益及其管理工作的效率、效能，是领导干部在行使其环保职责、实现政策与法律制定者意志的过程中体现出的管理能力。当前我国正处于资源环境矛盾凸显期，环境问题已成为制约经济社会发展的主要因素，为推动实现区域环境的可持续发展，绿色发展指标越来越多地被纳入地方政府政绩考核体系，这种绿色发展政绩考核方式也被称为"绿色政绩考核"。具体来说，绿色政绩考核是指考评机关按照一定的程序与方法对领导干部在行使其环保职责、实现政策与法律制定者意志的过程中体现出的管理能力进行考核、核实、评价，并以此作为选用和奖惩干部的依据的活动过程。考核的目的在于正确评价领导干部在环境保护社会管理活动中的状况，为对领导干部调整岗位、实施奖励、进行潜能开发和教育培训提供依据，也为调整人事政策和激励措施提供依据。它主要包括考评目的、考评主体、考评客体、考评程序、考评内容与标准、考评方法和考评结论等几个方面内容。本书对于绿色发展政绩考核体系的研究主要集中于绿色 GDP 核算、绿色发展指标考核以及自然资源资产负债表编制三方面，下面将进行具体介绍。

1. 绿色 GDP 核算

（1）绿色 GDP 核算的提出

"国内生产总值（GDP）"是指一国或地区在一定时期内运用生产要素所生产的全部最终产品（物品和劳务）的市场价值，它是衡量一国或地区宏观经济总量的核心指标。这一指标的核算是以市场价值为基础的，对于不具有市场价值的投入和产出不予计量。然而在经济增长的过程中，常常伴随着资源的耗减和环境质量的退化，由于自然资源和环境质量的价值难以反映在市场上，因此往往不计入传统意义上的 GDP 中。地方政府对国内生产总值（GDP）的偏重是不争的事实。政府和学界均已认识到，干部考核中的这种 GDP 导向常常使得地方领导干部偏重 GDP 的增长，而忽视经济活动所导致的资源和环境的破坏。因此，近年来忧心我国环境和可持续发展的人士呼吁，要纠正经济发展中这一严重的错误倾向，有必要将资源和环境的指标纳入地方党政领导的工作绩效考核指标体系中。国家环境保护总局进一步提出要在 GDP 中扣除资源和环境的损失，得到所谓的"绿色 GDP"，并以此作为地方党政领导干部的绩效考核指标。绿色 GDP 概念的提出最早是在 1993 年联合国有关统计机构出版的《综合环境与经济核算手册》SEEA 中，指在传统的 GDP 基础上扣减资源耗减和环境退化成本后的余额，采用"经环境调整的国内生产总值（Environmentally adjusted domestic product，EDP)"的指标表示。

（2）绿色 GDP 核算对石漠化地区绿色发展的意义

喀斯特石漠化地区推行"绿色 GDP"核算，对该区域的可持续发展具有重要意义。首先，绿色 GDP 有利于对石漠化地区的发展水平进行全面科学的评估。通过对环境污染和生态破坏的相关因素准确计量，将由此造成的经济损失和生态成本进行量化并在 GDP 核算中予以扣除，就可以知道为了一定程度区域经济的发展而付出的环境代价，从而促使政府管理者客观冷静地看待所取得的成就，及时采取相关措施弥补环境损失。其次，在经济发展方面，绿色 GDP 核算有利于加快区域经济增长方式的转变。喀斯特山区长久以来的粗放式经济发展方式加剧了其生态退化，生态环境破坏又进一步制约了其发展，因此，必须加快转变经济增长方式，实现绿色发展。再次，绿色 GDP 核算能够增强环保意识。公众通过绿色 GDP 了解到区域环境状况及其影响，进而加强对政府和企业相关行为的监督，敦促其积极参与环保事业。最后，绿色 GDP 考核能够促进政府转变职能，提高管理效率。通过对各级干部进行环保绩效考核，促使政府在制定发展战略时更多地考虑环境因素，提高其决策的科学性和全面性。

（3）绿色 GDP 核算国内外发展现状

根据 SEEA 关于绿色 GDP 的定义，包括挪威、芬兰、德国、日本等在内的多个国家结合自身情况进行了自然资源核算的探索与实践，并建立了相对完善的自然资源核算体系。自 20 世纪 80 年代起，我国学界对绿色核算进行了大量理论研究，但并未真正实现绿色 GDP 核算的全面实行。2004 年 3 月，国家统计局和环境保护总联合启动了"中国绿色国民经济核算研究"项目，并于 2005 年在全国十个省市开展了绿色国民经济核算和污染损失评估调查试点工作，提交了中国第一份经环境污染调整的 GDP 核算研究报告——《中国绿色国民经济核算研究报告 2004》。但自 2004 年起，我国政府就再未出台过新的绿色 GDP 核算体系研究报告，这说明绿色 GDP 核算体系在实施过程中受到阻碍，主要体现在观念和技术两个方面。首先是观念上的难以转变，绿色 GDP 核算的进行意味着人民对现行国民核算体系的观念转变，绿色 GDP 综合性地反映国民的真实净福利，实施绿色 GDP，就要从现有的 GDP 中扣除环境消耗成本和治理污染成本，那些依赖自然环境发展的地区实行绿色 GDP 核算可能会使这些地区的经济数据大幅度下降，甚至会出现经济的负增长，这对我国现在 GDP 反映出的经济现状造成冲击，人们的观念可能无法立即接受这样的转变。其次，技术上达不到要求，资源环境要素的衡量标准很难把握，因为大多资源环境并未出现在市场交易中。有些资源只能使用一次，有些资源可循环利用，所以对自然资源的界定就是难题，无法得到这些资源相应的确切数据，更无法准确计算出生产活动中对资源环境的负面效应，最终导致绿色 GDP 的核算缺乏相应的数据支持。直至 2015 年 3 月环境保护部宣布重启绿色 GDP 研究，且已完成绿色 GDP 核算的有关技术规范，并确定在安徽、海南、四川、云南、深圳等地区开展试点工作。

总的来说，无论国际还是国内，绿色 GDP 理念已经得到广泛认可，但其核算方法仍然处于探索阶段，不管是核算技术、核算制度还是核算理念，都应该进行进一步的探索和研究，尤其是在生态脆弱的喀斯特石漠化地区，更应该结合当地实际开展绿色 GDP 核算工作。"绿色 GDP"仅是"绿色国民经济核算"的一个重要指标，可用来简化代表核算的最终结果。建立绿色国民经济核算体系，其意义绝非仅仅在于获得一个"绿色 GDP"的数字，更重要的是在于，具体核算过程中所描述的经济发展与环境保护之间的各项关系能为领导决策提供有用和翔实的信息。

2. 绿色发展指标考核

绿色发展指标主要是指通过对一系列核心指标进行核算，以从不同角度反映和评估绿色发展进步情况。绿色发展指标考核就是以绿色发展指标以及各项生态文明发展目标为考核标准，将考核结果纳入地方政府政绩考核范围，以地方绿色发展进步情况评价政府政绩的一种考核方式。在过去，对地方政府政绩的考核一直以 GDP 考核为主，这就造成了多数地区单以 GDP 为发展导向，地方官员专注于促进 GDP 增长而忽视了资源和环境保护，以牺牲绿色生态为代价实现经济增长，部分地区资源环境遭到极大破坏，反而成为经济社会持续快速发展的阻碍。尤其近年来，我国生态环境问题频发，资源紧缺问题凸显，将绿色发展指标纳入政绩考核，能够有效督促地方政府做好资源环境保护和绿色发展工作，实现区域经济社会的可持续发展。

目前国际上通用的绿色发展指标体系包括多指标测度和综合指数测度两种。前者主要是通过一系列核心指标从各角度反映绿色发展进步情况，而不需要对指标进行加权计算。这种多指标的测度体系能够较为直观地反映对绿色发展起促进或制约作用的因素，为管理者和决策者提供更为细致的参考，缺点是无法从总体上全面评估绿色发展水平，具有一定局限性。而绿色发展综合指数则通常是在选择一系列核心指标的基础上，按照指标的重要程度对不同指标赋予相应的权重，通过加权计算得出综合指数反映绿色发展水平。通过对不同地区绿色发展综合指数进行横向比较，能够观测区域间绿色发展水平之间的差距，相应区域的管理者可根据其排名制定发展策略，提升发展水平，同时，通过对同一地区综合指数进行纵向比较，也能够观察其绿色发展的历史总体水平变化趋势。与多指标测度体系相反，综合指数只能反映区域绿色发展的总体水平，难以挖掘推动和制约绿色发展的深层次因素。

随着我国资源环境问题的日趋严峻，"绿色发展"逐渐上升为国家战略。五年规划作为指导我国经济社会发展的纲领性文件，对于促进经济增长和社会转型，实现社会和谐发展具有重要作用。"十二五"规划纲要首次提出"绿色发展"理念，对建设资源节约型、环境友好型社会提出具体发展要求并独立成篇，显示了党和政府对于推进绿色发展的决心和信心。规划中明确要求：面对日趋强化的资源环境约束，必须增强危机意识，树立绿色、低碳发展理念，以节能减排为重点，健全激励与约束机制，加快构建资源节约、环境友好的生产方式和消费模式，增强可持续发展能力，提高生态文明水平。在生态保护和修复重点工程专栏中，"规划"对岩溶地区石漠化综合治理提出针对性建议：逐步扩大石漠化综合治理试点县规模，通过加强林草植被保护和建设、合理开发利用草地资源等措施，加大石漠化综合治理力度。"十三五"规划中，"绿色发展"作为五大发展理念之一，成为贯穿经济社会发展各方面的主基调，并进一步明确了资源环境约束性目标。为做好生态文明建设目标评价考核工作，完善经济社会绿色发展评价体系，2016年，国家发改委等部门制定并印发《绿色发展指标体系》和《生态文明建设考核目标体系》，作为生态文明建设评价考核的重要依据，绿色发展指标体系、生态文明建设考核目标体系分别作为年度评价和五年考核的依据。

3. 自然资源资产负债表编制

（1）自然资源资产负债表编制的概念及意义

自然资源资产负债表是指采用财务核算中资产负债表的编制方法，对全国或某个地区主要资源资产的存量及增减变化进行分类核算，反映了一个地区在某个特定时间点上所拥有的自然资源资产总价值和把自然资本维持在某个规定水平之上的成本（负债）。刘江宜等认为，自然资源资产负债表能够客观地评估当期自然资源实物量和价值的变化摸清某一时点上自然资源资产的家底，准确把握经济主体对自然资源的占有、使用、消耗恢复和增值活动情况，全面反映经济发展的资源环境代价和生态效益，从而为环境与发展综合决策、政府政绩评估考核环境补偿等提供重要依据。同时，这也是对领导干部实行自然资源资产离任审计的重要依据，有利于形成生态文明建设倒逼机制，改变唯 GDP 的发展模式。

（2）我国自然资源资产负债表编制发展概况

党的十八届三中全会《中共中央关于全面深化改革若干重大问题的决定》中指出，要探索编制自然资源资产负债表，对领导干部实行自然资源资产离任审计，建立生态环境损害终身追究制。自然资源资产负债表的提出，有利于进一步加强领导干部管理，将政绩与生态保护挂钩，创新管理制度，推动自然资源资产由"管理"向"治理"转变，实现绿色发展。2015 年，我国政府发布《编制自然资源资产负债表试点方案》，通过探索编制自然资源资产负债表，推动建立健全科学规范的自然资源统计调查制度，努力摸清自然资源资产的家底及其变动情况，为推动生态文明建设、有效保护和永续利用自然资源提供信息基础、监测预警和决策支持。实践中，全国多地纷纷开展自然资源资产负债表编制工作，其中湖北省较早开展自然资源资产负债表编制工作，并取得了较好的成效。编制工作开展以来湖北各试点地区大胆创新，取得了一些实实在在的成效。试填了 2014 年和 2015 年土地、林木和水资源资产账户表，各试点地区已基本完成试填工作，有的地方除完成省试点任务外，还扩大了试点范围征伸了试点年份；探案解决了一些重难点问题，对于数据缺失问题，通过请求专家和上级部门支持，部分得到了解决；探索建立新的调查制度，引入第三方，开展一些补充性调查，以满足数据填报需要；探索出台了数据质量管控办法；以改革促进生态文明建设和绿色发展，如鄂州市开展制定《领导干部自然资源保护风险警示手册》、设立损害自然资源行为举报奖励基金，在梁子湖区开展自然资源资产生态金融试点，编制生态电子地图等"四项特色工作"，取得了较好成效。

（二）环境管理体系

健全绿色市场体系，增加绿色产品供给，是生态文明体制改革的重要组成部分。建立统一的绿色产品标准、认证、标识体系，是推动绿色低碳循环发展、培育绿色市场的必然要求，是加强供给侧结构性改革、提升绿色产品供给质量和效率的重要举措，是引导产业转型升级、提升中国制造竞争力的紧迫任务，是引领绿色消费、保障和改善民生的有效途径，是履行国际减排承诺、提升我国参与全球治理制度性话语权的现实需要。

1. ISO14001 环境管理体系

目前国际上通用的 ISO14001 环境管理体系是由国家标准化组织发布的一份标准，该标准适用于任何组织，包括企事业单位和相关政府部门。ISO14001 强调遵守法律法规及有关要求，强调污染预防和持续改进，重视方针、目标的制定和实施，重视提高环境保护意识、防范环境风险、追求环境绩效。通过认证，能够证明组织在环境管理方面已经达到国际标准，从而确保组织在生产经营管理活动所产生的污染物达到相关要求，帮助组织树立良好形象。在石漠化地区农业生态环境建设方面，ISO14001 具有良好的作用。

首先，ISO14001 环境管理体系强调污染预防的思想，要求从污染源头入手，全过程防止污染，对于石漠化地区生态建设工作、农业生态项目的规划与决策具有积极作用。例如，在喀斯特石漠化地区或潜在石漠化地区，按照 ISO14001 环境管理体系相关标准对开发项目活动进行评审和认证，对于不符合标准、对自然生态破坏力大的项目不予通过。其次，ISO14001 强调守法的思想，要求组织单位坚持用环境法律法规和标准来规范并约束自己的行为，消除不符合环境法律法规的活动。喀斯特地区人类不合理的土地利用方式加剧了石漠化现象，如毁林开荒、过渡樵采、石山放牧等，对于人类活动破坏严重的地区，必须以立法的形式规范行为。

需要注意的是，目前 ISO14001 环境管理体系在我国的应用多数为大型企业尤其是原材料行业，在喀斯特石漠化地区尚没有使用先例。由于其在建立和实施过程中具有严格的规范性和程序性，对认证对象的经济实力、组织管理能力等要求较高，而石漠化地区因此自然资源环境的特殊性，产业基础弱，组织化程度低，因而在环境管理体系实施的可行性和经济性方面有所欠缺，还需在发展过程中进一步改进和完善。

2. 绿色产品认证体系

（1）绿色食品认证

绿色食品认证是依据《绿色食品标志管理法》认证的绿色无污染可使用食品。制定本程序，凡具有绿色食品生产条件的国内企业均可按本程序申请绿色食品认证，境外企业另行规定。我国的绿色产品认证始于绿色食品认证，绿色食品最受关注，体系也最完善。针对我国经济发展水平和借鉴国家经验，我国的绿色食品认证形成了"以技术标准为基础、质量认证为形式、商标管理为手段"的发展模式。作为绿色食品认证的标志性措施，绿色食品标识是由中国绿色食品发展中心在国家工商行政管理局正式注册的产品质量证明。其标志由三部分组成，即上方的太阳、下方的叶片和中心的蓓蕾，象征着人与自然和谐相处。

（2）绿色市场认证

绿色市场认证是认证机构依据 GB/T19220 农副产品绿色批发市场、GB/T19221 农副产品绿色零售市场及相关技术规范，对申请认证企业所建立和实施的文件化市场管理体系的符合性和运行的有效性进行合格评定的活动，通过认证的企业可以获得绿色市场认证证书，并允许使用绿色市场标牌。

绿色市场认证适用于中华人民共和国境内从事农副产品批发和零售的场所，包括：①农副产品专营批发市场：蔬菜批发市场、水果批发市场、肉禽蛋批发市场、水产品批发市场、粮油批发市场、调味品批发市场等；②农副产品综合批发市场；③农副产品专营零售市场：食品生鲜超市、副食商店、农贸市场等；④农副产品兼营零售场所：大型综合超市、大卖场、仓储式市场、便利店等。绿色市场认证的标准主要包括 GB/T19220 农副产品绿色批发市场以及 GB/T19221 农副产品绿色零售市场。

（3）绿色建筑认证

绿色建筑认证，是指依据《绿色建筑评价标准》和《绿色建筑评价技术细则（试行）》，按照《绿色建筑评价标识管理办法》（试行），确认绿色建筑等级并进行信息性标识的一种评价活动。

目前开展绿色建筑认证所依据的管理文件，一个是《绿色建筑评价标识管理办法》（试行），另一个是《一二星级绿色建筑评价标识管理办法》（试行）。目前开展绿色建筑认证所依据的技术文件，依次为《绿色建筑评价标准》《绿色建筑评价技术细则》（试行）《绿色建筑评价技术细则补充说明》（规划设计部分）和《绿色建筑评价技术细则补充说明》（运行使用部分）。目前，国内已有专门的咨询机构可以进行绿色建筑认证，如，环境测控优化研究中心等。

二、资金支持体系

由于自然、历史、社会、经济等多方面因素的影响，喀斯特石漠化地区往往经济、社会发展相对滞后，许多地方属于贫困地区，贫困人口数量多，贫困范围分布广。同时，喀斯特地区脆弱的生态环境和严重的石漠化现象又加剧了这些地区的环境恶化，贫穷困境与生态恶化互为因果，恶性循环，导致这些地区的石漠化治理与脱贫难度加大，严重制约当地经济社会的可持续发展。石漠化地区属于我国西部开发范围，做好石漠化地区生态环境治理是这些地区摆脱贫困、实现经济社会发展的前提。但需要注意的是，石漠化治理往往需要大量资金支持，因此必须建立和完善石漠化治理资金支持体系，加强对石漠化治理的投融资政策支持，在财政、信贷、保险等方面给予政策保障，从而保证石漠化治理工作的有效开展。

（一）绿色财政政策

1. 绿色财政的概念和内涵

财政是政府施政的重要手段。推进石漠化地区的绿色转型发展离不开政府的资金支持，而财政手段正是政府资金支持绿色发展的最强有力的手段。石漠化地区进行绿色转型发展，首先要推进财政转型，实施绿色财政。认为绿色财政就是支持资源节约、环境友好和生态保育的财政，其含义可以从三个方面进行理解：观念上，它是一种新型财政，即在传统公共财政体制的基础上引入绿色发展理念，使财政与绿色转型发展相适应，在区域资源节约和环境保护方面起到积极的促进作用；形式上，它是一种财政工具，通过将节约、低碳、环保等绿色发展观念融入各种传统的财政工具，使其在促进经济社会发展的同时也能够达到节约资源和保护环境的效果，即传统财政工具"绿色化"；本质上，它是一种环保手段，绿色财政作为众多环保手段中的一种，通过经济利益分配调节和国民收入的再分配达到促进资源节约和环境保护的目的。总的来说，绿色财政就是在传统公共财政体制的基础上吸收资源节约和环境保护的发展观念，通过加强财政工具的绿色化设计，使财政政策兼具促进经济社会发展和资源环境保护双重目的的一种新型财政，其在本质上是环保工具的一种。

2. 绿色财政支持绿色发展的作用机制

（1）绿色财政支出

政府财政支出主要包括购买性支出和转移性支出，前者是指政府直接购买商品和服务的活动，后者则是政府资金无偿的、单方面的转移，而没有产生商品或服务的交换。政府的购买性支出对绿色生产和绿色消费产生重要影响。一是政府的购买性支出规模会影响绿色产品的生产。政府的采购规模往往能直接影响社会商品消费的总规模，如果政府对绿色产品的订购数量巨大，将可能会促进整个社会绿色产品的生产。二是政府的绿色购买性支出立法将会促进绿色技术的进步。由于政府订购通常数量巨大，且需求稳定，往往受到众多生产者的竞相追逐，因此政府拥有充分的话语权，如果政府在采购中立法，规定采购质优价廉的绿色产品且采取公开竞标、社会监督的方式，将会刺激众多厂商改进绿色生产技术以获得竞争优势，从而带动整个社会绿色生产技术的进步。三是政府的购买性支出能够产生绿色消费的示范效应和"软强制"效应。政府购买性支出包括消费性支出和投资性支出，前者能够对社会公众的消费产生一定的示范效应，后者则能在一定程度上决定社会大众的行为方式从而影响其绿色消费。政府转移性支出对区域绿色转型发展同样有较强的影响力，如政府对绿色科研的拨款、对绿色产品生产者和消费者的经济补贴以及对绿色企业贷款的贴息支持等，通过直接调整经济收益分配关系来促进绿色产业和绿色科技的发展。此外，政府间的绿色转移支付也在绿色发展中起到重要作用，主要包括上下级政府间的纵向转移支付和同级政府间的横向转移支付，前者通过资金支持提高地方政府治理环境的积极性，后者则在空间上促进不同区域政府在治理环境上的协调与合作。

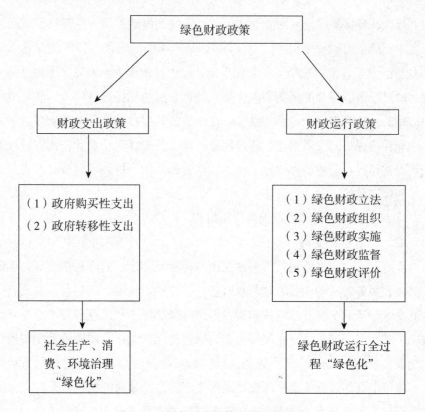

图 8-1　绿色财政政策作用机制分析

（2）绿色财政运行

绿色财政运行包括绿色财政立法、绿色财政组织、绿色财政实施、绿色财政监督和绿色财政评价等环节，这些环节相互影响，又共同对绿色财政产生影响。绿色财政立法是基础，它规定了绿色财政运行的基本规则，旨在运用法律手段强制推动财政的绿色转型并制定具体规则以强化其可行性。绿色财政组织是核心，它涉及中央政府与地方政府在财政体制中的财权与事权的划分和协调问题，能够直接影响地方政府在绿色财政转型中的实践积极性。绿色财政实施是关键，它决定了绿色财政实践的可行性，是财政促进绿色发展的根本。绿色财政监督是保障。为防止绿色财政在实施运行过程中受阻，必须强化监督以贯彻其实施，及时发现并解决问题，提高绿色财政政策的有效性。绿色财政评价是强化，目的是通过绿色财政评价目标的确立和评价标准的设置来对相关财政政策的"绿色"程度进行评价，分析其实践效果和存在问题，明确其下一步的努力方向和改进重点，从而强化绿色财政的效果。

（二）绿色金融政策

1. 绿色金融的概念、内涵

作为经济系统的重要组成部分，金融通过发挥资本积累和资本流动的基本作用、资本配置的核心作用以及宏观调控和风险管理的保障作用推动了经济的长足发展。目前，石漠化治理工程的主要资金来源还是政府的财政支持，较大的资金需求与政府有限的财力之间的矛盾日益突出，加之目前绿色金融市场发育尚不成熟，社会资本在生态环保领域的投资参与度不高，资金来源渠道狭窄，因此，只有建立起一套有效的绿色金融体系才能充分挖掘社会资本的规模潜力、突破绿色发展面临的资本约束；只有以绿色资本流动为载体，实现绿色发展标准和理念向社会经济运行全过程的传导，才能实现经济结构的绿色化转型，寻找新的经济增长点。

绿色金融政策是指通过包括贷款、私募资金、发债、发行股票、保险等金融服务，将社会资金引导到支持环保、节能、清洁能源等绿色产业发展的一系列政策和制度安排。绿色金融要求银行、金融服务提供者、金融资产管理部门、信贷、保险公司等金融机构将资本引入环境友好型投资项目，尤其注重项目融资过程中环境风险的评估，同时还要求资本运行过程、投融资政策满足绿色化要求，充分考虑投融资的各个环节、各个主体，注重投融资政策的绿色效果。总的来说，绿色金融的特点主要表现为：投资决策和投资项目的"绿色性"、金融手段和投融资方案的"多元化"以及参与主体和参与方式的"多样性"。

2. 绿色金融支持绿色发展的作用机制

（1）绿色信贷

绿色信贷政策，是商业银行在绿色信贷投放过程中需要遵守的法律、法规、部门规章以及行业内部制度等。主要是通过政策的制定和引导，在信贷准入、审批、投放和贷后管理流程中加入环评、环境和社会责任审核等"绿色"环节，来确保信贷资金的"绿色化"应用；或是通过利率优惠、利率补贴、延长还款期限、提高授信额度等方式降低绿色融资成本，从而引导信贷资本流向绿色应用领域。绿色信贷的作用机理，主要是通过绿色资本配置和绿色资本供给两方面进行：在绿色信贷体系内，绿色信贷政策通过限制信贷资金流入高污染、高能耗或对环境和社会可能产生负面影响的领域，增加信贷投放的资源环境保护要求，引导信贷资本投向绿色产业和项目来实现对信贷资金供给方向的外在调节，从而发挥了社会资本配置的作用。绿色信贷产品作为绿色信贷的主要实现方式，通过检验资金需求方是否满足绿色信贷标准来赋予信贷资本"绿色化"特征，从而实现绿色资本的供给。二者共同发挥作用，能够实现促进绿色转型发展的最终目标。

（2）绿色保险

绿色保险又叫生态保险或环境污染责任险，是在市场经济条件下进行环境风险管理的一项手段，本质上属于商业保险。一般认为，该保险是以被保险人因污染水、土地或空气，依法应承担的赔偿责任作为保险对象的保险，如企业发生污染事故对第三方造成损害的，可由保险公司按其应承担的赔偿责任为标进行赔付。生态保险的意义在于，如果没有保险，许多企业在发生意外的污染事件之后就没有财务能力提供赔偿和对环境进行修复。另外，对某些行业采取强制购买保险的措施会将环境成本显性化，有助于企业内生部分环境风险的外部性，减少环境风险过大的投资行为。

降低其对高污染项目和产业的偏好。其次，在事中监督阶段，保险公司在合同期内要对保险人的经营行为进行持续的监督，并针对其开展的可能存在环境风险的行为提出改进意见，以确保合同相关方均能按照合同要求履行各自的责任和义务。最后，在事后保障阶段，当被保险人的生产经营行为对资源环境造成不利影响时，保险公司将按合同约定承担相应的赔偿责任和恢复治理成本，这一方面能够实现污染风险的保障和赔偿责任的分担，另一方面也能够确保环境污染行为所造成的负外部性影响能够得到有效解决，具有企业风险保障和社会风险保障的双重意义。

（3）绿色债券

绿色债券是指为具有环境效益的绿色项目提供融资的一种融资工具，主要包含以下特征：①它是一种直接融资工具；②发行主体多为政府、政策性金融机构以及从事低碳、环保、节能领域的企业；③一般具有较高的信用评级；④募集资金主要投向环境保护、可持续发展和应对气候变化等绿色项目和产业。绿色证券政策是继绿色信贷、绿色保险后，我国绿色金融政策体系的又一发展成果，它对区域绿色发展的作用主要表现为两个方面：一是具有中长期融资优势。与传统的银行信贷融资相比，绿色债券能够更好地解决期限错配问题。绿色投资项目的建设周期一般较长，而商业银行基于资金流动性考量，中长期贷款所占比例较小，根据 CBI 研究发现，贴标绿色债券的平均期限在 5—10 年间，因此能够更好地满足绿色项目的长期投资需求。而与股权融资方式相比，绿色债券在不改变融资主体内部治理结构和收益分配结构的基础上，能够以更低的成本获取资金支持。此外，绿色债券发行方一般具有主权特征或能够得到一定的财政支持，故而其面临的兑付风险比一般债券要低。因此，绿色债券在绿色项目融资尤其是中长期项目方面具有良好的优势。二是对绿色项目的认定。绿色债券在融资前需要对绿色项目进行识别和筛选，以保证其具备环境和社会的正向收益，从而推动绿色化标准的传播，这也是绿色债券发挥作用的方式之一。

（4）绿色基金

绿色基金，也可称为绿色发展基金，是指专门针对节能减排、绿色低碳经济发展、生态环境保护等项目而建立的专项投资基金，其目的是通过资本性投入促进绿色发展。2016 年 8 月 31 日，中国人民银行、财政部等七部委联合发布的《构建绿色金融体系指导意见》明确提出，要从设立绿色发展基金等方面建立多层次的绿色金融市场体系，构建绿色基金体系对于石漠化地区的绿色发展具有重要意义。首先，绿色发展基金能够帮助破解石漠化治理资金瓶颈。设立绿色发展基金，能够动员和激励更多的社会资本和金融资本参与到环境保护、生态建设和绿色产业的发展中，构建多元化的投资主体结构，解决融资渠道单一、融资难等问题；其次，设立绿色发展基金能够进一步提高资金使用效率。一方面能够有效整合现有的财政资金、政策和社会资本等资源，另一方面能够将整合后的资金集中投向生态工程项目或绿色产业，最大程度地发挥资金效用。此外，绿色基金能够推动绿色产业的发展。培育扶持绿色发展基金，能够对绿色经济增长点提供充分的资金支持，挖掘经济增长潜力，推动区域绿色转型。

目前，我国绿色基金主要有三种：①交易所环保主题基金。该类基金主要投资于从事或受益于环保主题的上市公司，多为契约开放式基金，主要包括股票型基金、指数型基金和混合型基金三类。②环保产业并购基金。环保产业并购基金主要是由环保类上市公司参与或发起设立，投资方向主要为环保领域。在资金来源上，一般以收购股份的方式进行，资金需求量较大，在组织合作形式上，以有限合伙制为主，在设立方式上，主要采用"上市公司＋PE"的形式，除此之外，还有"上市公司＋银行""上市公司＋券商"等形式。③PPP模式环保产业基金。PPP模式是政府与社会资本进行合作投资公共基础设施的一种项目融资模式，PPP模式环保产业基金就是PPP模式与环保产业基金的结合，其实现模式主要有三种：①环保产业母基金。这种模式主要是通过"财政资金＋社会资金"设立环保产业母基金，再通过母基金出资设立子基金投入到各个环保领域。②环保产业子基金。该类基金主要是通过"政府引导基金＋社会资金"设立环保产业基金。③政府投资基金。这类基金主要是由各级政府财政出资并撬动社会资金参与设立投资基金，其投资范围相比前两类基金更广，如城镇化、基础设施等，因而可能只有部分资金投到环保产业。

三、政策支持体系

当前，我国绿色发展面临重要机遇，但同时也要看到面临的严峻考验。一是我国生态环境脆弱和资源利用率低的现实。我国国土面积中65%是丘陵或山地，其中近一半处于干旱或荒漠地区，土地沙化现象日益严重，沙化面积不断扩张，同时，我国能源消耗严重，是仅次于美国的第二大能源消耗国，二氧化碳和二氧化硫排放量居世界之首，给绿色发展造成一定障碍。二是广泛兴起的国际绿色革命和中国面临的"减排责任"。2008年金融危机爆发以来，国际社会对以往的发展模式进行深刻反思，随后绿色经济发展理念在各国广泛兴起，形成了一场绿色革命。在此背景下，中国政府在2009年主动做出碳减排承诺，在二氧化碳排放、非化石能源消费和森林蓄积等方面做出强有力承诺，受到广泛的国际赞誉，但同时需要注意的是碳减排承诺对经济发展可能产生的消极影响，我国如何实现经济发展方式的良性转变、实现绿色发展，就需要国家在发展战略方面进行统筹规划，在政策方面提供支持和帮助，为绿色发展创造良好的政策环境。

本节对绿色发展政策支持体系的分析和研究主要是在绿色产业扶持政策、绿色产品价格支持政策和绿色消费激励政策三个方面，通过对绿色产业给予相关的扶持和优惠政策，分别对其供给端和需求端提供支持，从而促进产业的整体发展；在绿色产品价格支持方面，通过税收优惠、财政投入、财政补贴和政府统一采购等政策方式，对绿色产品生产者的生产成本和消费者的消费成本予以补贴，刺激绿色产品交易进而促进绿色产业的长久发展；而绿色消费激励政策则能通过不同的绿色消费主体对绿色产业发展起到促进作用，三种政策形成合力，能够最大限度地支持区域绿色发展。

（一）绿色产业扶持政策

绿色产业提供的产品和服务具有节约资源、能源，减少污染排放和碳排放等一系列重要特征，是当前我国经济发展中一组重要的产业集合，涵盖了节能环保产业、新能源产业和新能源汽车产业等我国经济社会发展的重要战略性新兴行业，具有重要的战略地位和广阔的发展前景。绿色发展具有强烈的产业发展导向，其核心在于通过政府扶持政策促进绿色产业的长期健康发展。张春宇等认为，我国绿色产业发展政策体系内容丰富，各种政策工具之间相互补充，共同构成一个具有一定政策指向性和针对性的政策环境，可以从政策类别、政策指向、政策性质三个维度对绿色产业政策体系进行描述。

1. 政策类别维度

按照不同政策的特点，可以将绿色产业政策分为经济手段、行政手段、法律手段等几个基本类别。其中，经济手段主要通过价格、税收、信贷、工资等经济杠杆发挥市场调节作用，财政、金融政策等应在此列；行政手段主要通过行政指令、命令对经济活动进行管理，科技和人才、土地、绩效考核、国际合作、宣传教育等政策应在此列；法律手段则主要通过明确的法律、法规、规章等具有法律效力的文件等对经济活动进行规范，市场准入、环保等政策应在此列。

2. 政策指向维度

政策指向维度主要分为供给侧政策和需求侧政策两种。需求侧政策直接指向绿色产业产品和服务的需求方，包括最终消费者和使用绿色产业产品和服务的企业，供给侧政策则直接指向提供绿色产业产品和服务的企业，其作用主要体现在绿色产业产品和服务的生产环节。进一步还可以将供给侧政策和需求侧政策按企业生产运营的各个环节进行划分。其中，供给侧政策指向研发、投融资、生产制造和产品销售环节，需求侧政策指向产品购买和使用消费环节。

3. 政策性质维度

政策性质维度可分为市场完善政策、市场替代政策和产业保护政策三个类别。通过政策性质维度，我们可以看到不同绿色产业对上述三种政策的需求。

（1）市场完善政策

市场完善政策旨在对绿色产业存在的外部性问题进行内部化矫正。例如，在供给端，在研发环节实行严格的知识产权制度并对基础研究项目给予公共投入或政府购买等资金支持；在投融资环节利用税收收入调节作用支持绿色基础设施的建设和运营，或以政府购买的形式提供相应的公共服务；在生产制造环节完善绿色产品和服务标准体系，建立完善的绿色产品认证制度。在需求端，在消费环节中对可能产生负外部性的经济行为征收一定的资源税、排污税等税费，以增加其成本进而促使其改进生产生活方式。

（2）市场替代政策

市场替代政策实际上是在市场完善政策无法达到完全效果的情况下进行的政策设计，用以弥补市场在激励绿色产业方面的缺失。市场替代政策的实施主要是以在供给端补偿绿色产品和服务的提供者或在需求端补偿绿色产品和服务的消费者的形式实现的，其政策内容根据特定产品和服务的特点予以确定。

（3）产业保护政策

产业保护政策以国家保护或地方保护为主要形式，表现为对部分绿色产业进行政策上的差别化安排。如，在供给端对绿色产业的研发支持政策、投融资政策、支持或限制技术和投资引进政策给予差别化安排，在需求端对绿色产品的购买给予补贴或税收优惠，实行差别化的政府购买制度等。

（二）绿色产品价格支持政策

随着生活水平与环保意识的不断提高，人们对于绿色产品的购买意愿明显提高，绿色产品市场潜力巨大，也带动了相关产业的迅速发展，绿色产品有望成为未来商品市场的主导产品。绿色产品，是指生产、使用及处理过程符合环境要求，对环境无害或危害极小，能够进行资源回收和再生利用的产品。向东等认为绿色性、技术性、经济性是绿色产品的三个主要特性。绿色性是指绿色产品必须符合特定的环境保护要求，具有较高的资源利用率和较低的能源消耗率，其对生态环境基本无害或危害很小；技术性是指绿色产品在开发、设计、生产过程中往往需要先进的技术支撑，这些技术多以新材料、新工艺或高新技术为基础，技术的先进性是绿色产品设计和生产的前提；经济性是指绿色产品必须具备商品的基本特性，即能够进入市场，这就要求绿色产品的价格能够被消费者所接受，这对绿色产品的成本控制又提出了较高要求。绿色产品的这三种特性相互联系，也相互制约。绿色性和技术性要求绿色产品在设计、生产过程中投入大量资金以保证其产品性能和环保要求，产生了较高的生产成本，因此市场上的绿色产品往往定价较高，一定程度上抑制了市场需求，不利于绿色产品市场的长远发展。

发展生态农业和绿色产品有利于改善喀斯特石漠化地区的生态环境，提高居民收入水平，实现脱贫致富，但同时也要看到石漠化地区发展绿色农产品的限制条件：一是生态环境限制。喀斯特石漠化地区生态环境具有严重的脆弱性，整体表现为环境稳定性差、生态容量低、自我恢复能力弱，部分石漠化土地严重缺乏土壤和肥力，土壤产量低下，水源缺乏，水土流失严重，这些不利条件限制了当地农牧业的发展，在这些地区发展绿色农产品成本高，难度大，且种类受限。二是资金投入限制。石漠化地区不利的生产环境和严重的贫困现状决定了其在发展绿色产品生产时必然面临资金缺乏的问题。三是组织化程度限制。喀斯特地区环境容量有限，人地矛盾十分尖锐，农民多以传统方式从事生产，生产规模小且效率低下，组织化程度极低，这会使得农民在绿色产品的销售环节处于谈判劣势，付出较高的生产成本却不能获得合理的收益，生产积极性易受打击。因此，可对石漠化地区农民生产绿色产品的限制条件有针对性地特别是在产品价格方面给予政策支持，具体的价格支持政策如下：

1. 财政政策

（1）税收政策

根据财政部和相关税法规定，对从事绿色产品生产的企事业单位或农民合作组织、为改善农业生产技术引入新型设备或设备的企业或单位、为生产绿色产品购买环保、安全设备的单位或组织，按规定减征企业所得税；对高新技术企业实行税收优惠政策；对向绿色产品产业生产实施捐赠的个人，捐赠额在其个人所得税额中予以扣除；对购买用于绿色产品科学研究的先进加工设备的，对进口环节增值税予以免征；对销售绿色有机产品的个人或组织，免征其增值税等。

（2）财政投入政策

对发展绿色产品来讲，财政投入是要加大对绿色产品发展的投入力度，使财政投入资金覆盖到绿色农业发展的各个环节。目前，我国财政投入政策作用在发展绿色农业上的表现主要是对农业基础设施、绿色产品科技研发和生态环境的财政投入。在引进和改善农业基础设施方面，可安排专项资金用于先进基础设备采购、人员培训等；在绿色产品科技研发方面，可建立科技研发专项资金，用于绿色产品设计与研发；在生态环境保护方面，应进一步加大生态项目资金投入比例，主要用于支持退耕还林、标准农田建设、水利配套设施建设等工程。

（3）财政补贴政策

我国的财政补贴尤其是对农业的财政补贴政策发展历史悠久，对于稳定农产品价格、增加农民收入和推动农业整体发展发挥了重要作用，主要包括良种补贴、粮食直接补贴、农机具购置补贴和农资综合补贴。应用到绿色产品方面，如对购买绿色有机农产品良种的农民或组织适当给予补贴，对购置农机具用于绿色产品生产的组织或个人给予补贴或按比例报销，对遇到生产资料价格上涨或农产品病虫害受灾而遭受损失的农民发放补贴资金。

2. 政府统一采购政策

由于喀斯特石漠化地区人多地少，生产方式传统单一，组织化程度低，可能导致农民在市场谈判中处于劣势，不能实现收入最大化。在这里，可以采取政府统一采购的方式，在绿色农产品生产聚集区建立"菜篮子"工程试点，由政府按照市场价格进行统一采购、配送、销售，这样既解决了绿色产品的销售问题，减轻农民负担，增加农民收入，又能够满足市场上对于绿色产品的需求，解决信息不对称问题，实现均衡供给。

（三）绿色消费激励政策

1. 绿色消费的概念及内涵

"绿色消费"概念最早出现于 1987 年，由英国学者 Elkington 和 Hailes 在《绿色消费者指南》一书中提出，将绿色消费定义为避免使用以下商品或服务的一种消费方式：①危害到消费者和他人健康的商品；②在生产、使用和丢弃时，造成大量资源消耗的商品；③因过度包装，超过商品物质或过短的生命期而造成不必要消费的商品；④使用出自稀有动物或自然资源的商品；⑤含有对动物残酷或不必要的剥夺而产生的商品；⑥对其他国家尤其是发展中国家有不利影响的商品。在该概念提出前后，理论界也相继提出过"适度消费""可持续消费""生态消费"等概念，其实质都是从不同角度诠释绿色消费，经过不断地丰富与完善，形成了目前得到国际普遍认可的绿色消费"5R"原则，即：节约资源，减少污染（reduce）；绿色生活、环保选购（revaluate）；重复使用、多次利用（reuse）；分类回收，循环再生（recycle）；保护自然、万物共存（rescue）。由此可以看出，绿色消费不只是一种消费方式，更是一种生活方式和理念，在生态环境问题日趋严峻的当前，坚持绿色消费有利于协调人与自然的关系，促进人与自然和谐共生，有利于转变经济发展方式，实现可持续发展，有利于满足人类生存和健康的需要，实现人全面而自由的发展。

2. 绿色消费激励政策

绿色消费激励政策，顾名思义，就是指政府为鼓励绿色消费消费行为而采取的相关政策措施。按照消费的主体分类，绿色消费可以分为政府绿色消费、机构绿色消费和私人绿色消费。政府绿色消费一般是指绿色政府采购，机构绿色消费指的是企事业单位、社会组织的绿色消费，而私人绿色消费指的是个人与家庭的绿色消费。按照消费主体的不同，激励绿色消费的相关政策和作用机制也有所不同。首先，就政府来说，一方面，政府本身是一个消费者，且消费影响力较大，它的绿色消费对于企业的绿色生产有着巨大的引导作用，另一方面，政府同时也是绿色生产的监督管理者。其次，社会机构尤其是企业是社会经济活动的主要参与者和绿色产品的提供者，绿色产品市场的巨大消费需求要求其必须不断完善自身的生产设备和技术，以降低环境管理成本和保证绿色产品的生产。最后，对个人和家庭的绿色消费激励能够引导其形成节约资源和保护环境的消费理念，养成绿色消费行为习惯，从而在全社会建立起绿色消费的良好风尚。

政府塑造的社会文化环境以及宏观消费环境是影响绿色消费者购买行为的重要因素。首先，政府要在全社会范围推广绿色教育，并尽可能地宣传绿色思想，为消费者营造绿色的社会文化环境，从而提高消费者的环保意识，改变消费者的消费模式，促进绿色消费行为。其次，政府要制定完善的消费政策，解决绿色产品和绿色消费的外部性问题；同时加强对生产绿色产品的企业的管理，保证良好的绿色消费市场环境，对于生产、销售假冒伪劣绿色产品等严重伤害绿色消费行为的企业和个人必须采取严厉的法律措施，最终增强消费者的绿色需求，加深消费者的环保意识，促进绿色消费行为；此外，政府绿色采购市场效应巨大，是构筑绿色消费模式的重要措施和突破口，是实施绿色消费的巨大推力。

近几年，我国政府对绿色消费的管理和激励已不再局限于以前的健康影响角度的质量安全管理，而是扩大到资源节约、环境保护、社会责任等。例如，在法律法规方面，先后制定了多部与绿色消费有关的法律，如2002年的《中华人民共和国清洁生产促进法》、2006年的《可再生能源法》等，从不同层面对促进绿色消费做出了相关规定，同时，为促进绿色消费，加快生态文明建设，推动经济社会绿色发展，发改委、中宣部、环保部等十部委联合制定了《关于促进绿色消费的指导意见》，并于2016年3月1日正式发布，意见指出，到2020年，绿色消费理念成为社会共识，长效机制基本建立，奢侈浪费行为得到有效遏制，绿色产品市场占有率大幅提高，勤俭节约、绿色低碳、文明健康的生活方式和消费模式基本形成。意见还提出了要着力培育绿色消费理念，积极引导居民践行绿色生活方式和消费模式，全面推进公共机构带头绿色消费，大力推动企业增加绿色产品和服务供给，深入开展全社会反对浪费行动，建立健全绿色消费长效机制等多项绿色消费激励措施。除此之外，在经济诱导方面，我国政府相继推出资源产品阶梯价格制度、绿色税收制度以及旨在促进绿色消费的其他相关政策，地方政府也都根据当地实际在绿色消费激励政策上进行了创新，我国绿色消费激励政策体系不断得到完善。

3. 石漠化地区的绿色消费

喀斯特地区石漠化现象的日趋严重与当地部分居民不合理的生活生产行为有直接关系。喀斯特石漠化山区仍旧保留着传统的用能习惯，传统能源资源的开采和使用直接或间接地对该区的石漠化造成了影响，而石漠化带来的自然资源破坏甚至枯竭的状况又反过来限制了该区农民的用能结构与消费倾向。长期以来，这一地区的农村能源消费结构单一，用能设施技术含量低，能源转换的层次较少，利用效率低、浪费大。目前该区的农村能源供需矛盾在一定程度上得到了改善，但距离富足的能源需求量和合理的消费结构差距还较大。

喀斯特地区蕴含着丰富的旅游资源，这些地区特殊的地貌景观、独特的山地气候和多彩的民族风情是当地旅游业发展的特有资源优势，近年来，当地旅游业在政府的引导支持下发展迅速。但由于旅游业起步晚，发展经验相对不足，缺乏对绿色旅游消费的宣传教育，加上没有相应的政策法规予以规范，对旅游资源的消耗和破坏较大，加剧了原本就十分脆弱的生态环境，生态旅游发展可持续性较差，因此必须加强对绿色消费行为的宣传教育，鼓励游客进行绿色消费，促进石漠化地区生态保护与经济社会协调发展。

四、组织支持体系

喀斯特石漠化地区因其脆弱的生态环境条件，在发展农业产业方面存在着诸多障碍，必须正确处理石漠化治理与农业生产之间的相互作用关系，发展绿色生态农业，建立发展农业与生态保护相适应的经营组织体系。随着农业市场化、产业化进程加快，各类新型经营主体不断涌现并迅速发展，生产方式、经营管理方式更加科学合理，为发展绿色生态农业创造了良好条件，同时，部分喀斯特石漠化地区发展生态农业的成功实践也为喀斯特地区石漠化治理提供了良好的经验借鉴，生态农业经营组织体系的建立有利于石漠化地区农业产业和资源环境的可持续发展。

通过对喀斯特生态农业发展示范区案例进行研究分析发现，目前运营效果较好的经营组织体系主要由政府、科研单位、合作社、公司或龙头企业等各经营主体构成，通常情况下，生态农业经营组织体系中各参与者具体分工合作如下。

政府在产业经营运作中主要起到政策指导、发展规划、协调工作的作用。根据国家相关政策，结合实际制定符合当前形势的喀斯特农村生态环境保护与资源开发政策；发挥社会统筹协调功能，安排落实工作目标，统筹、整合资源；做好宣传发动群众、安排、指导、监督等工作。

科研单位主要提供相关的技术支持、决策、管理咨询或评估服务。科研单位通过对当地自然环境条件、社会经济基础的调查分析，查明石漠化地区生态环境现状、经济发展中存在的问题及潜力，针对区域具体特征进行产业发展方向探索，研发相关技术并进行产业发展的技术试验示范；对产业发展过程中出现的问题进行诊断决策；对产业发展后期的成效进行科学评估，为政府和公司的发展规划提供理论与技术支撑。

合作社由农户组建而成，法人由农户选举产生。农户作为产业形成发展的直接参与者和最终受益人，占据产业链的重要环节——生产，对产业发展起到不可或缺的作用。农户作为农业产业的主体，直接参与到农产品的生产、销售，因此要充分发挥农民作为"问题发现源"角色的重要作用，找出生产销售中（尤其是生产过程中）的问题，及时向政府、公司、科研单位提交问题清单，便于后期工作持续性的开展。

公司在产业经营运作中以市场开发、产品收购为主要环节。在合作方式上，公司与农户实行租赁雇佣合作方式，即公司与农户签订土地租用协议，公司租用农户土地，并免费提供苗木让农户在自家被租土地种植，收获的产品由公司统一收购。这种公司与农户的合作方式，降低了农户生产成本，减少了农户对市场风险的顾虑，使得农户对发展生态农业有较高的积极性，保证了产业稳步发展。

（一）新型农业经营主体培育

新型经营主体是指直接或者间接从事农产品的产生、加工和对农产品的生产前和生产后提供服务的，具有经营规模大、集约化程度高和市场竞争力强的农业经营组织和有文化、会经营、懂技术的新型现代职业农民。新型农业经营主体主要包括农民专业合作社、农业企业、专业大户、家庭农场等。

1. 农村经济合作组织

石漠化地区在人地矛盾的影响下，发展生态产业尤为重要，目前生态产业的集约规模化程度低，农户生产主要还是以传统的家庭经营为主，具有小规模、分散性质的小农经济不能满足当前规模化产品生产和销售的要求，因此，必须发展农村经济合作组织，推进石漠化地区的生态产业朝集约规模化方向发展。当前，合作组织参与各种生态产集约规模化发展模式日渐成熟，合作组织应当以"民办、民管、民受益"为准则，将生态产业的生产管理，运行，经营，销售等的各个环节有机地联系起来，发动广大农户的积极性，有利于实现生态产业生产和经营规模，提高生态产业集约规模化经营程度。

2. 农业龙头企业

农业龙头企业，也可以称为农业产业化龙头企业，是指以农产品加工或流通为主，通过各种利益联结机制与农户相联系，使农产品生产、加工、销售等环节相融合以实现产业化，并达到政府相关标准认定的企业。石漠化地区发展生态农业需要兼顾生态保护与农业生产两个方面，对原有的粗放型农业种植模式和产业结构进行调整，逐步实现农业产业化。鉴于石漠化地区原有农业组织化程度低，其生态农业的发展就需要实力较强的龙头企业发挥示范带动作用。农业龙头企业在促进农业绿色转型、提高农业组织化程度、加快现代农业建设等方面起着重要的作用。在生产加工技术方面，龙头企业具有明显的先进性、科学性优势，在经营管理模式方面更为节约高效，在营销策略方面更灵活多变、能够更好地感知和应对市场变化，最重要的是，龙头企业能够更好地处理生态保护与生产经营之间的关系，带动石漠化地区生态农业走可持续发展的道路，同时，农业龙头企业还具有培育新型职业农民的功能。

3. 生态型小微企业

生态型企业的主要特征是把生态过程的特点引申到企业中去，从生态环保的角度出发进行企业的生产经营活动，兼具经济效益和生态效益。喀斯特生态脆弱地区兼具生态脆弱和经济贫困的特征，生态型小微企业兼具保护环境、发展经济、符合山地环境的特征，从保护生态环境的角度，生态型企业是其必然选择；从喀斯特山区的地理特征角度，规模小、数量多、机制灵活、形式多样的小微企业适应能力最强，因此，发展生态型小微企业对于实现石漠化地区经济发展和生态保护的双重目标具有重要意义。

（二）现代职业农民

农民与农村生态环境休戚相关，相互联系、相互影响、相互作用、相互牵制。农民是农村生态建设的主体，农民开展的农业生产活动及其日常生活行为会对当地的生态环境造成正面或负面影响，而农村生态环境是农民赖以生存和谋求发展的家园，农村生态环境良好与否直接影响着农民的生活质量以及农业生产发展，尤其是在生态环境极其脆弱的喀斯特石漠化地区当地农民的生产生活观念和方式与该区域的生态环境状况有直接的联系。

生态农民是指具有自觉的生态意识、系统的生态知识、理性的生态行为和生态伦理道德的知行意情统一的新型职业农民。在现实生活中，农民既是农村生态污染和破坏的受害者，又是农村生态污染和破坏的加害者，因此，必须正确定位农民在生态环境建设中的双重角色，促使其进行角色转换，由传统农民成长为生态农民，并扮演好在农村生态治理中的主体角色，在石漠化地区绿色转型发展中发挥积极作用。

（三）行业协会

行业协会是指介于政府和企业之间的，由某一行业内若干具有利益关联性的企业自愿结成，为协会会员提供咨询、沟通、监督、公正、协调等服务，以保护和增进会员利益为目标的社会中介组织。非政府性、中介性、自治性是行业协会的三个主要特征：首先，行业协会属于非政府组织，具有相对于政府的独立性，因此它在组织形成、人员编制、资金来源等方面不同于政府组织；其次，行业协会是一种社会中介组织，它承担着政府与企业之间的桥梁和纽带作用，能够使公共部门和私营部门之间达成有效的连接和沟通；最后，行业协会是一种自治组织，自治性也是它最为本质的特征，行业协会和其他自治性组织一样，一旦依法成立，就可以在法定范围内自主活动，实现自我组织和自我管理，以实现组织成立的特定目的。行业协会的特征和职能，使其在协调经济秩序、促进行业发展等方面发挥着重要作用，同样也能够对绿色发展起到良好的促进作用，一方面，它具备较高的自主治理能力和行业代表性，能够有效协调行业集体实施绿色生产，并推动行业绿色技术创新，另一方面，政府、行业协会和企业之间能够形成一种良性互动机制，这位行业协会发挥协调促进作用创造了有利的外部条件。

杨平宇等认为，行业协会在区域绿色发展发挥作用主要是通过信息沟通与服务、参与绿色标准制定、共享信息要素等手段，以促进企业实现绿色生产、技术升级，履行社会责任，从而实现整个行业的绿色发展。首先，在信息沟通与服务方面，行业协会通过跟踪并采集本行业绿色技术、绿色工艺、绿色材料等方面的国内外最新信息，并将分析整理后的信息及时通报给本行业企业以及相关政府管理部门，同时，行业协会通过及时了解本行业在绿色转型过程中的切实需求和障碍因素，重点挖掘企业绿色产品设计、绿色技术制造、企业协同创新方面的共性问题，并据此为政府制定绿色产业发展政策和措施提供现实依据。其次，行业协会组织本行业绿色标准的制定、宣传和执行工作。在绿色标准正式颁布之后，行业协会通过对相关企业开展绿色标准的宣传和员工培训工作，切实提升企业管理人员和技术人员的绿色意识和绿色技术技能，并对企业绿色标准的实施情况进行监督和反馈。此外，行业协会通过建立跨企业合作机制，共享和协同开发绿色技术。行业协会可以在政府的引导和支持下，组件产业链相关企业、科研院所和其他社会机构为主体的绿色合作平台，实现各种要素资源优化配置、绿色信息技术共享和绿色关键技术的协同开发，协调行业绿色产业链分工，维护行业知识产权。

五、技术支持体系

技术因素在石漠化地区生态恢复和绿色发展过程中起着关键性作用。由于石漠化程度不同，部分石漠化地区条件恶劣，治理难度十分大，需要科学、合理的技术支持体系予以支持，绿色发展方式与传统发展方式有所区别的原因之一也在于对高新技术、工艺的研究和应用，同时，石漠化地区多处于山区，民族众多且聚落而居，在长期的生产生活实践中形成了传统智慧和文化，因此，传统生态智慧和生态文化的挖掘对于当前的绿色发展也有重要的借鉴意义，本节将从新技术和传统文化技术两方面对石漠化地区绿色发展的技术支持体系进行介绍。

（一）新技术的开发、利用与推广

石漠化是一个碳排放的过程，随着石漠化程度的加深，碳排放的水平也会随着增加，但是通过石漠化综合治理技术的有效运用，能够有效改善石漠化生态系统的恶化趋势,使不同程度的石漠化土地得到恢复,并通过植被恢复、水土保持、土壤改良等机制和绿色种植技术,逐步提高石漠化生态系统碳储量,改善石漠化地区的生态环境。

1. 绿色种养植(殖)技术

(1) 增汇型种植技术

种植活动的产出是植物的生物量,这本身就是一个碳汇过程,但如果种植生产中存在有翻耕、施肥、施农药、秸秆焚烧等活动,那么种植生产也就伴随有碳排放。增汇型种植技术指的就是在种植生产过程中,通过增汇种植技术手段的应用,尽可能增加单位土地面积的生物量产出,增加土壤碳库,同时最大化抑制翻耕、施肥、施农药及秸秆焚烧等碳排放活动的途径,以此实现种植生产整个过程中碳汇最大化,碳排放最小化。目前,增汇种植技术主要分为物种选育增汇种植技术体系、立体种植增汇技术体系和农地管理增汇技术体系三大模块,共同构成了增汇种植技术体系(图8-2)。

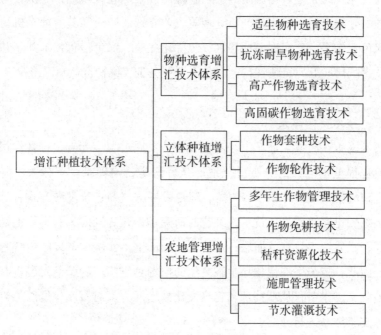

图8-2 增汇种植技术体系

物种选育增汇种植技术体系旨在通过适生物种、抗冻耐寒物种、高产作物选育、多年生作物培育等技术，对种植生产中物种进行优选和培育，确保种植物种在产量、经济效益以及应对极端气候条件等方面具有先天优势，以提高作物种植的成活率、生物量产出、经济产出，从而保证作物种植的碳汇能力。

立体种植增汇技术体系旨在通过对作物进行群落配置或通过轮作制度，在空间和时间上充分发挥光照、水分、土壤养分等自然资源的利用率，促使单位土地面积生物量产出最大化，从而增加单位土地面积生物量固碳能力。此外还能增加土壤有机碳库和土壤 CO_2 浓度的增加，土壤 CO_2 浓度的增加还能驱动喀斯特作用过程的进行，增加表层喀斯特过程的碳汇。

农地管理增汇技术体系旨在通过技术手段的使用促进管理优化，减少单位土地面上的工业化农用品的投入，减少农业废弃物的碳排放，最终实现种植活动的碳减排。农田管理包括作物免耕、多年生作物管理、秸秆资源化技术、施肥技术、节水灌溉技术。免耕技术可以减少翻耕带来的土壤 CO_2 释放和有机碳流失；多年生作物管理技术则是通过对多年生饲草的刈割、果树的修剪等管理，增加多年生作物的生物量产出；秸秆资源化技术是通过秸秆气化、堆肥、青贮等技术对秸秆进行充分利用，以节省能源、肥料和饲料投入，减少农业生产中的碳排放；施肥管理技术则旨在通过测土配方、缓控释肥、有机肥生产技术的应用，减少工业化肥的投入，从而减少种植活动中的碳排放；节水灌溉技术则是增汇种植技术的保障性技术措施，一方面满足种植需水，促进作物生长，增加碳汇，另一方面对农用水资源进行优化管理，保障种植系统应对干旱天气的能力，防治由此造成种植过程碳汇量的减少。

（2）低碳养殖技术

在低碳农业发展中，养殖生产通产伴随着碳排放的发生，喀斯特石漠化地区养殖碳排放主要有养殖耗能、粪便管理、肠道发酵、饲料投入等方面。低碳养殖技术指的就是能够减少养殖过程中碳排放的一系列技术手段。在此将低碳养殖技术体系归为用能低碳化技术体系、饲料低碳化技术体系和粪便处理低碳化技术体系三个模块，构建低碳养殖技术体系（图8-3）。

用能低碳化技术是指能够实现养殖过程中耗能碳排放最少的技术，主要有两个方面的技术途径。一是圈舍设计的低碳化，即在圈舍设计时考虑圈舍耗能系统和耗材的节约化，实现圈舍的管理和清洁过程中耗能最少。二是清

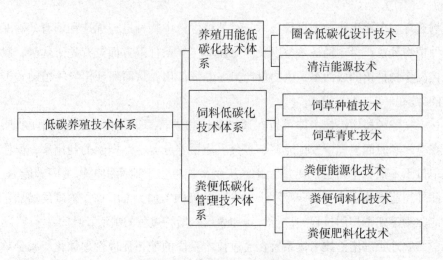

图 8 - 3　低碳养殖技术体系

洁能源技术，在养殖用能过程中利用太阳能、沼气等清洁能源代替煤炭和薪柴等高碳排放能源，减少养殖碳排放。饲料低碳化技术旨在减少养殖过程中工业化饲料的投入。利用饲草种植技术，一方面促进草地建设，增加草地生态系统碳汇，一方面减少工业化饲料投入。饲草青贮技术可以通过对秸秆、饲草的青贮保障养殖的饲料供应，减少对工业饲料的生产和运输，进而减少碳排放。

粪便低碳化管理技术旨在通过对养殖粪便的资源化利用，减少养殖过程中的碳排放。饲料资源化主要有三个途径，一是配套沼气系统将养殖粪便能源化，为养殖用能提供能源；二是通过堆肥和有机肥加工技术，将粪便转化为肥料为种植业服务；三是利用粪便养殖蚯蚓、蝇蛆，为家禽提供饲料，或将其制为蛋白粉，作为饲料配料利用。

2. 石漠化治理技术

由于不同的喀斯特地域结构，产生不同的生态环境效应，反应在区域内光、热、水、土、气环境要素分配上的差别，而这些环境要素对区域内的农、林、牧的发展起着决定性的作用。喀斯特石漠化的治理与农、林、牧的发展密切相关，因此，在不同地域结构和生态环境下的石漠化区域，石漠化的治理模式的支撑技术存在一定的差异性。

贵州省石漠化治理始于 20 世纪 80 年代，通过多年摸索已总结出一套行之有效的治理方法，即针对不同石漠化等级实施不同的治理方案，如潜在石漠化地区（遵义市、黔南州和毕节市等）治理工作以预防为主，预防石漠化形成；轻、中度石漠化地区（北部的瓮安县、中部的惠水县和平塘县、南部的罗甸县等）进行人工干预，减轻石漠化程度；强度和极强度石漠化地区（主要集中于西南部，如六盘水、安顺、毕节、长顺、惠水、安龙和黔西等）主要采取生态移民、封山育林（草）等措施，依靠大自然自我修复。具体采取的技术措施主要包括林草措施、农业措施及工程措施。

（1）林草技术措施

石漠化治理的核心是生态的恢复重建，其主要内容即大力发展林业，而国家林业生态工程项目是目前贵州治理石漠化的主要资金渠道和重要驱动力，项目主要包括退耕还林工程、天然林保护工程、珠江水系防护林工程等一系列林业生态工程。具体措施包括封山育林（草）、人工造林、飞播造林、低产低效林改造、中幼林抚育、人工种草、草地改良等。

①封山育林

在喀斯特石漠化比较严重的地区，生境严酷，土壤分布零星且浅薄，且石漠化比例大，封山育林是该地区恢复森林植被的重要且有效的途径之一。根据喀斯特石漠化环境特点、人为干扰方式、立地条件等，封山育林有不同的类型，如稀疏灌丛草坡型、矮灌丛型、退耕还林型（乔灌草立体型）等，采取自然恢复与人工促进的植被恢复技术，对植被组成和结构进行优化改造，增加治理区域内的物种多样性或生物多样性。

②人工造林

人工造林的树种主要包括生态用材林、生态果木林及生态经济林等。其中常用的生态用材林主要有柏木、滇柏、侧柏、楸树、梓树、刺槐等；生态果木林是当地群众自发种植和行业部门试验推广种植的，大多是按果农混作和果草经济林模式营建的果木林，面积不大、分布零星，但经济效益比较好，广泛应用的果木林树种主要有核桃、板栗、樱桃、杨梅、梨、桃、李、柑橘等；生态经济林主要包括生漆、油桐、乌桕、杜仲、香椿、黄檗等。近十年来，在黔西南地区利用种植花椒、金银花、香椿等经济树种进行石漠化治理，取得了较好的经济效益，并有效地遏制和治理了石漠化。

③草地恢复措施

岩溶地区的草地畜牧业具有生态修复与农业持续发展的双重功能，且具有比耕地农业更高的资源利用效益，而相同条件下岩溶地区的人工草地蓄水保土效益优于林地，即使在坡度陡峻区，良好的草被覆盖能极大地减轻水土流失量，其效果远远好于林、灌。通过进行草地改良、人工种草、围栏封育等草地建设措施，短期内就可以提高植被覆盖率，对防止水土流失、减少地面径流具有十分显著的作用。贵州省岩溶区草地在全国具有很好的代表性，通过选育与引进国外优质牧草，实践总结出不同环境条件、季节及利用方式的牧草种植及组合种植方式，如遵义、黔东南、铜仁等地的冬种一年生黑麦草和夏种牛鞭草＋皇竹草；六盘水和安顺、贵阳市等地的冬种一年生黑麦草或燕麦和夏种紫花苜蓿等。

④林草措施新技术

除了目前正在进行的林草措施外，我国学者亦开始了对苔藓植物在退化喀斯特植被恢复过程中所发挥的拓荒作用的研究。苔藓特别是石生苔藓主要与地衣、藻类共同构成生物结皮层，并成为这种荒漠生物结皮层的优势物种，在植物群落演替过程中是主要的先锋物种，对改善土壤肥力、水土保持以及群落演替甚至生态环境都发挥着难以替代的作用：在岩石表面生长的藓类植物可分泌一些酸性代谢物质，能降低岩面硬度，加快岩面溶蚀，从而加速岩石和矿物的风化成土过程；另外，藓类单层细胞结构和巨大的储水细胞及毛细管系统具有很强的吸收水分和持水力，有利于改善石漠化裸露岩面及周围环境的水湿条件；同时，藓类还能蓄积空气和降水中的粉尘、水分等物质，与藓类本身紧密丛集的残体结合在一块，日积月累，逐渐形成薄层土壤，该过程同时为其他生物的生长营造微环境，最终逐渐胶结形成生物结皮层，促进了土壤微生物的繁衍，加快了土壤生化过程，增加了物种多样性，促进植被演替。目前我国学者对贵州石漠化区域苔藓类植物的研究内容主要包括石生藓类的种类组成和分布特征的调查；由苔藓、地衣及藻类构成的生物结皮层的外部形态特征和内部解剖结构变化分析；石生藓类的生理结构、生化特征及适应干旱胁迫环境的生存机制等。

（2）农业技术措施

农业技术措施包括耕作、间作、轮作、弃耕、禁牧等。如旱地农－草间

（轮）作模式：采用"农作物＋牧草"间、轮作方式，提高土地生产力，调节土壤营养元素的供给，培植地力，减少表土侵蚀，既可稳产粮食又可解决畜（禽）青绿饲料，经济效益也远大于单一种植粮食作物、经济作物和牧草。如毕节市石桥村在轻度石漠化缓坡区（坡度小于10°），采用一年生黑麦草与本地玉米的轮作，4—9月种玉米，10月—次年3月种植黑麦草，不但提高了土壤肥力，还减少甚至省了化肥的施用。又如林间（下）种草模式：贵州岩溶区有大量退耕地、幼林及疏林地，采取在林间、林下种植多年生禾、豆科牧草，可建立人工、半人工草地改善其植被组成、增加植被覆盖度，更能有效地防止水土流失。

（3）工程技术措施

工程措施包括坡改梯工程、小型水利水保工程、农村能源建设工程、生态移民工程等。

①坡改梯工程

即坡耕地改梯化工程，以贵州乌蒙山片区为例，其属于喀斯特强烈发育区，可溶性碳酸盐岩出露面积达到63.01%，水土流失问题严重，耕地以坡耕地为主，坡耕地中又以旱地为主。目前该片区特别针对石质山体坡耕地形成了一整套成熟的"石坎＋山边沟"的坡耕地整治经验，即根据坡地的地形采用水平梯田、坡式梯田、反坡梯田、隔坡梯田等模式，有效降低了地表径流的速度，削弱了径流冲刷力，增加了降水入渗量，提高了土层的保水保肥性能，有效地减少了水土流失和石漠化。

②农村能源建设工程

农村能源建设工程则是将喀斯特石漠化山区农村家庭传统的能源消费类型如薪柴、秸秆和煤炭等适当转换为新型能源如沼气等类型，如在贵州部分地区正在建设的以花椒种植为核心的花椒——养猪——沼气模式及以砂仁种植为核心的砂仁—养猪—沼气模式等，已初现成效。

③生态移民工程

生态移民工程则通过对以贵州省武陵山区、乌蒙山区及滇桂黔石漠化区三大连片特困地区贫困人口的迁移，疏散人口压力，调整资源分配，改变资源环境对经济发展的限制，克服资源环境的主导性限制，选择有条件的迁入地区，一方面解决当地的贫困问题，另一方面减轻人口压力对资源的掠夺，依赖自然条件充分恢复自然植被。

3. 互联网技术

（1）"互联网＋"绿色农产品流通

近年来，互联网技术在农业领域中应用越来越广泛，"互联网＋农业"已经成为我国现代农业发展的新趋势。当前，绿色农产品在我国拥有良好的市场前景，但由于其发展仍不完善，还存在着许多缺陷，因此还需要运用现代互联网技术对绿色农产品的规范生产和市场营销加以引导，使绿色农产品生产者更好地适应和满足市场需求，消费者能够获得质优价廉的绿色农产品，实现绿色农产品从生产到销售全程实现绿色。

流通决定生产，尤其决定着绿色农产品的生产，没有好的农产品流通模式，将导致农产品流通不畅，流通成本过高，从而直接影响农业产业的发展、农民利益增长和农村经济建设。绿色农产品的流通是物流、信息流、资金流的一个整体综合，传统流通模式链条多、链节长、涉及主体多，流通环节存在着各种问题，传统流通模式下，我国绿色农产品的流通效率非常低下，农产品损耗大，流通成本高，而物联网、大数据、云计算等现代信息技术的兴起，为农业全产业链的改造升级提供了充分的技术支持，为解决绿色农产品的流通问题提供了新的思路。霍红等认为比较有代表性的"互联网＋"绿色农产品流通模式主要有四种，其核心主体各不相同，但都能够在一定程度上提高绿色农产品的流通效率，对绿色农产品市场发展具有重要意义。

①以综合型电商为核心的绿色农产品流通模式

这种模式的核心在于利用综合型电商平台强大的资源整合能力，为绿色农产品的购买和销售提供便捷的交易平台。其流通模式主要是吸引绿色农产品生产者入驻平台，并由入驻厂家自行负责产品的冷链配送，而综合电商平台只负责监管。但对于个体绿色农产品生产者来说，入驻和物流成本还是较大，同时在绿色农产品的质量方面也难以实现严格把关。

②以垂直电商为核心的绿色农产品流通模式

这种模式多为平台本身拥有优质的产品资源及渠道，并且通过运营自由的电商平台，进而对绿色农产品市场进行深化经营。该模式以自建农场、合作农场及全国采购居多，农产品的质量能够得到保证，并且消费者在平台下单后由平台自建的冷物流链进行产品的配送，因此配送效率也较高。其缺点在于，为了保证产品质量和运输效率，成本投入会相对较高。

③以物流企业为核心的绿色农产品流通模式

这种模式以顺丰优选为代表，多为依托自身强大的物流优势，在其原有的物流服务基础上建立独立的绿色农产品网上交易平台，以图片等形式向消费者展示绿色农产品以引导消费者做出决策并完成在线支付。其优势在于，自身的物流优势极大地节省了运输成本，但同时这种模式面临着严格的供应链管理以及与农产品供应商的合作等问题。

④以零售企业为核心的绿色农产品流通模式

这种模式中的零售企业主要是指连锁超市、农贸市场等，其主要代表是沃尔玛、永辉超市、大润发等企业。在实体超市体系的保证下，农产品的质量得到了保证，消费者能够真实地感知农产品的质量，只需在超市的电商平台进行下单即可。这种模式的优势在于，零售企业利用其门店辐射范围进行配送，缩短了配送周期，进而节省了成本。

（2）"互联网＋"石漠化治理

互联网技术的迅速发展及其广泛应用为当前的石漠化综合治理提供了更为科学高效的途径，这主要体现在石漠化监测方面。石漠化监测是石漠化灾害治理和对治理效益进行评估的有机组成部分，而3S技术和网络通信手段的飞速发展使互联网技术与石漠化监测治理工作紧密结合，在此基础上能够为管理部门提供科学决策的依据和高效的分析手段，从而实现科学技术与生态治理的有机结合。"3S"技术包括地理信息系统（GIS）、遥感（RS）及全球定位系统（GPS）三大独立系统。石漠化发生的地区自然条件一般比较恶劣，常规的地面监测难度大，并且存在一定的局限性，3S技术使大范围的对地监测成为可能。采用GPS进行精准定位，RS获取空间、地域的环境、生态安全等方面监测数据，利用GIS系统对数据进行处理、空间模拟，进而对结果进行分析和评价，达到石漠化区域环境的可视化，为石漠化治理决策提供更加可靠的依据。

①喀斯特生态安全评价

GPS精准定位，RS获取空间、地域的环境生态安全等方面遥感监测数据，这些数据在GIS系统中进行编辑、处理，从而达到生态安全评价的可视化。

②石漠化遥感动态监测

喀斯特石漠化动态监测是"3S"技术一个重要应用方向。RS的动态监测已经成功在植被动态变化、环境因素变化、海岸线变化、土地覆盖及利用变化等领域得到运用，三者结合的"3S"技术是土地资源调查和土地覆盖、利用、动态变化的动态监测的一种高效、精确的监测手段。

③喀斯特石漠化预警

通过解译遥感影像获取喀斯特资源环境信息，在调查收集相关经济、社会等指标数据基础上，采用"3S"技术对农地石漠化警情进行分析预测，经科学考证对比分析发现，所获得的石漠化预警结果与所调查区域喀斯特石漠化实际情况吻合，有力证明了"3S"技术应用预警模型具有较强预警能力，吻合程度高。

④喀斯特石漠化成因分析

我国喀斯特石漠化成因多样化，主要形成因子有喀斯特生态系统地质、土壤、水文气候、植被覆盖、地貌及人类活动等，选取植被覆盖率、坡度等评价指标作为参考依据并结合通过"3S"技术获取的空间技术进行对比分析，制定石漠化驱动力机制研究图谱，从而能够了解各影响因子对石漠化的影响程度和联系。

⑤喀斯特石漠化空间分布格局研究

石漠化现状与空间分布格局是石漠化研究中最基本的研究内容，同时也是最重要的研究内容之一。例如，通过综合利用遥感影像资料和地理信息系统软件平台，根据石漠化分级指标，收集 TM 影像资料、地形图、地质资料图、土壤植被覆盖图、土地利用图、地貌坡度图及 GPS 实测数据库等资料，进行喀斯特石漠化 RS 与 GIS 一体化分析研究，通过统计各级别石漠化面积生成石漠化分级分布图和 GIS 数据库，并将石漠化面积、生成石漠化分级分布图及驱动因素图相叠加，最终生成石漠化空间分布格局图。

⑥喀斯特石漠化程度、等级划分

根据石漠化地区的土地变化情况，结合遥感影像技术的特点，选取植被覆盖度、基岩裸露率、植被类型及退化率等，作为利用遥感影像强度判别喀斯特石漠化分级的指标，可以将石漠化分为轻度、中度、重度三个等级，并根据这些分级指标和遥感影像分析具体区域的不同石漠化程度的分布范围，为下一步石漠化治理方向和措施提供参考依据。

（二）传统生态智慧与传统文化知识的挖掘与利用

联合国《防治石漠化公约》中提出：传统知识是宝贵的信息来源，它扎根在基于文化的价值观念体系、生产与消费体系以及生活方式与自然环境的关系之中，只有将传统知识和现代知识结合起来，才是有效的荒漠化治理战略。我国自古以来就是一个多民族国家，各族人民在长期的生活生产实践中形成了蕴含深厚民族特色和地域特点的传统智慧与文化，传统生态知识在石漠化治理中扮演者不可或缺的角色，对传统生态智慧和民族文化的挖掘和利用能够为当前的石漠化治理工作提供丰富的经验借鉴。

1. 传统文化中的生态智慧

中华传统文化博大精深，蕴含着丰富的生态智慧思想，即使是在现代文明高度发达的今天，传统文化中尊重自然、敬畏自然、人与自然和谐共生等思想也是极具先进性和人文理性，与我国当前所倡导的可持续发展理念一脉相承，为当前的环境治理与生态文明建设提供宝贵的经验借鉴和指导。

（1）"天人合一"的朴素自然观

"天"即自然，"天人合一"即是人与自然"你中有我、我中有你"不可分割的关系，这一理念代表了我国先贤圣哲对人与自然关系最朴素、也是最本质的价值认知。"天人合一"思想源于传统农耕文明，也构造了中华传统文化源远流长的坚实根基，正如我国著名历史学家钱穆先生所言："中华文化特质，可以'一天人，合内外'六字尽之。""天人合一"强调，人与自然并非二元对立，而是一元统一；进一步来说，世间万事万物也并非彼此割裂，而是紧密联系，同源而生，各就其位，各司其职，也各自拥有独立自主的地位和不容剥夺的存在价值。这也可以看出，"天人合一"不仅是我国传统文化中自然观的本真表述，也是古人赖以认识世识世界、改造世界的思维方法。

"天人合一"的思想在我国古代各家思想流派中都有过相关阐述。作为中华传统思想文化的集大成者，儒家文化中有着自成体系的"天人合一"思想。孔子曾提出天地人的"三才"思想，认为人应该通过自我调适以积极应对和契合天地之道，孟子则提出"上下与天地同流""万物皆备于我也"，对儒家"天人合一"思想进一步丰富，后世董仲舒提出的"天人之际，合二为一"、张载的"儒者则因明致诚，因诚至明，故天人合一"等观点也都体现了这一思想。道家文化同样也对"天人合一"思想做过精辟论断，代表人物老子曾提出"道生一，一生二，二生三，三生万物"，认为人应该在尊重自然的前提下开展主观活动。我国经典古籍《周易》对"天人合一"思想也有过详细的论述，提出"天地人和"的观点，认为世间万物都源于天地，人与自然是紧密相连的有机整体，因此人与自然应和谐相处。由此可见，我国传统文化中关于人与自然间的关系凝练而又质朴的阐述无不体现了古贤尊重自然、顺应自然的朴素自然观。

（2）"敬畏生命"的生态伦理观

传统文化中的生态伦理观集中体现为对生命的敬畏和仁爱，这一思想尤以儒家为盛，如《周子全书》中就说，"生，仁也。""仁"是我国传统文化中的核心理念之一，也是传统社会赖以维系运转的重要根基，将万物生命一视同仁，也集中体现了我国传统文化生态伦理价值取向，即："生"是自然规律，"仁"则是对待万物生命的正确方法论。在儒家文化看来，"仁"这一社会根本纲常伦理规范所调控的，并不仅限于人，而应推而广之到万事万物，要"亲亲而仁民，仁民而爱物"，如是，生态伦理观才是合理有序的。

儒家的"仁民爱物"思想传达出的是对自然界生命一视同仁的普世价值和伦理关怀，道家思想也同样渗透出敬畏生命、关爱万物的深切人文沉思。道家代表人物老子在《道德经》中说"生而不有，为而不恃，长而不宰"，更强调"衣养万物而不为主"，即告诫人们要善待万物，滋养其生长，要承担起人类对自然万物所应肩负的责任，但不能随意主宰万物的生命，这样才能够"若可托天下"。庄子将老子的敬畏生命、衣养万物思想进一步发扬，《庄子·秋水》中说"物无贵贱"，《庄子·天下》中说"泛爱万物，天地一体"，《庄子·让王》也因王为避免战争而能主动迁居对王加以推崇，"夫大王亶父可谓能尊生矣"，体现出道家先贤对生命的敬畏和关切。

（3）"取用有节"的生态发展观

中华传统文化倡导"万物同源"，人类与万物具有同等内在价值，应一视同仁，和谐相处。先贤也告诉我们，人可以在尊重自然规律的基础上，合理地利用自然界中的事物谋求人类自身的发展，但务求做到取用有节，在向自然索取时要保护自然，避免涸泽而渔的短视行为。如孔子所讲"钓而不纲，弋不射宿"，孟子讲"斧斤以时入山林"，曾子讲"树木以时伐焉，禽兽以时杀焉"，等等，古人的这些生态智慧和当前我国大力倡导的可持续发展理念高度契合。

春秋战国时期名相管仲为齐国制定了"以时禁发"的制度，"山林虽广，草木虽美，禁发必有时"，强调不能随意开采自然资源，而要顺应时序，尊重自然规律。管仲要求在发展国力的同时，一定要注重对自然资源的养护，这样才能实现国家长远的富庶强大；而一旦过度采伐，自然生态遭到破坏，那么国家发展也就无以为继。管子的思想既有历史价值也有现实意义，他将"取用有节"这一朴素的可持续发展生态观提升到了国家治理的高度，并为后世尊崇。孟子建议君王在"以民为本"治理国家时，要做到"不违农时""数罟不入洿池""斧斤以时入山林"，荀子说向自然采伐要做到"不夭其生，不绝其长"。如果违逆自然规律，攫取无度，那么也会受到自然界的惩罚。

2. 适应自然的文化传统

（1）聚落形态

喀斯特石漠化地区地形破碎，少数民族众多，在漫长的生活生产适应过程中形成了众多基于地缘和血缘关系同时又兼顾生态容量平衡的传统聚落，这种传统聚落多为适应各民族传统生活方式自然生长形成，并且至今在很大程度上延续着传统的聚落形态，总的来说，这种自然聚落形态是喀斯特山区人民不断适应自然形成的结果，也是多种影响因素共同作用的结果。

喀斯特地区普遍存在山坡陡峭，赋土层薄，地形破碎的特点，平整的土地十分稀少，水资源丰富但调蓄功能差，地表水易渗透，导致水资源时空分布不均，旱涝灾害频发，水土流失严重，一旦自然环境关系失衡，"石漠化"现象就会迅速恶化。地形与地质条件决定的脆弱生境，使聚居其中的居民不断寻求与自然关系的处理方式。为了适应脆弱恶劣的生存环境，喀斯特山区的先民根据地形地势条件营建聚落，世代传承，形成了独具特色的聚落形态：

①田土为核心，占山不占田

喀斯特山地的居民们在村落选址过程中，遵循着以田土为核心，依傍水源，村落"占山不占田"，"傍水不近水"，既能最大程度的节约可以耕种的土地，以山体为依托，又避免了洪水的侵袭。

②维护生态环境容量平衡

对大自然的敬意，使得他们在聚落营建过程中遵循着"天人合一"理念。许多少数民族对树木的砍伐都有着严格的乡规民约约束，有的民族甚至实行"计划生育"以维持人口容量与生态环境的平衡，有的民族则不断迁徙，以求生存。

③与地形共生的聚落形态

在这样的自然环境中，喀斯特山区各民族形成了顺应自然的聚落形态、建筑空间。为适应复杂多变的地形，喀斯特山区中的民居建筑常采取切、挑、拾、筑、扭、跨等多样的手法取得与地形的协适应，并实现对自然环境改造最小；整个聚落与外部环境具有高度的协调性，或依山傍水，或沿等高线鳞次栉比与地貌共生，或沿山脊扇形分布，或沿等高线环装包围山体；自然地理条件还决定着聚落的耕种资源，形成农田与聚落多样的空间关系，如盆地中的田坝，洼地中有高差的旱田，半山层叠的梯田，与聚落建筑一起共同形成了乡村聚落的空间形态。

（2）民居建筑

特殊的地理环境能够造就独具特色的民居建筑方式和风格。喀斯特作为一种特殊的生态环境，长期以来对人们的生产、生活产生了深刻的影响，并且形成了乡土色彩浓厚的喀斯特民居文化，形态各异、风格多样的民居建筑就是喀斯特山区人民长期与大自然的抗争中形成的智慧结晶，同时对当代的建筑文化有着重要的启迪意义。

在房屋选址上，受喀斯特地形特点的影响，喀斯特地区耕地有限，为了将有限的土地用于耕作，古代人民在住宅选址时十分注重节约土地和根据地形地势进行合理布局，因此多数民居都依山而建，傍水而居。因山区地势起伏较大，住在山腰甚至山顶的民族在建房时不得不利用原始地貌中的坡、沟、坎、台等地形，将房基用石块直接砌筑其上，因地制宜建造房屋，这样既节省了农用耕地，又有利于防洪排污、取水通风，实现了人、建筑与自然的和谐。

在建筑结构上，喀斯特山区民居也体现着对地域材料和地方自然气候条件的适应。如为了避免蛇虫鼠蚁和猛兽的侵袭，山地民居常采用穿斗式干栏建筑，黔东南苗族、黔南瑶族、黔南布依族等都多采用这种形式；又如贵州喀斯特山地中侗族、瑶族民居通常在二楼有着宽大的敞廊，由于喀斯特地区多阴雨，敞廊就成为人们日常活动的主要空间，晾晒粮食，织布手工等。

在建筑材料选取上，喀斯特地区土壤贫瘠，大规模烧制砖瓦并不可行，喀斯特广泛存在的碳酸盐岩，尤其是自然分层的喀斯特页岩成为取材简便施工低技的建筑材料。平整坡地地形的同时开采石材，即采即用，利用"挖、取、填"和"层赶层"的取材和施工方法修建建筑此外石材防火耐久、防潮保暖能更好地适应喀斯特地域环境和多雨潮湿的气候，因此也就形成了喀斯特环境中大量形形色色的石头聚落和民居建筑，广泛采用的喀斯特石材和本地生长的杉木成为喀斯特地域房屋主要的建筑材料。

第九章　结论与建议

一、主要结论

综合前文研究，得出如下主要研究结论。

①在文献研究、实地调研和逻辑思考的基础上，提出如下绿色发展界定：绿色发展是将经济系统、资源系统、环境系统和社会系统四位一体的有机相结合的发展理论，是建立在生态环境容量和资源承载力的约束条件下，以经济绿色、资源节约、环境友好、社会和谐为主要内容，以绿色创新为基本途径，以实现经济可持续发展、资源利用效益最大化、环境保护最优化、社会福利分配最佳为根本目标，能够促进生产效率提高、资源节约和降低环境风险，促进社会和谐共享发展，能够显著增加绿色财富和提升绿色福利，实现经济绿色持续增长的新型发展理念、模式与实践。绿色发展是"绿色"与"发展"的有机统一，"绿色"即是还原自然生态的底色，强调资源与环境问题，而"发展"即是经济有质量的增长和社会进步。绿色发展的最终目标是发展，约束条件是绿色，绿色发展具有安全性、健康性、环保性、生态性、经济性、可承受性、包容性、和谐性、持续性等特性。

②石漠化地区的生产生活通常具有如下特点：生态脆弱、资源稀缺；耕地面积严重不足，人地矛盾、人粮矛盾更加尖锐；农村产业结构单一、农业人口比重大，农民收入低；经济发展滞后，经济增长乏力；生活性基础设施匮乏、公共事业严重滞后；农民素质不高，思想观念保守、思维方式单一；教育资源短缺、传统文化习俗影响较深。石漠化地区有必要引入绿色发展理念和绿色发展模式。党中央、国务院对生态建设和石漠化治理工作高度重视，明确指出"加强荒漠化石漠化治理，促进生态修复。"石漠化治理过程

中大力发展绿色经济，恰好遇到良好的历史机遇。

③石漠化地区常见的绿色发展模式包括：一是农业绿色发展模式，包括节水农业模式、生态农业模式、有机农业模式、观光农业模式、示范农业模式、退耕还林模式、休耕模式等；二是林业绿色发展模式，包括林下经济模式、农林复合模式、节水林业模式、循环林业模式、生态高效林业模式等；三是草畜业绿色发展模式，包括生态草业模式、有机草畜业模式、节水畜业模式、林草复合模式、生态畜牧业模式等；四是田园综合体模式；五是山水林田湖草综合治理模式。此外，还包括生态移民、精准扶贫、特色小镇、乡村振兴、产业融合等一些综合治理模式。

④本研究构建了绿色发展活动的成本收益分析体系，并以"中国西部适应气候变化的可持续土地管理"项目在筠连县春风村开展林下中草药种植的适应性经营活动为例。林下中草药种植的净现值远高于林下番薯种植；长期水平上，前者的内部贴现率高达35%，且效益成本比高于后者；林下中草药种植减少了农药的使用，维护了生物多样性，有利于生态系统服务功能的提升。中草药（黄精）观赏性好，具有一定的美学价值，可以与项目点初具规模的乡村旅游形成协同效应。在社会效益方面，中草药种植劳动密集型程度高，能吸纳农村劳动力就业，妇女、老年人等弱势群体受益更大。

⑤石漠化地区绿色发展需要一系列保障支持体系，主要包括石漠化地区绿色发展的管理支持体系、资金支持体系，政策支持体系和技术支持体系。管理支持体系主要包括绿色发展政绩考核体系、经营组织体系以及环境管理体系三部分。石漠化治理往往需要大量资金支持，因此必须建立和完善石漠化治理资金支持体系，加强对石漠化治理的投融资政策支持，在财政、信贷、保险等方面给予政策保障，从而保证石漠化治理工作的有效开展。石漠化地区也需要国家在发展战略方面进行统筹规划，在政策方面提供支持和帮助，为绿色发展创造良好的政策环境。技术因素在石漠化地区生态恢复和绿色发展过程中起着关键性作用。由于石漠化程度不同，部分石漠化地区条件恶劣，治理难度十分大，需要科学、合理的技术支持体系予以支持。

二、主要建议

发展绿色经济是石漠化地区社会经济健康发展的战略性举措，石漠化治理过程中要坚持把绿色发展作为转变发展方式的重要举措。

（一）坚持绿色发展，牢固树立中国特色社会主义生态观

石漠化治理应积极与绿色经济发展关联，应倡导绿色与生态的学习宣传活动，让广大干部群众充分认识绿色发展、科学发展观的重要意义。树立科学的政绩观，坚持以林业为主导的生态绿色发展方向，实现绿色发展和人口、资源、环境可持续发展。实现绿色增长需要先进的生态文化与理念引领，要认清改善生态就是发展生产力，生态是民生福祉的重要体现方式之一。生态治理应是以增强生态功能为主的山水林田湖综合治理，应坚持科学发展与可持续发展，坚持"生态、民生、经济"平衡驱动，牢固树立符合我国国情和岩溶石漠化地区实情的特色社会主义生态观。

（二）搞好顶层设计，将绿色经济融入石漠化治理相关规划

要大力发展绿色经济，必须建立整套系统方案，从国家层面上，统筹规划，按照不同的区域、特点、规律做好总体规划，分类指导。如国家石漠化综合治理工程二期规划编制过程中，应加强对生态经济、循环经济、绿色经济等的研究，并融入规划编制的全过程，立足国家生态文明建设的高度，充分体现绿色经济的发展理念。要紧紧围绕发展绿色产业、倡导绿色生活、营造绿色环境三大路径，立足岩溶石漠化地区物种资源、生态环境、经济结构，加快推进经济结构调整、发展方式转变和生态文明建设，壮大绿色产业。同时，地方总体规划或石漠化专项规划，应体现绿色经济与生态文明建设的要求，结合地方特点和优势，优化产业结构与能源结构，转变传统发展方式。

（三）加强技术研发与推广应用，以科技支撑实现创新发展

石漠化地区多属困难立地，生态较为脆弱，植被受扰动后极易破坏，恢复难度很大。经过多年不懈努力与探索，已经总结实践了一系列行之有效的治理模式与技术，部分也得到了推广。但在利用高新技术降低消耗、提高能源资源利用效率、真正长期可持续发展方面，与先进管理与技术水平差距仍然很大，可挖掘的潜力巨大。应强化科技支撑，依靠科技进步，引进绿色经济先进技术和管理方式，加强与各级科研机构协作，进一步加大岩溶地区林草植被恢复、农村能源建设等技术的研究和开发力度，研究和推广一批生态

与经济效益均显著的治理新模式。因地制宜，实施分地区的发展战略，鼓励与支持绿色经济发展区域试点与示范，建立治理科技示范园区，积累经验，有序推动全国石漠化地区绿色经济发展。建立健全各级技术推广服务机构，加强专业人才引进与培养，为全面展开石漠化治理提供技术支撑和服务，确保治理一片、成功一片、收益一片。

（四）要大力发展生态产业，积极推进林业产业转型升级

发展绿色经济、实现绿色增长需要林业提供更多的绿色资源，要积极发展以绿色资源、绿色能源为支撑的林业产业，努力提升林业产业在绿色产业的比重。要依托山区林区资源优势，积极推进林业产业转型升级，大力培育战略性新兴产业，推动石漠化地区生态与经济扶贫。充分利用丰富的林下资源和空间环境，继续推进林下经济发展，重点发展林果、林菌、林药、林畜、林禽、林菜、林蜂、森林旅游等林下经济模式，推广"公司＋基地＋农户"等市场化运作方式，打造各具地方特色的林下经济产业带，实现长中短有机结合、林农牧复合经营，提高林地综合产出率，促进兴林富民。

（五）要活化与完善政策机制，加强绿色经济政策体系建设

可以尝试利用可采集的数据对石漠化治理的绿色经济水平进行跟踪对比测度，建立一整套统计、跟踪和评价机制，用以指导绿色经济发展方向。加强政策扶持，增加对林业的投入，健全石漠化区域的生态补偿机制，并做好政策跟踪和服务。改革创新是推动发展的动力源泉，可与集体林改等相结合，深化配套改革，靠改革推动石漠化治理工程建设。完善金融扶持和税收优惠等政策，充分利用财政、税收、价格、金融、信贷等经济手段，推进石漠化治理工程绿色经济规模化、集约化水平。建立石漠化治理工程绩效评价考核办法，健全干部政绩考核体系，增加生态文明在相关考核评价中的权重，加大考核结果的应用。另外，要以建设生态文明为目标，努力构建石漠化地区资源节约型、环境友好型的产业结构、增长方式和消费模式。总之，力从政策、机制、立法等多角度，逐渐完善绿色经济政策体系。

（六）要加强绿色经济宣传教育和培训，提升石漠化管理技术人员水平

石漠化治理需要全民参与，全社会监督。为了绿色经济能贯穿于石漠化

治理始终，首先是要加强相关管理及技术人员教育与培训，然后通过宣传教育，使全社会充分认识发展绿色经济对石漠化治理的价值与重要性，广泛调动社会力量和公众参与发展绿色经济、投入石漠化治理的积极性。加强政策宣传与引导，将石漠化治理由政府主导型扩大到市场投入。要宣传涌现出来的成功经验和先进典型，榜样带动，典型引路，营造全社会积极参与石漠化防治的良好氛围。

（七）要统筹处理好五大关系

石漠化地区绿色发展一是要统筹处理好生态保护与经济发展关系，生态保护促进经济发展，发展生态经济促进生态保护；二要统筹处理好政府干预与市场配置的关系，石漠化地区的生态治理离不开国家的政策引导和工程投入，但同时也要注意发挥市场机制的重要配置作用，创新政府与社会资本结合的运作机制；三要统筹处理好区内治理和区外衔接的关系，如何引入区外资源促进石漠化地区的区内石漠化治理值得进一步考虑；四要统筹处理好部门间的协同合作，石漠化地区的绿色发展涉及林业、农业、草畜、水利、环保、扶贫等多个部门，部门协同和综合治理对于石漠化地区的可持续发展至关重要；五要统筹处理好新技术应用与传统知识的关系，尊重和利用当地传统的保护知识和发展智慧，同时积极引入石漠化治理新技术的应用，但同时也要注意新技术应用的风险防范，以及成效和影响监测。

（八）加强石漠化地区活动层面的绿色发展评估与监测

建议建立一个有关绿色发展活动的测评体系，重点考虑如下关键指标要素：项目受益人数、妇女参与人数、贫困人口受益人数、收入增加额度、活动开展是否促进了村社发展、活动开展是否促进了社会和谐，是否减少了资源依赖，是否节约了资源使用，活动废弃物是否回收或资源化，是否提高了生产效率，是否减少环境负面影响，是否增加环境收益，是否增加了自然资本，是否增加了绿色福利，活动是否可持续等。

参考文献

［1］Dong, J. , Xiao, X. , Chen, B. , Torbick, N. , Jin, C. , Zhang, G. , Biradar, C. . Mapping deciduous rubber plantations through integration of PALSAR and multi – temporal Landsat imagery ［J］. Remote Sens. Environ, 2013, 134, 392 – 402.

［2］Lambin, E. F. M. P. . Land use transitions: Socio – ecological feedback versus socio – economic change ［J］. Land Use Policy, 2010, 27: 108 – 118.

［3］Wolfersberger, J. A. B. D. . Analysis: An empirical analysis of forest transition and land – use change in developing countries ［J］. Ecological Economics, 2015, 119: 241 – 251.

［4］Xu, J. A. B. G. and P. C. Fer, Landscape transformation through the use of ecological and socioeconomic indicators in Xishuangbanna, Southwest China, Mekong Region ［J］. Ecological Indicators , 2014, (36): 749 – 756.

［5］白描 . 中国精准扶贫的实践与思考——中国精准扶贫进展与前瞻研讨会综述 ［J］. 中国农村经济, 2018 (04): 140 – 144.

［6］边红燕 . 喀斯特石漠化治理的惠及民生模式及社会效益分析 ［D］. 贵阳: 贵州师范大学, 2014.

［7］蔡宁, 丛雅静, 吴婧文 . 中国绿色发展与新型城镇化——基于 SBM – DDF 模型的双维度研究 ［J］. 北京师范大学学报（社会科学版）, 2014 (05): 130 – 139.

［8］车涤非 . 把刺梨产业开发成为贵州精准脱贫特色产业 ［N］. 贵州政协报, 2016 – 05 – 06 (A02) .

［9］陈端计 . 绿色发展: 中国"十二五"发展转型升级的必然选择 ［J］.

经济问题探索, 2011 (08): 153 – 158.

　[10] 陈红蕊, 黄卫果. 编制自然资源资产负债表的意义及探索 [J]. 环境与可持续发展. 2014, 39 (01): 46 – 48.

　[11] 陈凯. 绿色金融政策的变迁分析与对策建议 [J]. 中国特色社会主义研究. 2017 (05): 93 – 97.

　[12] 陈立铭, 郭丽华, 张伟伟. 我国绿色信贷政策的运行机制及实施路径 [J]. 当代经济研究, 2016 (01): 91 – 96.

　[13] 陈文福. 西南喀斯特地区经济可持续发展研究 [D]. 成都: 四川大学, 2005.

　[14] 陈永毕. 贵州喀斯特石漠化综合治理技术集成与模式研究 [D]. 贵阳: 贵州师范大学, 2008.

　[15] 程翔, 陈玉新. 试论建立绿色政绩考评制度的必要性 [J]. 法制与社会, 2010 (16): 174 – 175.

　[16] 池永宽. 石漠化治理中农草林草空间优化配置技术与示范 [D]. 贵阳: 贵州师范大学, 2015.

　[17] 仇竹妮. 新时代美丽乡村建设中生态农民培育问题研究 [J]. 行政与法. 2018 (09): 65 – 73.

　[18] 储小院, 朱仕荣. 岩溶地区石漠化治理与绿色经济关系辨析及对策探讨 [J]. 林业建设, 2015 (04): 44 – 47.

　[19] 戴星翼. 走向绿色的发展 [M]. 上海: 复旦大学出版社, 1998.

　[20] 丹尼斯·米都斯等著, 李宝恒译. 增长的极限 [M]. 长春: 吉林人民教育出版社, 1997.

　[21] 但新球, 喻甦, 吴协保. 我国石漠化地区生态移民与人口控制的探讨 [J]. 中南林业调查规划, 2004 (04): 49 – 51.

　[22] 杜佳. 贵州喀斯特山区民族传统乡村聚落形态研究 [D]. 杭州: 浙江大学, 2017.

　[23] 段新慧, 徐驰, 周自玮. 喀斯特石漠化地区林草结合植被恢复模式研究 [J]. 黑龙江畜牧兽医, 2007 (01): 60 – 61.

　[24] 樊卫国, 安华明, 刘国琴, 宋勤飞. 刺梨的生物学特性与栽培技术 [J]. 林业科技开发, 2004, 18 (04): 45 – 48.

　[25] 范少玲. 中国玉米种植成本收益研究 [D]. 泰安: 山东农业大

学，2014.

[26] 冯嫘，秦成逊，王璐璐. 西部地区绿色发展的制度构建研究——以云南省为例 [J]. 昆明理工大学学报（社会科学版），2013，13（03）：87 - 91.

[27] 冯留建，管婧. 中国共产党绿色发展思想的历史考察 [J]. 云南社会科学，2017（04）：9 - 14，185.

[28] 付广华. 石漠化与乡土应对：石叠壮族的传统生态知识 [J]. 广西师范学院学报（哲学社会科学版），2017，38（06）：87 - 92.

[29] 付开萍，聂祥军，吴道能. 全面深化林业改革 助推毕节绿色发展——毕节市集体林业综合改革试验示范区经验交流 [J]. 林业经济，2016，38（01）：15 - 19.

[30] 付强，何胜江，赵相勇，雷荷仙，何俊，杨晓芬. 贵州喀斯特地区退耕林地免耕种草模式浅述 [J]. 贵州畜牧兽医，2007（02）：38 - 39.

[31] 付晓东，蒋雅伟. 基于根植性视角的我国特色小镇发展模式探讨 [J]. 中国软科学，2017（08）：102 - 111.

[32] 甘露，陈刚才，万国江. 贵州喀斯特山区农业生态环境的脆弱性及可持续发展对策 [J]. 山地学报，2001（02）：130 - 134.

[33] 高贵龙，邓自民，熊康宁，等. 喀斯特的呼唤与希望 [M]. 贵阳：贵州科技出版，2003：1 - 10.

[34] 葛察忠，翁智雄，段显明. 绿色金融政策与产品：现状与建议 [J]. 环境保护，2015，43（02）：32 - 37.

[35] 巩雪茹. 推动西藏非公有制企业绿色发展的对策分析 [J]. 西藏大学学报（社会科学版），2016，31（03）：165 - 169.

[36] 谷树忠，谢美娥，张新华. 绿色发展转型 [M]. 杭州：浙江大学出版社，2016：96 - 102.

[37] 关成华，韩晶等编著. 绿色发展经济学 [M]. 北京：北京大学出版社，2018.

[38] 管延芳. 中国农村土地流转信托推进农业绿色发展探究 [J]. 农业经济，2017（02）：18 - 20.

[39] 贵州省发改委经济研究所联合课题组. 六枝特区石漠化山区生态移民工程研究 [EB/OL]. 豆丁网，2014 - 03 - 18.

[40] 郭斌. 绿色经济：中国经济由量向质切换的现实路径 [J]. 湖南财政经济学院学报, 2013, 29 (04): 5 - 12.

[41] 国家环境保护局编. 中国环境保护事业 (1981 - 1985) [M]. 北京: 中国环境科学出版社, 1988.

[42] 韩斌. 推进集中连片特困地区精准扶贫初析——以滇黔桂石漠化片区为例 [J]. 学术探索, 2015 (06): 73 - 77.

[43] 撒啸. 中国南方喀斯特世界自然遗产保护管理规划研究 [D]. 贵阳: 贵州师范大学, 2015.

[44] 郝栋, 赵建军. 中国绿色发展道路探究 [A]. 中国科学技术协会、天津市人民政府. 第十三届中国科协年会第6分会场—绿色经济与沿海城市可持续发展战略研讨会论文集 [C]. 中国科学技术协会、天津市人民政府: 中国科学技术协会学会学术部, 2011: 4, 25 - 28.

[45] 何剑, 王欣爱. 中国产业绿色发展的时空特征分析 [J]. 科技管理研究, 2016, 36 (21): 240 - 246.

[46] 胡鞍钢, 门洪华. 绿色发展与绿色崛起——关于中国发展道路的探讨 [J]. 中共天津市委党校学报, 2005 (01): 19 - 30.

[47] 胡鞍钢, 周绍杰. 绿色发展: 功能界定、机制分析与发展战略 [J]. 中国人口. 资源与环境, 2014, 24 (01): 14 - 20.

[48] 胡鞍钢. 中国新发展观 [M]. 杭州: 浙江人民出版社, 2004.

[49] 胡鞍钢. 中国: 创新绿色发展 [M]. 北京: 中国人民大学出版社, 2012.

[50] 胡鞍钢. 中国: 绿色发展与绿色 GDP (1970 - 2001) [J]. 中国科学基金, 2005 (02): 22 - 27.

[51] 胡莉. 中国南方喀斯特地区人地关系与石漠化调控 [D]. 贵阳: 贵州师范大学, 2015.

[52] 胡祯英. 喀斯特坡耕地退耕还林治理技术 [J]. 中国科技信息, 2007 (16): 49.

[53] 胡正伟. 喀斯特石漠化治理的生态产业发展模式与经济效益研究 [D]. 贵州师范大学, 2014. 54 - 55.

[54] 环境保护与综合治理编委会. 21 世纪议程 [M]. 北京: 科学技术文献出版社, 2000.

[55] 黄娟. 科技创新与绿色发展的关系——兼论中国特色绿色科技创新之路 [J]. 新疆师范大学学报（哲学社会科学版），2017，38（02）：33 - 41.

[56] 黄人杰. 中国区域绿色发展效率与绿色全要素生产率：2000 - 2010 [D]. 暨南大学，2014.

[57] 黄莹. 贵州有机农业发展及对策研究 [D]. 贵阳：贵州大学，2015.

[58] 黄跃，李琳. 中国城市群绿色发展水平综合测度与时空演化 [J]. 地理研究，2017，36（07）：1309 - 1322.

[59] 霍红，臧旭. "互联网 +" 时代下绿色农产品流通模式运作效率比较研究 [J]. 江苏农业科学，2018，46（07）：305 - 308.

[60] 江帆. "粮改饲" 背景下山东牧草种植成本效益分析 [D]. 泰安：山东农业大学，2018.

[61] 蒋和平. 实施乡村振兴战略及可借鉴发展模式 [J]. 农业经济与管理，2017（06）：17 - 24.

[62] 蒋尉. 西部地区绿色发展的非技术创新系统研究——一个多层治理的视角 [J]. 西南民族大学学报（人文社科版），2016，37（09）：152 - 160.

[63] 蒋宵霄，邵秀秀，刘秀华. 贫困地区气候环境与土地可持续管理研究——以重庆市酉阳自治县为例 [J]. 安徽农业科学，2013，41（15）：6930 - 6931.

[64] 解君. 当代中国发展道路及其推进方式的转变：绿色发展理念的法治化 [J]. 南京社会科学，2016（10）：88 - 95.

[65] 柯水发，严如贺，乔丹. 林地适应性经营的成本效益分析——以筠连县春风村林下种植中草药为例 [J]. 农林经济管理学报，2018，17（02）：169 - 176.

[66] 郎南军. 坚持绿色发展是石漠化防治的必由之路 [N]. 中国绿色时报，2016 - 07 - 14（A03）.

[67] 雷德雨. 贵州工业实现绿色发展的路径思考 [J]. 经济研究导刊，2017，（15）：143 - 146.

[68] 蕾切尔·卡逊著. 寂静的春天 [M]. 北京：科学出版社，2007.

[69] 李安定，祝小科，喻理飞，吴士章. 罗甸县喀斯特石漠化现状及综合防治对策 [J]. 中国水土保持，2007（12）：63 - 65.

[70] 李宏. 基于生态足迹理论的四川省土地资源可持续利用评价 [D]. 雅安：四川农业大学, 2006.

[71] 李桦. 生猪饲养规模及其成本效益分析 [D]. 咸阳：西北农林科技大学, 2007.

[72] 李建新. 常州快速公交项目成本效益分析 [D]. 上海：上海交通大学, 2008.

[73] 李静, 谢晓霞, 施晓艳. 有机农业发展模式与政策影响分析 [J]. 现代农业科技, 2017 (21)：278.

[74] 李美慧, 卓琳, 卢毅. 技术范式生态化转变下的四川秦巴山区绿色发展研究 [J]. 国土资源科技管理, 2016, 33 (04)：24 - 30.

[75] 李萌. 中国"十二五"绿色发展的评估与"十三五"绿色发展的路径选择 [J]. 社会主义研究, 2016 (03)：62 - 71.

[76] 李品荣, 陈强, 常恩福, 尹艾萍, 毕波. 滇东南石漠化山地不同退耕还林模式土壤地力变化初探 [J]. 水土保持研究, 2008 (01)：65 - 68.

[77] 李生, 姚小华, 任华东, 龚榜初, 王开良. 喀斯特地区石漠化生态治理与可持续发展 [J]. 江西农业大学学报, 2006 (03)：403 - 408.

[78] 李仕蓉, 王恩文, 龚文琪. "3S" 技术在喀斯特土地石漠化研究中的应用现状及展望 [J]. 江苏农业科学, 2014, 42 (06)：17 - 20.

[79] 李晓西, 潘建成. 2011 中国绿色发展指数报告摘编总论 [J]. 经济研究参考, 2012 (13)：4 - 24.

[80] 李阳兵, 白晓永, 周国富, 兰安军, 龙健, 安裕伦, 梅再美. 中国典型石漠化地区土地利用与石漠化的关系 [J]. 地理学报, 2006 (06)：624 - 632.

[81] 李英勤. 贵州土地石漠化与"三农"问题的经济学分析 [J]. 生态经济, 2006 (02)：57 - 59.

[82] 李长福. 我国生态文明建设评价指标体系研究 [D]. 沈阳：沈阳师范大学, 2017.

[83] 李志熙, 杜社妮, 彭珂珊, 白岗栓. 浅析农村庭院经济 [J]. 水土保持研究, 2004 (03)：272 - 274.

[84] 李佐军. "十三五"我国绿色发展的途径与制度保障 [EB/OL]. (2016 - 10 - 11) [2018 - 1 - 18]. http：/www. huanbao. bix. com. cn.

［85］联合国计划发展署．绿色发展 必选之路［M］北京：中国财政经济出版社，2002：1－13，17－23，89．

［86］梁立华．农村地区第一、二、三产业融合的动力机制、发展模式及实施策略［J］．改革与战略，2016，32（08）：74－77．

［87］廖彩荣，陈美球．乡村振兴战略的理论逻辑、科学内涵与实现路径［J］．农林经济管理学报，2017，16（06）：795－802．

［88］刘德海．绿色发展［M］．南京：江苏人民出版社，2016．

［89］刘东燕，董蕊茜．宁夏生态移民的实践经验及其对滇桂黔石漠化片区的启示［J］．经济与社会发展，2018，16（02）：50－56．

［90］刘江宜．绿色发展道路探索．［M］．北京：中国环境出版社，2017：171－172．

［91］刘京伟，王华书．贵州喀斯特地区生态环境建设与农村经济发展研究［J］．贵州农业科学，2010，38（06）：227－231．

［92］刘竞文．绿色发展与田园综合体建设：模式、经验与路径［J］．世界农业，2018（02）：35－41．

［93］刘可文，刘艳强，刘桂菊．绿色发展理念与西部贫困地区发展［J］．云南地理环境研究，2005，（04）：54－57．

［94］刘鹏．山东省粮棉油种植成本收益比较分析［D］．泰安：山东农业大学，2016．

［95］刘青扬．释放绿色红利推动贵州少数民族地区绿色发展［J］．贵州民族研究，2016，37（01）：136－139．

［96］刘思化．当代中国的绿色道路［M］．武汉：湖北人民出版社，1994．

［97］刘拓，周光辉，但求新，等．中国岩溶石漠化——现状、成因与防治［M］．北京：中国林业出版社，2009：145－185．

［98］刘彦伶，李渝，秦松，黄兴成，张雅蓉，张文安，蒋太明．西南喀斯特生态脆弱区实行轮作休耕问题探讨——以贵州省为例［J］．中国生态农业学报，2018，26（08）：1117－1124．

［99］刘燕华．关于绿色经济和绿色发展若干问题的战略思考［J］．中国科技奖励，2010（12）：49－50．

［100］刘永敏．谈用绿色发展理念引领林业改革和发展［J］．国家林业

局管理干部学院学报, 2016, 15 (02): 3-8.

[101] 柳映潇, 王衡. 基于智慧生态城市建设的西部主要城市绿色发展研究 [J]. 环境科学与管理, 2017, 42 (01): 162-167.

[102] 卢贵敏. 田园综合体试点: 理念、模式与推进思路 [J]. 地方财政研究, 2017 (07): 8-13.

[103] 罗必良. 草原生态的问题与对策 [J]. 国土与自然资源研究, 1990 (04): 44-51.

[104] 龙波. 黔西南从喀斯特万峰林走向世界 [EB/OL]. 黔西南日报. [2015-11-23] http://www.gywb.cn/content/2015-11/23/content_4193078.htm.

[105] 罗国政, 向仕敏, 韦永秋. 金灿灿的刺梨让百姓心里乐开花 [N]. 中国绿色时报, 2013-12-04 (002).

[106] 罗康隆, 彭书佳. 民族传统生计与石漠化灾变救治——以广西都安布努瑶族为例 [J]. 吉首大学学报 (社会科学版), 2013, 34 (01): 48-52.

[107] 罗林, 胡甲均, 姚建陆. 喀斯特石漠化坡耕地梯田建设的水土保持与粮食增产效益分析 [J]. 泥沙研究, 2007, (6): 8-13.

[108] 罗桃, 田华林, 梁红燕, 徐润. 贵州省黔南州刺梨产业发展现状综述 [J]. 中国林副特产, 2014, (05): 97-98.

[109] 罗娅. 喀斯特石漠化综合治理规划研制 [D]. 贵阳: 贵州师范大学, 2005.

[110] 罗扬, 佘光辉. 贵州喀斯特地区林业可持续发展的主要特征与对策 [J]. 南京林业大学学报 (自然科学版), 2007 (01): 119-122.

[111] 罗勇, 程祥. 退耕还林对贵州喀斯特石漠化区水土保持效果的影响 [J]. 贵州农业科学, 2012, 40 (06): 30-33.

[112] 马洪, 王梦奎. 中国发展研究 国务院发展研究中心研究报告选 1999 版 [M]. 北京: 中国发展出版社, 1999.

[113] 马骏, 施娱. 绿色金融政策和在中国的运用 [J]. 新金融评论, 2014 (02): 79-107.

[114] 马璐璐, 陈晓德, 何琴. 重庆中梁山石漠化地区生态恢复重建模式初步研究 [J]. 安徽农业科学, 2010, 38 (10): 5278-5280.

[115] 马晓河. 推进农村一二三产业深度融合发展 [J]. 中国合作经济, 2015 (02)：43-44.

[116] 梅再美，熊康宁. 贵州喀斯特山区生态重建的基本模式及其环境效益 [J]. 贵州师范大学学报 (自然科学版)，2000，18 (4)：9-17.

[117] 梅再美. 试论喀斯特石漠化产业的构建：以贵州省为例 [J]. 贵州师范大学学报 (自然科学版)，2017，35 (06)：1-8.

[118] 孟琳琳，包智明. 生态移民研究综述 [J]. 中央民族大学学报，2004 (06)：48-52.

[119] 苗书一，纪德钰，郭浩，王伟，王曼华. ISO14001 环境管理体系认证在环境监测部门的应用 [J]. 环境与可持续发展，2014，39 (06)：132-134.

[120] 倪瑛. 贫困、生态脆弱以及生态移民——对西部地区的理论与实证分析 [J]. 生态经济 (学术版)，2007 (02)：407-411.

[121] 彭曦，陈仲常. 西部大开发政策效应评价 [J]. 中国人口·资源与环境，2016，26 (03)：136-144.

[122] 彭智军，田淑英. 绿色发展、中国制造 2025 与增值税改革 [J]. 福建师范大学学报 (哲学社会科学版)，2016 (05)：1-8，168.

[123] 齐晔，张凌云. "绿色 GDP" 在干部考核中的适用性分析 [J]. 中国行政管理，2007 (12)：26-30.

[124] 祁永忠. 我国绿色金融政策体系：现状、问题与建议 [J]. 宁夏大学学报 (人文社会科学版)，2018，40 (03)：126-132.

[125] 秦书生，胡楠. 中国绿色发展理念的理论意蕴与实践路径 [J]. 东北大学学报 (社会科学版)，2017，19 (06)：631-636.

[126] 邱高会. 绿色发展理念下四川产业结构绿色转型研究 [J]. 统计与管理，2016，(08)：85-86.

[127] 渠甲源. 农户生计多样性与土地可持续利用关系研究 [D]. 重庆：西南大学，2009.

[128] 任晓丽. 岩溶石漠化地区的可持续发展 [D]. 重庆：西南大学，2011.

[129] 盛世豪，张伟明. 特色小镇：一种产业空间组织形式 [J]. 浙江社会科学，2016 (03)：36-38.

[130] 史新阳. 马克思生态伦理思想与中国绿色发展 [J]. 人民论坛, 2017 (23): 98 – 99.

[131] 史云贵, 刘晓君. 绿色扶贫: 基本内涵、演变逻辑与实现路径 [J]. 长安大学学报 (社会科学版), 2017, 19 (05): 98 – 106.

[132] 世界环境与发展委员会著 王之佳等译. 我们共同的未来 [M]. 长春: 吉林人民出版社, 1997.

[133] 司毅洋. 西部地区环保投资对绿色经济增长的影响研究 [D]. 重庆: 重庆师范大学, 2017. 11 – 12.

[134] 斯丽娟. 基于资源环境效率的我国西部城市绿色发展分析与评价——以甘肃省主要城市为例 [J]. 兰州学刊, 2016, (03): 179 – 183.

[135] 宋瑞恒. 中国共产党绿色发展理念研究 [D]. 长春: 长春理工大学, 2016.

[136] 宋同清, 彭晚霞, 杜虎, 王克林, 曾馥平. 中国西南喀斯特石漠化时空演变特征、发生机制与调控对策 [J]. 生态学报, 2014, 34 (18): 5328 – 5341.

[137] 苏维词, 张中可, 滕建珍, 朱文孝. 发展生态农业是贵州喀斯特 (石漠化) 山区退耕还林的基本途径 [J]. 贵州科学, 2003 (Z1): 123 – 127.

[138] 苏维词, 朱文孝, 滕建珍. 喀斯特峡谷石漠化地区生态重建模式及其效应 [J]. 生态环境, 2004, 13 (1): 57 – 60.

[139] 苏维词, 朱文孝, 熊康宁. 贵州喀斯特山区的石漠化及其生态经济治理模式 [J]. 中国岩溶, 2002, 21 (1): 19 – 24.

[140] 苏维词. 滇桂黔石漠化集中连片特困区开发式扶贫的模式与长效机制 [J]. 贵州科学, 2012, 30 (04): 1 – 5.

[141] 苏维词. 中国西南岩溶山区石漠化治理的优化模式及对策 [J]. 水土保持学报, 2002, 16 (5): 24 – 26, 110.

[142] 苏醒, 冯梅, 彭佐扬. 我国西南石漠化地区生态经济建设研究综述 [J]. 理论前沿, 2014 (09): 36 – 40.

[143] 孙德亮, 张军以, 周秋文. 贵州喀斯特山区农村特色经济发展模式探讨 [J]. 水土保持研究, 2013, 20 (02): 267 – 271.

[144] 孙凌宇. 青海绿色发展的目标、原则及主要特质 [J]. 攀登, 2011, 30 (02): 71 – 74.

[145] 孙学立. 农村一二三产业融合组织模式及其路径创新 [J]. 沈阳师范大学学报（社会科学版），2018，42（01）：57-63.

[146] 覃家作. 四川省石漠化现状及治理对策 [D]. 雅安：四川农业大学，2009.

[147] 谭志雄. 西部欠发达地区推进绿色发展的路径与政策建议 [J]. 经济纵横，2017，（05）：99-104.

[148] 唐慧. 国内特色小镇研究综述 [J]. 湖北经济学院学报（人文社会科学版），2018，15（03）：11-14.

[149] 万合锋，武玉祥，龙云川，刘勇，龙汉武，向准. 西南喀斯特地区石漠化研究评述 [J]. 林业调查规划，2015，40（05）：137-142.

[150] 王傲雪. 中国地区工业绿色发展指数测度及影响因素研究 [D]. 重庆：重庆工商大学，2016.

[151] 王兵，唐文狮，吴延瑞，张宁. 城镇化提高中国绿色发展效率了吗？[J]. 经济评论，2014（04）：38-49，107.

[152] 王芳，于少青. 绿色发展：有机马克思主义发展观的中国超越 [J]. 中共天津市委党校学报，2017，19（03）：32-37.

[153] 王会敏. 绿色发展：中国发展的必由之路 [J]. 理论界，2005（S1）：14-15.

[154] 王家嘉，林昌虎，何腾兵. 人类活动对贵州喀斯特石漠化地区的影响 [J]. 水土保持研究，2006（05）：276-279.

[155] 王家录，翟章玲. 喀斯特石漠化生态系统的恢复与重建模式探索 [J]. 安顺学院学报，2008，10（2）：90-92.

[156] 王珂，秦成逊. 西部地区实现绿色发展的路径探析 [J]. 经济问题探索，2013，（01）：89-93.

[157] 王克林，李文祥，李作威，等. 提高异地扶贫开发科技含量促进环境移民区域可持续发展——桂西北喀斯特地区异地扶贫开发与可持续发展研究 [J]. 农业现代化研究，1998，19（6）：337-341.

[158] 王良健，陈浮，包浩生. 区域土地资源可持续管理评估研究——以广西梧州市为例 [J]. 自然资源学报，1999，（03）：9-14.

[159] 王全良. 财税政策对中国绿色发展的影响研究——基于空间计量模型的实证检验 [J]. 中国软科学，2017（09）：82-90.

[160] 王孝文. 罗甸：生态移民赶小康"大集" [N]. 黔南日报, 2014 -01 -18 (002).

[161] 王永平, 吴晓秋, 黄海燕, 周丕东. 土地资源稀缺地区生态移民安置模式探讨——以贵州省为例 [J]. 生态经济, 2014, 30 (01): 66 -69.

[162] 王永芹. 中国城市绿色发展的路径选择 [J]. 河北经贸大学学报, 2014, 35 (03): 51 -53.

[163] 王永琴. 当代中国绿色发展观研究 [D]. 武汉：武汉大学, 2014.

[164] 王宇, 杨世瑜, 袁道先. 云南岩溶石漠化状况及治理规划要点 [J]. 中国岩溶, 2005, 24 (3): 206 -211.

[165] 魏静. 绿色发展对西部贫困地区发展的启示 [J]. 新疆社科论坛, 2016, (05): 63 -65.

[166] 魏媛, 李儒童. 绿色发展视角下贵州经济发展与生态环境关系研究 [J]. 资源节约与环保, 2016, (12): 155 -156.

[167] 魏媛. 贵州环境污染损失价值评估——绿色发展的视角 [J]. 社会科学家, 2017, (01): 80 -85.

[168] 沃德. 巴巴拉, 杜博斯. 雷内主编. 只有一个地球 [M]. 北京：燃料化学工业出版社, 1974.

[169] 吴洪伟. 对滇黔桂石漠化地区实施农发水保项目的认识 [J]. 中国水土保持, 2012 (05): 17 -18.

[170] 吴敏, 张智惠. "田园综合体" 共生发展模式研究 [J]. 合肥工业大学学报 (社会科学版), 2017, 31 (06): 115 -119.

[171] 吴鹏, 朱军, 崔迎春, 赵文君, 侯娜, 张喜. 喀斯特地区石漠化综合治理生态效益指标体系构建及评价——以杠寨小流域为例 [J]. 中南林业科技大学学报, 2014, 34 (10): 95 -101.

[172] 吴育忠. 贵州喀斯特地区民居建筑风格研究——以铜仁地区为例 [J]. 产业与科技论坛, 2009, 8 (05): 188 -189.

[173] 吴愿学. "毕节试验"——喀斯特地区开发扶贫的内涵与意义 [J]. 贵州社会主义学院学报, 2012 (03): 23 -27.

[174] 吴照浩. ISO14001 对农业生态环境建设的作用 [J]. 环境导报, 2003 (12): 10 -11.

［175］伍红，李姗姗．绿色发展指标下促进生态文明先行示范区建设的税收政策完善［J］．税务研究，2018（01）：88－92．

［176］武传君．2020 年全省刺梨种植 120 万亩［N］．经济信息时报，2015－01－16（007）．

［177］武晓立．我国传统文化中的生态智慧［J］．人民论坛，2018（25）：140－141．

［178］夏宁，梁永红．关于加快中国石漠化地区中医药产业发展 构建立体式精准扶贫新模式的建议［J］．中国发展，2016，16（02）：88－89．

［179］夏荣静．推进农村产业融合发展的探讨综述［J］．经济研究参考，2016（30）：46－53．

［180］向东，张根保，汪永超，徐宗俊．绿色产品的基本概念与评价方法［J］．机械设计，2000（03）：7－10．

［181］肖华，熊康宁，张浩，张乾柱．喀斯特石漠化治理模式研究进展［J］．中国人口·资源与环境，2014，24（S1）：330－334．

［182］肖竺宏，周招洪．黔北石漠化地区退牧还草工程效果评估［J］．当代畜牧，2016（33）：53－55．

［183］辛晓彤．基于后发优势推进内蒙古绿色发展的策略［J］．内蒙古财经大学学报，2016，14（04）：31－33．

［184］熊洁，高媛．刺梨栽培丰产技术及生产效果初探［J］．贵州林业科技，2010，38（4）：51－53．

［185］熊康宁．贵州喀斯特地区的环境移民与可持续发展——以紫云县为例［J］．中国人口·资源与环境，1999，9（2）：64－67．

［186］徐平．喀斯特地区旅游扶贫动力模型的构建——以贵州省农村社区旅游发展为例［J］．贵州财经学院学报，2009（05）：107－112．

［187］徐盛国，楚春礼，鞠美庭，石济开，彭乾，姜贵梅．"绿色消费"研究综述［J］．生态经济，2014，30（07）：65－69．

［188］徐旭．我国资源型城市绿色发展评价指标体系研究［J］．中外企业家，2014（28）：7－10．

［189］许尔琪，张红旗．中国生态脆弱区土地可持续利用评价研究［J］．中国农业资源与区划，2012，33（03）：1－6．

［190］许桂荣．贵州喀斯特地区石漠化治理中的投融资问题研究［D］．

贵州：贵州财经学院，2009：16-17.

[191] 许荣，钟伟伟. 绿色证券政策简议 [J]. 环境保护与循环经济，2008 (04)：55-57.

[192] 许增巍. 三生视角下田园综合体的价值内涵及建设体系构建 [J]. 农村经济与科技，2018，29 (11)：239-240.

[193] 许志强. 中国苹果生产成本效益分析 [D]. 咸阳：西北农林科技大学，2015.

[194] 薛宗保. 绿色发展理念下推进城市生态文明建设研究——以四川达州为例 [J]. 安徽农学通报，2016，22 (19)：7-9.

[195] 闫泽涛. 推进中国经济绿色发展的体系构建 [J]. 华东经济管理，2016，30 (12)：47-52.

[196] 燕春兰，李锦宏. 绿色 GDP 与贵州喀斯特山区可持续发展 [J]. 时代经贸 (下旬刊)，2007 (12)：105-106.

[197] 杨解君. 论中国绿色发展的法律布局 [J]. 法学评论，2016，34 (04)：160-167.

[198] 杨苏茂，熊康宁，喻阳华，刘兴宜，董晓超. 我国喀斯特石漠化地区林草植被恢复模式的诊断与调整 [J]. 世界林业研究，2017，30 (03)：91-96.

[199] 杨文静. 绿色发展框架下精准扶贫新思考 [J]. 青海社会科学，2016 (03)：138-142.

[200] 杨正怀，万秀红. 乡村振兴战略下贵州农村特色经济发展模式探析 [J]. 农家参谋，2018 (08)：4-5.

[201] 杨志江，文超祥. 中国绿色发展效率的评价与区域差异 [J]. 经济地理，2017，37 (03)：10-18.

[202] 杨致瑗. 农业供给侧改革背景下绿色生产方式的作用和意义 [J]. 安徽农业科学，2017，45 (14)：211-215.

[203] 姚永慧. 中国西南喀斯特石漠化研究进展与展望 [J]. 地理科学进展，2014，33 (01)：76-84.

[204] 尹传斌，蒋奇杰. 绿色全要素生产率分析框架下的西部地区绿色发展研究 [J]. 经济问题探索，2017，(03)：155-161.

[205] 尤怀墨，方虹，瞿柱玉，方思然. 基于 DEA 和 Tobit 模型的中国

光伏企业绿色发展效率研究 [J]. 数学的实践与认识, 2017, 47 (18): 63 – 71.

[206] 余慧连. 3S 技术在广西石漠化治理研究中的应用 [J]. 林业调查规划, 2018, 43 (01): 12 – 15.

[207] 余娜, 李妹. 贵州省石漠化现状及主要治理措施 [J]. 安徽农业科学, 2014, 42 (25): 8702 – 8704.

[208] 俞亮源, 谢世友. 金银花药源植物在岩溶石漠化地区种植的生态经济效益分析——以重庆市巫山县为例 [J]. 湖北农业科学, 2013, 52 (04): 873 – 877.

[209] 袁道先. 岩溶石漠化问题的全球视野和我国的治理对策与经验 [J]. 草业科学, 2008, 25 (9): 19 – 25.

[210] 岳书敬, 邹玉琳, 胡姚雨. 产业集聚对中国城市绿色发展效率的影响 [J]. 城市问题, 2015 (10): 49 – 54.

[211] 张春霞, 王海风, 张寿荣, 殷瑞钰. 中国钢铁工业绿色发展工程科技战略及对策 [J]. 钢铁, 2015, 50 (10): 1 – 7.

[212] 张春宇, 唐军. 基于主要政策维度的我国绿色产业政策体系 [J]. 开发研究, 2016 (06): 83 – 88.

[213] 张凤太, 苏维词. 重庆三峡库区岩溶山区乡村生态农业发展模式与对策 [J]. 农业现代化研究, 2007, 28 (2): 214 – 217.

[214] 张龚雪. 绿色发展视阈下构建西藏生态安全屏障的路径探析 [J]. 山西农经, 2016, (12): 38 – 39.

[215] 张浩, 熊康宁, 苏孝良, 肖华, 张乾柱. 贵州晴隆县种草养畜治理石漠化的效果、存在问题及对策 [J]. 中国草地学报, 2012, 34 (05): 107 – 113.

[216] 张晖. 喀斯特石漠化治理增汇型种植与低碳型养殖模式与示范 [D]. 贵阳: 贵州师范大学, 2014: 40 – 43.

[217] 张慧芳, 吴宇哲, 何良将. 我国推行休耕制度的探讨 [J]. 浙江农业学报, 2013, 25 (01): 166 – 170.

[218] 张立. 特色小镇政策、特征及延伸意义 [J]. 城乡规划, 2017 (06): 24 – 32.

[219] 张梦. 石漠化地区农村经济合作组织生态产业集约规模化研究

[D]. 贵州师范大学，2015. 30 – 31.

[220] 张晓娜. 基于生态足迹的陕西省土地可持续利用研究 [D]. 西北大学，2009.

[221] 张欣莉，赵巍，阿周源源，刘影，蒋强. 四川秦巴山区绿色发展政策优化研究 [J]. 国土资源科技管理，2016，33（02）：85 – 89.

[222] 张雅静. 绿色发展：中国第三代现代化的路径选择 [J]. 洛阳师范学院学报，2013，32（01）：11 – 13.

[223] 张运洲. 提质增效 创新驱动 绿色发展——中国能源与电力中长期发展重大问题分析 [J]. 国家电网，2015（12）：44 – 47.

[224] 张哲强. 绿色经济与绿色发展 [M]. 北京：中国金融出版社，2012.

[225] 张治忠. 论当代中国绿色发展观的伦理意蕴 [J]. 伦理学研究，2014（04）：123 – 127.

[226] 张中奎. 绿色发展理念下民族村寨的未来发展研究——以贵州黔东南民族村寨为例 [J]. 贵州大学学报（社会科学版），2016，34（05）：46 – 51.

[227] 赵奥，郭景福，武春友. 中国绿色增长评价指标体系构建及实证测度研究 [J]. 科技管理研究，2018（16）：245 – 250.

[228] 赵星. 贵州喀斯特聚落文化类型及其特征研究 [J]. 中国岩溶，2010，29（04）：457 – 462.

[229] 赵峥，袁祥飞，于晓龙. 绿色发展与绿色金融：理论、政策与案例 [M]. 2017（11）. 北京：经济管理出版社，2017：62 – 80.

[230] 赵峥. 基于绿色发展的中国城市公共支出效率研究——基于四阶段 DEA 和 Bootstrap – DEA 模型的实证分析 [J]. 云南财经大学学报，2013，29（05）：31 – 40.

[231] 甄霖，杜秉贞，刘纪远，孙传谆，张强. 国际经验对中国西部地区绿色发展的启示：政策及实践 [J]. 中国人口·资源与环境，2013，23（10）：8 – 16.

[232] 郑红雷. 重庆南川石漠化地区可持续发展模式研究 [D]. 西南大学，2010.

[233] 郑红霞，王毅，黄宝荣. 绿色发展评价指标体系研究综述 [J].